高等院校计算机教育系列教材

人工智能概论

张　静　夏　玮　高艳玲　主编

清华大学出版社
北京

内 容 简 介

本书共分为 12 章。第 1 章叙述人工智能的定义、起源、流派与发展，第 2 章和第 3 章研究人工智能的知识表示方法和知识图谱，第 4 章探索搜索推理技术，第 5 章探讨群智能算法的主要方法，第 6 章至第 11 章逐一讨论人工智能的主要应用领域，包括机器学习、人工神经网络与深度学习、专家系统、计算机视觉、自然语言处理和语音处理等，第 12 章介绍人工智能应用案例。这些都是人工智能学科重点关注的问题，希望这些内容的引述能对读者有帮助。

本书可作为高等院校有关专业本科生和研究生的人工智能课程教材，也可作为从事人工智能研究与应用的科技工作者学习的参考书。

图书在版编目(CIP)数据

人工智能概论 / 张静，夏玮，高艳玲主编. -- 北京：清华大学出版社，2025.5.
(高等院校计算机教育系列教材). -- ISBN 978-7-302-69018-4

Ⅰ. TP18

中国国家版本馆 CIP 数据核字第 2025ML9313 号

责任编辑：魏　莹
封面设计：刘孝琼
责任校对：周剑云
责任印制：刘海龙

出版发行：清华大学出版社

　　　　　网　　址：https://www.tup.com.cn, https://www.wqxuetang.com
　　　　　地　　址：北京清华大学学研大厦 A 座　　　　邮　　编：100084
　　　　　社 总 机：010-83470000　　　　　　　　　邮　　购：010-62786544
　　　　　投稿与读者服务：010-62776969, c-service@tup.tsinghua.edu.cn
　　　　　质量反馈：010-62772015, zhiliang@tup.tsinghua.edu.cn
　　　　　课件下载：https://www.tup.com.cn, 010-62791865

印 装 者：三河市人民印务有限公司

经　　销：全国新华书店

开　　本：185mm×260mm　　　　印　张：16.75　　　字　数：404 千字

版　　次：2025 年 7 月第 1 版　　　印　次：2025 年 7 月第 1 次印刷

定　　价：49.80 元

产品编号：093280-01

前　言

　　人工智能作为一门前沿的交叉学科，其研究范畴涵盖了所有有关人类智能的理论探究，以及借助计算机软硬件实现人类部分智能的应用系统开发。本教材编写的宗旨在于全面而简明地介绍人工智能的基础理论与基本技术，注重理论与实践相结合，力求展现人工智能研究的最新进展。

　　人工智能为何具有如此强大的吸引力？与其说是因为其已取得的成就，不如说是因为它所蕴含的巨大潜力。专家们已然洞察到，人工智能将赋予计算机解决那些人类至今还不知道解决方法的问题的能力，从而极大地拓展计算机应用范围，甚至引发计算机硬件和软件领域的革命。人工智能正广泛渗透至多个领域，如智能计算机管理、智能计算机辅助设计、智能机器人等新兴研究领域。此外，人工智能的发展还有助于我们深入理解人类智能的运行机制。这一切都将推动社会经济的快速发展，因而受到世界各国的广泛关注。

　　历经近半个世纪的发展，人工智能已形成多个研究方向。从整体来看，可将其划分为符号智能和计算智能两大类。

　　符号智能，即传统人工智能，主要研究基于知识的智能，它涵盖知识表示、知识运用和知识获取三个方面。传统人工智能的研究思路是"自上而下"，它借助符号对知识进行表示和运用，并将其具体化为规则等形式，通过这些公式和规则来定义思维活动，使机器具备类似人类的思维能力。这一理论为早期人工智能研究提供了重要指导。然而，并非所有知识都能用符号来表示，智能也不都是基于知识的。因此，这种研究方法存在一定的局限性。

　　20 世纪 80 年代人工神经网络研究取得新的突破，基于结构演化的计算智能迅速成为人工智能研究的新方向。计算智能主要研究基于数据的智能，包括神经网络、遗传算法、模糊技术和人工生命等。它以数据为基础，通过训练建立联系，进而实现问题求解。这种"自下而上"的全新研究方法受到了各方越来越多的关注，成为现代人工智能研究的热点与方向。

　　全书分为三个部分：第一部分包括第 1 章到第 5 章，阐述人工智能技术与方法的一般性原理和基本思想。具体来说，第 1 章介绍人工智能的发展概况、发展流派以及应用领域，第 2 章讲解人工智能中几种基本的知识表示方法，第 3 章讨论知识图谱的相关技术和应用，第 4 章和第 5 章对搜索原理和群智能算法作进一步的分析与讨论。第二部分包括第 6 章到第 11 章，介绍计算智能技术的研究及其应用。具体来说，第 6 章介绍机器学习技术，第 7 章介绍神经网络技术和深度学习，第 8 章介绍专家系统，第 9 章到第 11 章介绍计算机视觉、自然语言处理、语音处理等。第三部分是第 12 章，介绍人工智能应用案例。

　　本书由天津工业大学张静老师、天津师范大学夏玮老师及唐山工业职业技术学院高艳玲老师编写。由于编者学术水平有限，且编写时间仓促，本教材可能存在一些问题，恳请各位专家及广大读者批评、指正。

编　者

目   录

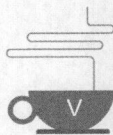

第1章
绪　　论

　　自人工智能诞生以来，就在世界范围内引发了轰轰烈烈的研发热潮。由于强大的运算能力和卓越的智能化系统功能，人工智能在人类生活当中开始占据越来越重要的地位，而这也使得世界各国开始加大对 AI 技术的开发力度。本章首先介绍了人工智能的起源和定义、相关学派及其认知观，然后讨论了人工智能的研究进展和发展趋势。

1.1　人工智能的起源和定义

多年来，人工智能获得很大发展，已引起众多学科学者们的日益重视，成为一门交叉学科和前沿科学。近几年来，现代计算机已能够存储海量的信息，进行快速信息处理，软件功能和硬件实现均取得长足进步，人工智能获得进一步的应用。

1.1.1　人工智能的起源

人工智能(Artificial Intelligence)主要研究用人工的方法和技术，模仿、延伸和扩展人的智能，实现机器智能。2005 年 McCarthy 指出，人工智能的长期目标是实现人类水平的人工智能。

产业革命让人在很大程度上从体力劳动中解放出来，利用机器完成繁重的体力工作，极大地促进了人类社会的进步和经济的发展。在人类历史发展的过程中，自然也会提出如何用机器解放人的脑力劳动。制造和使用仿人的智能机器是人们长期以来的愿望。

我国曾经发明了不少智能工具。例如，算盘是应用广泛的古典计算机；水运仪象台是天文观测和星象分析仪器；候风地动仪是测报与显示地震的仪器。我们祖先提出的阴阳学说蕴含着丰富的哲理，对现代逻辑的发展有重大影响。

20 世纪 30 年代，数理逻辑学家 Frege、Whitehead、Russell 和 Tarski 等人研究表明，推理的某些方面可以用比较简单的结构加以形式化。Church 和 Turing 等人给出了计算的本质刻画。

1956 年 Dartmouth 会议标志着人工智能学科的诞生，它从一开始就是交叉学科的产物。与会者包括数学家、逻辑学家、认知学家、心理学家、神经生理学家和计算机科学家。Dartmouth 会议上，Marvin Minsky 的神经网络模拟器、John McCarthy 的搜索法，以及 Herbert Simon 和 Allen Newell 的定理证明器是会议的三个亮点，分别讨论如何穿过迷宫、如何搜索推理和如何证明数学定理。会上，学者们首次使用了"人工智能"这一术语，这些学者后来绝大多数成为著名的人工智能专家。

1969 年第一届国际人工智能联合会议召开，此后每两年召开一次。1970 年 *International Journal of AI* 杂志创刊。这些举措对开展人工智能国际学术活动和交流、促进人工智能的研究与发展具有积极的作用。

控制论思想对人工智能早期研究产生了重要影响。Wiener、McCulloch 等人提出了控制论和自组织系统的概念，集中讨论了"局部简单"系统的宏观特征。1984 年，Wiener 发表的《动物与机器中的控制与通信》论文，不但开创了人工智能控制论，而且为近代的控制论学派(即行为主义学派)树立了新的里程碑。控制论影响了许多领域，因为控制论的概念跨越了许多领域，把神经系统的工作原理与信息理论、控制理论、逻辑，以及计算联系起来。

最终把这些不同思想连接起来的是由 Babbage、Turing、Neumann 和其他一些人所研制的计算机本身。在机器的应用实现之后不久，人们就开始试图编写程序以解决智力测验难题、下棋及把文本从一种语言翻译成另一种语言的问题，这是第一批人工智能程序。

1.1.2　人工智能的定义

顾名思义，人工智能就是人造智能，其英文表示是"Artificial Intelligence"，简称"AI"。"人工智能"一词目前是指用计算机模拟或实现的智能，因此人工智能又称机器智能。当然，这只是对人工智能的字面解释或一般解释。关于人工智能的科学定义，学术界目前还没有统一的认识。下面是部分学者对人工智能概念的描述，可以看作他们各自对人工智能所下的定义。

——人工智能是那些与人的思维相关的活动，诸如决策、问题求解和学习等的自动化(Bellman，1978 年)。

——人工智能是一种计算机能够思维，使机器具有智力的激动人心的新尝试(Haugeland，1985 年)。

——人工智能是研究如何让计算机做现阶段只有人才能做得好的事情(Rich & Knight，1991 年)。

——人工智能是那些使知觉、推理和行为成为可能的计算的研究(Winston，1992 年)。

——广义地讲，人工智能是关于人造物的智能行为，而智能行为包括知觉、推理、学习、交流和在复杂环境中的行为(Nilsson，1998 年)。

——Stuart Russell 和 Peter Norvig 则把已有的一些人工智能定义分为 4 类：像人一样思考的系统、像人一样行动的系统、理性地思考的系统、理性地行动的系统(2003 年)。

可以看出，这些定义虽然都指出了人工智能的一些特征，但难以用它们界定一台计算机是否具有智能。因为要界定机器是否具有智能，必然要涉及什么是智能的问题，但这是一个难以准确回答的问题。尽管人们给出了关于人工智能的不少说法，但都没有完全或严格地用智能的内涵或外延来定义人工智能。

人工智能的研究虽然已经有很长一段时间了，但同许多新兴学科一样，人工智能至今尚无统一的、严格的定义，要给人工智能下一个准确的定义是困难的。顾名思义，所谓人工智能，就是用人工的方法在机器(计算机)上实现的智能；或者说，是人们使用机器模拟人类的智能。由于人工智能是在机器上实现的，因此又可称之为机器智能。

既然人工智能所研究的是用计算机模拟人类智能，那首先应该了解什么是人类智能，它有什么特点和特征。所谓人类智能就是人类所具有的智力和行为能力，而这种智力和行为能力是以知识为基础的。智力行为的目的是获取知识，并运用知识去求解问题。也就是说，智力是获取知识并运用知识去求解问题的能力。人类智能的特点主要体现在感知能力、记忆与思维能力、归纳与演绎能力、学习能力及行为能力等几个方面。感知能力是指人们通过视觉、听觉、触觉、味觉、嗅觉等感觉器官感知外部世界的能力，是人类获取外部信息的基本途径。人类就是通过感知获取有关信息，再经过大脑加工来获得其大部分知识。记忆与思维能力是人脑最重要的功能，也是人类之所以有智能的根本原因所在。记忆用于存储由感觉器官感知到的外部信息及由思维所产生的知识；思维用于对记忆的信息进行处理，即利用已有的知识对信息进行分析、计算、比较、判断、推理、联想、决策等。

思维是一个动态过程，是获取知识及运用知识求解问题的根本途径。思维可分为逻辑

思维、形象思维，以及在潜意识激发下获得灵感而"忽然开窍"的顿悟思维等。其中，逻辑思维与形象思维是两种基本的思维方式。逻辑思维又称为抽象思维，它是一种根据逻辑规则对信息进行处理的理性思维方式，反映了人们以抽象的、间接的、概括的方式认识客观世界的过程。形象思维又称为直感思维，它是一种以客观现象为思维对象、以感性形象认识为思维材料、以意象为主要思维工具、以指导创造物化形象的实践为主要目的的思维活动。

归纳与演绎能力是人类进行问题求解的两种推理能力。归纳能力是人们可以通过大量实例，总结出具有一般性规律的知识的能力；而演绎能力则是人类根据已有知识和所感知到的事实，推理求解问题的能力。学习是人类的本能，每个人都在随时随地进行学习，学习既可能是自觉的、有意识的，也可能是不自觉的、无意识的；既可以是有教师指导的，也可以是独自实践的。人们的学习是通过与环境的相互作用而进行的，通过学习可以积累知识，增长才干，适应环境的变化，充实、完善自己。行为能力是人们对感知到的外界信息的一种反应能力。

尽管目前对人工智能还难以给出其完整、严格的定义，但还是可以从不同的侧面对其做一些狭义的描述。

人工智能学科是计算机科学中涉及研究、设计和应用智能机器的一个分支。所谓的智能机器就是能够在各类环境中自主地或交互地执行各种拟人任务的机器。人工智能学科包括研究如何设计和构造智能机器(智能计算机)或智能系统，使它能模拟、延伸、扩展人类智能；如何在这种智能机器上来实现人类智能，使机器具有类似于人的智能；如何应用这种智能机器。

从另一个角度来看，人工智能是研究怎样使计算机来模仿人脑所从事的推理、证明、识别、理解、设计、学习、思考、规划，以及问题求解等思维活动，以解决需要人类专家才能处理的复杂问题，如医疗诊断、石油测井解释、气象预报、交通运输管理等决策性课题。从实用的观点看，人工智能是一门知识工程学。它以知识为对象，主要研究知识的获取、知识的表示方法和知识的使用(运用知识进行推理)。

1.2　人工智能的流派

目前人工智能的主要学派有以下三个。

(1) 符号主义(symbolicism)：又称逻辑主义(logicism)、心理学派(psychologism)或计算机学派(computerism)，其原理主要为物理符号系统(即符号操作系统)假设和有限合理性原理。

(2) 连接主义(connectionism)：又称仿生学派(bionicism)或生理学派(physiologism)，其原理主要为神经网络及神经网络间的连接机制与学习算法。

(3) 行为主义(actionism)：又称进化主义(evolutionism)或控制论学派(cyberneticism)，其原理为控制论及感知—动作型控制系统。

各学派对人工智能发展历史持有不同的看法。

1.2.1　符号主义学派

符号主义学派认为人工智能源于数理逻辑。数理逻辑从 19 世纪末起就获得迅速发展，到 20 世纪 30 年代，开始用于描述智能行为。计算机出现后，符号主义学派又在计算机上实现了逻辑演绎系统，其有代表性的成果为启发式程序 LT(逻辑理论家)，证明了 38 条数学定理，表明了可以应用计算机研究人的思维过程，模拟人类智能活动。

数理逻辑和计算机科学，分别关注基础理论和实用技术。数理逻辑试图找出构成人类思维或计算机的最基础的机制，如推理中的"代换""匹配""分离"，计算中的"运算""迭代""递归"等。而计算机程序设计则是要把问题的求解转化为程序设计语言的几条基本语句，甚至转化为一些极其简单的机器操作指令。

数理逻辑的形式化方法又和计算机科学殊途同归。计算机系统本身，无论是硬件还是软件，都是一种形式系统，它们的结构都可以进行形式化描述；程序设计语言更是典型的形式语言系统。因此，研究计算机或开发程序设计语言，没有形式化知识和形式化能力，是难以取得出色成果的。此外，应用计算机求解实际问题，首要的任务便是形式化。离开对问题进行正确的形式化描述，没有理性的机器何以理解、解答这些问题呢？人们必须用计算机懂得的形式语言告诉它"怎么做"或者"做什么"，而计算机理解这些语言的过程，又正是按照人赋予它的形式化规程[编译程序(compiler)]，将它们归结为自己的基本操作指令的过程。

计算机科学技术人员常常会发现，一个问题的逻辑表达式几乎就是某个程序设计语言[例如，逻辑程序设计语言(Prolog)]的一个子程序；而用有些语言书写的程序[例如，关系数据库查询语言(SQL)程序]简直就是逻辑表达式。事实上，正是数理逻辑对"计算"的追根溯源，导致了第一个计算的数字模型——图灵机(Turing Machines)的诞生。图灵机被公认为现代数学计算机的祖先；γ-演算系统为早期的人工智能语言之一 LISP 奠定了基础；一阶谓词演算系统为计算机的知识表示及定理证明铺平了道路，以其为根本的逻辑程序设计语言(Prolog)，曾被不少计算机科学技术专家誉为新一代计算机的核心语言。

目前，从基本逻辑电路的设计，到巨型机、智能机系统结构的研究；从程序设计过程到程序设计语言的研究发展；从知识工程到新一代计算机的研制，都需要数理逻辑的知识、成果，以及数理逻辑家的智慧与贡献。

符号主义学派认为人工智能的研究方法应为功能模拟方法，即通过分析人类认知系统所具备的功能和机能，然后用计算机模拟这些功能，实现人工智能。符号主义学派力图用数学逻辑方法来建立人工智能的统一理论体系，但遇到不少暂时无法解决的困难，并受到其他学派的否定。

1.2.2　连接主义学派

连接主义学派认为，人工智能源于仿生学，特别是人脑模型的研究。它的代表性成果是，1943 年由生理学家麦卡洛克和数理逻辑学家皮茨创立的脑模型，即 MP 模型，开创了用电子装置模仿人脑结构和功能的新途径。它从神经元开始研究神经网络模型和脑模型，开辟了人工智能的又一发展道路。20 世纪 60~70 年代，连接主义学派，尤其是对于以感知机(Perceptron)为代表的脑模型研究曾出现过热潮，由于当时的理论模型、生物原型和技术条件的限制，脑模型研究在 20 世纪 70 年代后期至 80 年代初期落入低潮。直到约翰·霍普菲尔德(J. Hopfield)教授在 1982 年和 1984 年发表两篇重要论文，提出用硬件模拟神经网络后，连接主义学派才重新抬头。1986 年，鲁梅尔哈特等人提出多层网络中的反向传播(BP)算法，此后连接主义学派势头大振，从模型到算法，从理论分析到工程实现，为神经网络计算机走向市场打下基础。

连接主义学派认为人的思维基元是神经元，而不是符号处理过程。它对物理符号系统假设持反对意见，认为人脑不同于电脑，并提出连接主义的大脑工作模式，用于取代符号操作的电脑工作模式。

1.2.3　行为主义学派

行为主义学派认为人工智能源于控制论。控制论思想早在 20 世纪 40~50 年代就成为时代思潮的重要部分，影响了早期的人工智能学者。控制论把神经系统的工作原理与信息理论、控制理论、逻辑及计算机等联系起来。控制论早期的研究工作重点是模拟人在控制过程中的智能行为和作用，如对自寻优、自适应、自校正、自镇定、自组织和自学习等控制论系统的研究，并进行"控制论动物"的研发。到 20 世纪 60~70 年代，上述这些控制论系统的研究，取得进一步进展，播下智能控制和智能机器人的种子，并在 20 世纪 80 年代诞生了智能控制和智能机器人系统。行为主义学派是 20 世纪末才以人工智能新学派的面孔出现的，引起许多人的兴趣，这一学派的代表作是 Brooks 的六足行走机器人，被看作新一代的"控制论动物"，它是一个基于感知—动作模型的模拟昆虫行为的控制系统。

反馈是控制论的基石，没有反馈就没有智能。通过目标与实际行为之间的误差来消除此误差是控制论的基本策略。PID(proportional integral derivative)控制是控制论对付不确定性的最基本手段。控制论催生机器人研究，机器人是"感知—行为"模式，是没有知识的智能；强调系统与环境进行交互，从运行环境中获取信息，再通过自己的动作对环境施加影响。

行为主义学派认为智能取决于感知和行动，提出智能行为的"感知—行为"模式。行为主义学派认为智能不需要知识、不需要表示、不需要推理；人工智能可以像人类智能一样逐步进化；智能行为只能在现实世界与周围环境交互作用中表现出来。行为主义学派还认为，符号主义学派以及连接主义学派对真实世界客观事物的描述及其智能行为工作模式是过于简化抽象的，因而不能真实地反映客观存在。

1.3　人工智能的进展和发展趋势

1.3.1　人工智能的发展趋势

经过多年发展，人工智能的应用研究已经取得了重大进展。首先，专家系统(expert

system)表现出强大的生命力。被誉为"专家系统和知识工程之父"的爱德华·费根鲍姆(Edward Feigenbaum)所领导的研究小组，于 1968 年成功研究出第一个专家系统 DENDRAL，用于辅助质谱仪分析有机化合物的分子结构。1972—1976 年，Feigenbaum 小组又成功开发了医疗专家系统 MYCIN，用于抗生素药物治疗。此后，许多著名的专家系统，如地质勘探专家系统 PROSPECTOR、青光眼诊断治疗专家系统 CASNET、计算机结构设计专家系统 RI、符号积分与定理证明专家系统 MACSYMA、钻井数据分析专家系统 ELAS 和电话电缆维护专家系统 ACE 相继被开发，为数据分析处理、医疗诊断、计算机设计、符号运算和定理证明等提供了强有力的工具。1977 年，Feigenbaum 进一步提出了知识工程的概念。整个 20 世纪 80 年代，专家系统和知识工程在全世界得到迅速发展。在开发专家系统的过程中，许多研究者获得共识，即人工智能系统是一个知识处理系统，而知识获取、知识表示和知识利用则成为人工智能系统的 3 个基本问题。

近十多年来，机器学习、计算智能、人工神经网络等领域的研究深入开展，形成热潮，这些都推动了人工智能研究的深入发展。

我国的人工智能研究起步较晚。纳入国家计划的"智能模拟"研究开始于 1978 年；1984 年召开了智能计算机及其系统的全国学术讨论会；1986 年起，把智能计算机系统、智能机器人和智能信息处理，包括模糊识别在内的重大项目列入国家高技术研究计划；1993 年起，又把智能控制和智能自动化等项目列入国家科技攀登计划。进入 21 世纪后，更多的人工智能与智能系统研究获得了各种基金计划支持。1981 年起，相继成立了中国人工智能学会(CAAI)、全国高校人工智能研究会、中国计算机学会人工智能与模糊识别专业委员会、中国自动化学会、模式识别与机器智能专业委员会、中国软件行业协会、人工智能协会、中国智能机器人专业委员会、中国计算机视觉与智能控制专业委员会，以及中国智能自动化专业委员会等学术团体。1989 年中国人工智能联合会议(CJCAI)首次召开，1987 年《模式识别与人工智能》杂志创刊。中国科学家在人工智能领域取得一些在国际上有影响的创造性成果，如吴文俊院士关于几何定理证明的"吴氏方法"。

20 世纪共有 40 位图灵获奖得主，其中有 6 位人工智能学者：Marvin Minsky(1969 年获奖)，John McCarthy(1971 年获奖)，Herbert Simon 和 Allen Newell(1975 年获奖)，Edward Albert Feigenbaum 和 Raj Reddy(1994 年获奖)。

人工智能有三次大飞跃。第一次是智能系统代替人完成部分逻辑推理工作，如机器定理证明和专家系统；第二次是智能系统能够和环境交互，从运行环境中获取信息，代替人完成包括不确定性在内的部分思维工作，通过自身的动作对环境实施影响，并适应环境的变化，如智能机器人；第三次是智能系统具有与人相似的认知和思维能力，能够利用发现的新知识去完成所面临的任务，如基于数据挖掘的系统。

1.3.2　人工智能的研究和应用

人工智能是科学技术发展中的一门前沿学科，同时也是一门新思想、新观念、新理论、新技术不断出现的迅速发展的新兴学科，其研究应用领域十分广泛，主要包括问题求解、自动定理证明、语言处理、智能数据检索系统、视觉系统、涉及人工智能方法的编程语言，以及自动程序设计等。

1．问题求解与博弈

人工智能领域的一项显著成就便是开发出了能够解决复杂问题的棋类游戏程序，例如国际象棋。这些棋类游戏程序采用的技术，包括前瞻性思考和将复杂问题分解为更易处理的子问题的技术，已经演变为人工智能的核心技能，如搜索算法和问题归约技术。现代计算机程序不仅能够在各种棋盘游戏中达到锦标赛水平，如五子棋、中国象棋和国际象棋，而且还实现了计算机棋手战胜国际和国家级别的人类冠军棋手的壮举。

此外，其他类型的问题求解程序也已经取得了显著进展，它们能够整合各类数学公式和符号，其性能已达到高度精确的水平，并被广泛应用于科学家和工程师的工作中。一些程序甚至能够利用经验数据来优化自身性能。

然而，尽管取得了这些进步，人工智能在问题求解和博弈方面仍面临挑战。其中一项挑战是模仿人类棋手所拥有的直觉和洞察力，这至今难以明确编码。例如，国际象棋大师具有洞察棋局的能力，这种能力在当前的人工智能中尚未得到充分体现。另一个挑战涉及问题表示的选择，这在人工智能领域是一个关键概念。人类通常能够找到一种简化问题的思考方式，从而更容易地解决问题。目前，人工智能程序已经被训练去考虑它们所面对的问题，即在解答空间中搜索寻找更优的解答路径。

综上所述，尽管人工智能在问题求解和博弈方面取得了显著成就，但仍有许多未解之谜和技术挑战，需要未来的研究和创新来克服。

2．逻辑推理与定理证明

早期的逻辑演绎研究工作与问题和难题的求解相当密切。那些已经开发出的程序，能够借助对事实数据库的操作来证明推断；其中每个事实由分立的数据结构表示，就像数理逻辑由分立公式表示一样。与人工智能的其他技术的不同之处是，这些方法能够完整和一致地加以表示。也就是说，只要原本事实是正确的，那么程序就能够证明这些从事实中得出的定理，而且也仅仅是证明这些定理。

逻辑推理是人工智能研究中最持久的子领域之一。特别重要的是要找到一些方法，只把注意力集中在一个大型数据库中的有关事实上，留意可信的证明，并在出现新信息时适时修正这些证明。

对数学中臆测的定理寻找一个证明或反证，确实称得上是一项智能任务。为此不仅需要有根据假设进行演绎的能力，而且需要某些直觉技巧。1976 年 7 月，美国的阿佩尔(K.Appel)等人合作解决了困扰人们长达 124 年的难题——四色定理。他们用三台大型计算机花去 1200 小时 CPU 时间，并对中间结果进行人为反复修改 500 多次。四色定理的成功证明曾轰动计算机界。我国人工智能大师吴文俊院士提出并实现了几何定理机器证明的方法，被国际上承认为"吴氏方法"，是定理证明的又一标志性成果。

3．计算智能

计算智能(computational intelligence)涉及神经计算、模糊计算、进化计算、粒子群计算、自然计算、免疫计算和人工生命等研究领域。

进化计算(evolutionary computation)是指一类以达尔文进化论为依据来设计、控制和优化人工系统的技术和方法的总称，它包括遗传算法(genetic algorithm)、进化策略

(evolutionary strategy)和进化规划(evolutionary programming)。自然选择的原则是适者生存,即物竞天择,优胜劣汰。

自然进化的这些特征早在 20 世纪 60 年代就引起了美国的霍兰(Holland)的极大兴趣。受达尔文进化论思想的影响,他逐渐认识到在机器学习中,为获得一个好的学习算法,仅靠单个策略的建立和改进是不够的,还要依赖于一个包含许多候选策略的群体的繁殖。他还认识到,生物的自然遗传现象与人工自适应系统行为的相似性。因此,他提出在研究和设计人工自主系统时可以模仿生物自然遗传的基本方法。20 世纪 70 年代初,霍兰提出了"模式理论",并于 1975 年出版了《自然系统与人工系统的自适应》专著,系统地阐述了遗传算法的基本原理,奠定了遗传算法研究的理论基础。

遗传算法、进化规划和进化策略具有共同的理论基础,即生物进化论,因此,将这三种方法统称为进化计算,并将相应的算法称为进化算法。

人工生命是 1987 年提出的,旨在用计算机和精密机械等人工媒介生成或构造出能够表现自然生命系统行为特征的仿真系统或模型系统。自然生命系统行为具有自组织、自复制、自修复等特征以及形成这些特征的混沌动力学、进化和环境适应。

人工生命的理论和方法有别于传统人工智能和神经网络的理论和方法。人工生命把生命现象所体现的自适应机理通过计算机进行仿真,对相关非线性对象进行更真实的动态描述和动态特征研究。

人工生命学科的研究内容包括生命现象的仿生系统、人工建模与仿真、进化动力学、人工生命的计算理论、进化与学习综合系统及人工生命的应用等。

4. 分布式人工智能与 Agent

分布式人工智能(Distributed AI,DAI)是分布式计算与人工智能结合的结果。DAI 系统以鲁棒性作为控制系统质量的标准,并具有互操作性,即不同的异构系统在快速变化的环境中具有交换信息和协同工作的能力。

分布式人工智能的研究目标是要创建一种能够描述自然系统和社会系统的精确概念模型。DAI 中的智能并非独立存在的概念,只能在团体协作中实现,因而其主要研究问题是各 Agent 间的合作与对话,包括分布式问题求解和多 Agent 系统(Multi-Agent System,MAS)两个领域。MAS 更能体现人类的社会智能,具有更大的灵活性和适应性,更适合开放和动态的世界环境,因而备受重视,已成为人工智能乃至计算机科学和控制科学与工程的研究热点。

5. 自动程序设计

自动程序设计能够根据各种不同的目的描述来编写计算机程序。对自动程序设计的研究不仅可以促进半自动软件开发系统的发展,而且也使通过修正自身数码进行学习的人工智能系统得到发展。程序理论方面的有关研究工作对人工智能的所有研究工作都是很重要的。

自动编制一份程序来获得某种指定结果的任务与证明一份给定程序将获得某种指定结果的任务是紧密相关的,后者叫作程序验证。

自动程序设计研究的重大贡献之一是问题求解策略的调整概念。研究已经发现,对程序设计或机器人控制问题,先产生一个不费事的有错误的解,然后再修改它,这种做法要比坚持要求第一个解答就完全没有缺陷的做法有效得多。

6. 专家系统

专家系统是一种智能计算机程序系统，它包含了大量专家水平的某个领域的知识与经验，能够利用人类专家的知识和解决问题的方法来解决该领域的问题。

发展专家系统的关键是表达和运用专家知识，即来自人类专家的并已被证明对解决有关领域内的典型问题有用的事实和过程。专家系统和传统的计算机程序的本质区别在于专家系统所要解决的问题一般没有算法解，并且经常要在不完全、不精确或不确定的信息基础上得出结论。

随着人工智能整体水平的提高，专家系统也获得发展。正在开发的新一代专家系统包括分布式专家系统和协同式专家系统等。在新一代专家系统中，不仅采用了基于规则的方法，还采用了基于框架的技术和基于模型的原理。

7. 机器学习

学习是人类智能的主要标志和获得知识的基本手段。机器学习(自动获取新的事实及新的推理算法)是实现计算机智能的根本途径。此外，机器学习还有助于发现人类学习的机理并揭示人脑的奥秘。

传统的机器学习倾向于使用符号表示而不是数值表示，使用启发式方法而非确定性算法。传统机器学习的另一倾向是使用归纳(induction)而不是演绎(deduction)。前一倾向使它有别于人工智能的模式识别等分支；后一倾向使它有别于定理证明等分支。

按系统对导师的依赖程度可将学习方法分类为：机械式学习、讲授式学习，类比学习、归纳学习，观察发现式学习等。

近 20 年来又发展了下列各种学习方法：基于解释的学习、基于事例的学习、基于概念的学习、基于神经网络的学习、遗传学习、增强学习、深度学习、超限学习，以及数据挖掘和知识发现等。

数据挖掘和知识发现是 20 世纪 90 年代初期新崛起的一个活跃的研究领域。在数据库基础上实现的知识发现系统，通过综合运用统计学、粗糙集、模糊数学、机器学习和专家系统等多种学习手段和方法，从大量的数据中提炼出抽象的知识，从而揭示出隐藏在这些数据背后的客观世界的内在联系和本质规律，实现知识的自动获取。

深度学习算法是一类基于对人脑生物学的进一步理解，将神经—中枢—大脑的工作原理设计成一个不断迭代、不断抽象的过程，以便得到最优数据特征表示的机器学习算法；该算法从原始信号开始，先做低级抽象，然后逐渐向高级抽象迭代，由此组成深度学习算法的基本框架。深度学习源于 2006 年加拿大多伦多大学杰弗里·辛顿(Geoffrey Hinton)提出的两个观点：①多隐含层的人工神经网络具有优异的特征学习能力，学习特征对数据有更本质的刻画，从而有利于可视化或分类；②深度神经网络在训练上的难度，可以通过逐层初始化来克服。这些思想开启了深度学习的研究与应用热潮。

超限学习作为一种新的机器学习方法，在许多研究者的不断研究下，已经成为一个热门研究方向。超限学习主要有以下四个特点：①对于大多数神经网络和学习算法，隐层结点或神经元不需要迭代式的调整；②超限学习既属于通用单隐层前馈网络，又属于多隐层前馈网络；③超限学习的相同构架可用作特征学习，聚类、回归和分类问题；④每个超限学习层组成一个隐层，不需要调整隐层神经元的学习，整个网络构成一个大的单层超限学习机，且每层都可由一个超限学习机学习。

大规模数据库和互联网的迅速发展，使人们对数据库的应用提出新的要求。一方面，数据库中包含的大量知识无法得到充分的发掘与利用，会造成信息的浪费，并产生大量的数据垃圾。另一方面，知识获取仍然是专家系统研究的瓶颈问题。从领域专家获取知识是非常复杂的个人到个人之间的交互过程，具有很强的个体性和随机性，没有统一的办法。因此，人们开始考虑将数据库作为新的知识源。数据挖掘和知识发现能自动处理数据库中大量的原始数据，抽取出具有必然性的、富有意义的模式，成为有助于人们实现其目标的知识，找出人们对所需问题的解答。这些促进了大数据技术的出现与快速发展。

8. 自然语言理解

自然语言处理(NLP)作为人工智能研究的初期领域之一，持续受到广泛关注。目前，已经开发出了多种程序，它们不仅能从数据库中提取答案以响应提问，还能通过阅读和分析文本资料来构建知识库。这些程序具备将语句从一种语言翻译成另一种语言的能力，也能执行指令及获取新信息等。部分程序甚至能够对通过麦克风输入的口头指令进行一定程度的翻译和理解。

人们在使用语言交流时，通常毫不费力地参与这一复杂但仅需要少量理解能力的过程。语言作为一种通信媒介，在智能生物之间传递"思维结构"，这一过程在某些环境条件下可以实现从一个大脑到另一个大脑的高效转移。每个个体的大脑都拥有庞大且高度相似的背景知识网络，它为交流提供了共同的基础。这些共享的、上下文相关的知识网络让参与者明白对方也具备相同的知识背景，并在交流过程中利用这一共同的基础来进行信息处理。因此，语言的产生和理解本质上是一个复杂的编码与解码问题。

尽管取得了显著的进步，但人工智能在自然语言理解上仍面临诸多挑战。机器需要更深入地把握语境，理解隐喻和习语，以及更准确地模拟人类的交流方式。这要求未来的研究不断推动技术的边界，以便机器能更好地模仿人类的语言理解和生成能力。

9. 机器人学

人工智能研究中日益受到重视的另一个分支是机器人学。一些并不复杂的动作控制问题，如移动式机器人的机械动作控制问题，表面上看并不需要很多智能。然而人类几乎下意识就能完成的这些任务，要是由机器人来实现就要求机器人具备在求解需要较多智能的问题时所用到的能力。

机器人和机器人学的研究促进了许多人工智能思想的发展。它所导致的一些技术可用来模拟世界的状态，描述从一种世界状态转变为另一种世界状态的过程。

智能机器人的研究和应用体现出广泛的学科交叉，涉及众多的课题，如机器人体系结构、机构、控制、智能、视觉、触觉、力觉、听觉、机器人装配、恶劣环境下的机器人以及机器人语言等。机器人已在各种工业、农业、商业、旅游业、空中和海洋，以及国防等领域获得越来越普遍的应用。近年来，智能机器人的研发与应用已在全世界出现一个热潮，极大地推动了智能制造和智能服务等领域的发展。

10. 模式识别

计算机硬件的迅速发展、计算机应用领域的不断开拓，急切要求计算机能更有效地感知诸如声音、文字、图像、温度、振动等人类赖以发展自身、改造环境的信息。着眼于拓宽计算机的应用领域，提高其感知外部信息能力的学科——模式识别，便得到迅速发展。

人工智能所研究的模式识别是指用计算机代替人类或帮助人类感知模式，是对人类感知外界功能的模拟，研究的是计算机模式识别系统，也就是使一个计算机系统具有模拟人类通过感官接收外界信息、识别和理解周围环境的感知能力。

实验表明，人类接收外界信息的80%以上来自视觉，10%左右来自听觉。因此，早期的模式识别研究工作集中在对视觉图像和语音的识别上。

模式识别是一个不断发展的新学科，它的理论基础和研究范围也在不断发展。随着生物医学对人类大脑认识的不断深入，模拟人脑构造的计算机实验即人工神经网络方法已经成功地用于手写字符的识别、汽车牌照的识别、指纹识别、语音识别、车辆导航、星球探测等方面。

11. 机器视觉

机器视觉或计算机视觉已从模式识别的一个研究领域发展为一门独立的学科。在视觉方面，给计算机系统装上摄像头或其他视频采集设备使其能够"看见"周围的东西。在人工智能中感知过程通常包含一组操作。

解决感知问题的要点是形成一个精练的表示以取代难以处理的、极其庞大的未经加工的输入数据。最终表示的性质和质量取决于感知系统的目标。不同系统有不同的目标，但所有系统都必须把输入的、多得惊人的感知数据简化为一种易于处理的，有意义的描述。

计算机视觉通常可分为低层视觉与高层视觉两类。低层视觉主要执行预处理任务，如边缘检测、动目标检测、纹理分析等，通过阴影获得形状、立体造型、曲面色彩等。高层视觉则主要是理解所观察的形象。

机器视觉的前沿研究领域包括实时并行处理、主动式定性视觉、动态和时变视觉、三维景物的建模与识别、实时图像压缩传输和复原、多光谱和彩色图像的处理与解释等。

12. 神经网络

神经网络研究结果已经证明，用神经网络处理直觉和形象思维信息比传统处理方式好得多。神经网络的发展有着非常广阔的科学背景，是众多学科研究的综合成果。神经生理学家、心理学家与计算机科学家的共同研究得出的结论是：人脑是一个功能特别强大、结构异常复杂的信息处理系统，其基础是神经元及其互联关系。因此，对人脑神经元和人工神经网络的研究，可能创造出新一代人工智能机——神经计算机。

对神经网络的研究始于20世纪40年代初期，经历了一条十分曲折的道路，20世纪80年代初以来，对神经网络的研究再次出现高潮。

对神经网络模型、算法、理论分析和硬件实现的大量研究，为神经计算机走向应用提供了物质基础。人们期望神经计算机将重建人脑的形象，极大地提高信息处理能力，在更多方面取代传统的计算机。

13. 智能控制

人工智能的发展促进了自动控制向智能控制的发展。智能控制是一类无须(或需要尽可能少的)人工干预就能够独立地驱动智能机器实现其目标的自动控制技术。或者说，智能控制是驱动智能机器自主地实现其目标的技术手段。许多复杂的系统，难以建立有效的数学模型和用常规控制理论进行定量计算与分析，而必须采用定量数学解析法与基于知识的定性方法的混合控制方式。随着人工智能和计算机技术的发展，目前已经可以把自动控制和人工智能及系统科学的某些分支结合起来，建立一种适用于复杂系统的控制理论和技术。智能控制是在这种条件下产生的。它是自动控制的最新发展趋势，也是用计算机模拟人类智能的一个重要研究领域。

智能控制是一种以知识为基础的非数学广义世界模型和以数学公式模型为基础的混合控制过程，通常包含复杂性、不完全性、模糊性或不确定性，以及不存在已知算法的非数学过程。通过知识进行推理和启发智能控制可以引导求解过程。智能控制的核心在于高层控制，即组织级控制。其任务在于对实际环境或过程进行组织，即决策和规划，以实现广义问题求解。

14. 智能调度与指挥

确定最佳调度或组合的问题是人们感兴趣的又一类问题。一个古典的问题就是推销员旅行问题(TSP)。许多问题都具有与此类似的性质。

其中有一些问题，例如推销员旅行问题，属于理论计算机科学家称为 NP 完全问题。这些问题的难度通常是通过其在最坏情况下所需的时间(或步数)来衡量的，而这个时间和步数会随着问题规模的增大而显著增加。

人工智能研究人员曾经研究过若干组合问题的求解方法。问题领域的相关知识再次成为提高求解效率的关键因素。智能组合调度与指挥方法已被应用于汽车运输调度、列车的编组与指挥、空中交通管制，以及军事指挥等系统。

15. 智能检索

在当代科技飞速发展的背景下，全球正面临着前所未有的“知识爆炸”现象。对国内外种类繁多和数量巨大的科技文献检索远非人力和传统检索系统所能胜任。研究智能检索系统已成为科技持续快速发展的重要保证。

数据库系统是储存某学科大量事实的计算机软件系统，它们可以回答用户提出的有关该学科的各种问题。数据库系统的设计也是计算机科学的一个活跃的分支。为了有效地表示、存储和检索大量事实，已经发展了许多技术。

智能信息检索系统的设计者们将面临以下几个问题。首先，建立一个能够理解以自然语言陈述的询问系统本身就存在不少问题。其次，即使能够通过规定某些机器能够理解的形式化询问语句来回避语言理解问题，仍然存在一个如何根据存储的事实演绎出答案的问题。最后，理解询问和演绎答案所需要的知识都可能超出该学科领域数据库所表示的知识。

16. 系统与语言工具

除了直接瞄准实现智能路径的研究工作外，开发新的方法也往往是人工智能研究的一个重要方面。人工智能对计算机界的某些最大贡献已经以派生的形式表现出来。计算机系统的一些概念，如分时系统、编目处理系统和交互调试系统等，已经在人工智能研究中得到发展。一些能够简化演绎、机器人操作和认识模型的专用程序设计和系统常常是新思想的丰富源泉。几种知识表达语言(把编码知识和推理方法表示为数据结构和程序逻辑的语言)已在 20 世纪 70 年代后期开发出来，以探索各种建立推理程序的思想。20 世纪 80 年代以来，计算机系统，如分布式系统、并行处理系统、多机协作系统和各种计算机网络等，都有了长足发展。在人工智能程序设计语言方面，除了继续开发、改进通用和专用的编程语言新版本及新语种外，还研究出了一些面向目标的编程语言和专用开发工具。关系数据库研究所取得的进展，无疑为人工智能程序设计提供了新的有效工具。

1.4 本 章 小 结

本章首先介绍了人工智能的首次提出背景、首批人工智能程序，以及各学者对人工智能的定义和解释，接着介绍了人工智能的各个主流学派对人工智能发展的看法和研究方向，最后介绍了人工智能的进展过程及接下来的发展趋势，还有对应的研究方向和应用。

第 2 章
知 识 表 示

要有效地解决应用领域的问题和实现软件的智能化,就必须拥有应用领域的知识。知识表示技术起源于 20 世纪 70 年代,丰富的研究成果使得知识表示技术和方法多种多样。随着人工智能技术的不断深入研究和应用,关于知识表示的工程化问题取得了很大的进展。

信息获取(感知与表示)、信息传输(通信与存储)、信息处理(计算与认知)、信息再生(综合与决策)、信息执行(控制与显示)是构成信息科学体系的分支学科。知识成为信息与智能之间的桥梁。目前关于知识的表示方法主要分为结构化方法和非结构化方法。前者主要包括逻辑方法和产生式方法,后者主要包括语义网络和框架等。

2.1　知识与知识表示的概念

人工智能主要研究使用人工智能系统(机器或计算机)来模拟人类的智能活动。首先需要考虑的内容就是如何使该人工系统具有知识，即如何将知识表达出来并存储到人工系统当中去，这就是知识表示问题。知识表示是人工智能研究的一个重要课题。

2.1.1　知识

数据一般指单独的事实，是信息的载体，数据项本身没有什么意义，除非在一定的上下文中，否则没有什么用处。信息由符号组成，如文字和数字，但是符号赋予了一定的意义，因此有一定的用途或价值。

经验是人们在解决实际问题的过程中形成的成功操作程序，知识是由经验总结升华出来的，因此知识是经验的结晶。知识也是由符号组成，而且还包括了符号之间的关系以及处理这些符号的规则或过程。知识在信息的基础上增加了上下文信息，提供了更多的意义，因此也就更加有用和有价值。知识是随着时间的变化而动态变化的，新的知识可以根据规则和已有的知识推导出来。因此，可以认为知识是经过加工的信息，包括事实、规则、元知识和常识性知识。

关于知识的研究称为认识论，涉及知识的本质、结构和起源。

既然知识是建立在数据和信息基础之上的，那么一个系统需要什么样的知识才可能具有智能呢？一个智能程序需要哪些方面的知识才能高水平地运行呢？一般至少包括以下几个方面的知识。

(1) 事实：是关于对象和物体的知识。人工智能中的知识表示应能表示各种对象、对象类型及其性质等。事实是静态的、为人们共享的、可公开获得的、公认的知识，在知识库中属底层知识。

(2) 规则：是有关问题中与事物的行动、动作相联系的因果关系的知识，是动态的，常以"如果……那么……"的形式出现。特别是启发式规则属于专家提供的专门经验知识，这种知识无严格解释但很有用处。

(3) 元知识：是有关知识的知识，是知识库中的高层知识。例如，包括怎样使用规则、解释规则、校验规则、解释程序结构等知识。一个专家可以拥有几个不同领域的知识，元知识可以决定哪一个知识库是适用的。元知识也可用于决定某一领域中哪些规则最合适。

(4) 常识性知识：泛指普遍存在而且被普遍认识了的客观事实的一类知识，即指人们共有的知识。

2.1.2　知识表示

知识表示就是研究用机器表示上述这些知识的可行性、有效性的一般方法，可以看作是将知识符号化并输入计算机的过程和方法。知识表示在智能 Agent 的构建中起到了关键的作用。可以说正是以适当的方法表示了知识，才使得智能 Agent 展示出了智能行为。在某种意义上，可以将知识表示视为数据结构及其处理机制的综合：

$$知识表示=数据结构+处理机制$$

其中，恰当的数据结构用于存储要解决的问题、可能的中间结果、最终解答以及与问题求解有关的世界的描述。这里称存储这些描述的数据结构为符号结构(或者为知识结构)，正是这种符号结构导致了知识的显式表示。然而仅有符号结构是不够的，无法表现出知识的"力量"。为此还需要给出如何使用这些符号结构处理机制。因此，知识表示是数据结构与处理机制的统一体，既涉及知识表示语言也涉及知识使用。知识表示语言用符号结构来描述获取到的领域知识，而知识的使用则是应用这些知识实现智能行为。

目前在知识表示方面主要有两种基本的观点：一种是陈述性的观点，另一种是过程性的观点。陈述性的知识表示观点将知识的表示和知识的运用分开处理，在知识表示时不涉及如何运用知识的问题。例如，一个学生统计表存放了学生的基本信息，为了处理它，必须设计额外的程序。显然，由于学生统计表独立存储，因此能够被多个程序应用，如名单打印、学生查询等。过程性的知识表示观点将知识的表示和知识的运用结合起来，知识包含于程序之中，如关于一个倒置矩阵的程序就隐含了倒置矩阵的知识，这种知识与应用它的程序紧密地融合在一起，难以分离。在人工智能程序中，采用比较多的是陈述性知识表示和处理方法，即知识的表示和运用是分离的。陈述性知识在设计人工智能系统中占据重要地位，关于知识表示的各种研究也主要针对陈述性知识。原因在于人工智能系统一般易于修改、更新和调整。

当然，采用陈述性知识表示是要付出代价的，计算开销增大，还会降低效率。因为陈述性知识一般要求应用程序对其做解释性执行，显然效率要比过程性知识要低。换言之，陈述性知识是以牺牲效率来换取灵活性的。

陈述性知识表示和过程性知识表示在人工智能研究中都很重要，各有优缺点。这两种知识表示的应用具有如下的倾向性。

(1) 由于高级的智能行为(如人的思维)似乎强烈地依赖于陈述性知识，因此，人工智能的研究应注重陈述性知识的开发与应用。

(2) 过程性知识的陈述化表示。尽管基于知识系统的控制规则和推理机制可能以陈述性知识的形式呈现，但它们本质上属于过程性知识的应用。它们从推理机分离出来由推理机解释并执行，这样做可以促进推理和控制的透明化，有利于智能系统的维护和进化。

(3) 以适当方式将过程性知识和陈述性知识综合，可以提高智能系统的性能。如框架系统为这种综合提供了有效的手段，框架系统通过陈述性的方式表达了对象的属性和对象间的关系，并利用附加程序等形式包含过程性知识。

知识表示的形式丰富多样。常见的知识表示方式有一阶谓词逻辑、产生式表示、状态空间图表示、与或图表示和结构化表示，其中结构化表示又通常包括语义网络表示和框架结构表示。

2.2 产生式表示法

产生式表示法是由美国数学家波斯特(E.Post)于 1943 年提出来的，该方法通过类似于文法规则的方式对符号进行替换操作，并将每条替换规则称为一个产生式。此后几经修改与充实，应用到许多领域之中。1972 年，纽厄尔(Newell)和西蒙(Simon)在研究人类的认知模型时，开发了基于规则的产生式系统。目前，产生式表示法是人工智能中应用最多的一种知识表示方法，许多专家系统都用它来表示知识。

2.2.1 产生式规则

产生式规则通常用于描述事物之间的一种因果关系。其基本形式为：

$$IF<P>THEN<Q>$$

其中，P 是产生式的前提，用于指明该产生式适用的条件，也可称为前件；Q 是产生式的结论或操作，用于指明当前提 P 被满足时，应该得出的结论或应该执行的操作，也可称为后件。例如，规则：

- IF 某动物吃肉 THEN 它是食肉动物
- IF 炉温超过上限 THEN 立即关闭风门

有时为了解决问题的需要，前件和后件可以是由逻辑运算符 AND(且)、OR(或)、NOT(非)组成的表达式。例如，规则：

- IF 某动物是哺乳动物 AND 有蹄 THEN 它是有蹄动物
- IF 携带危险物品 OR 易燃易爆物品 THEN 不允许登上火车
- IF NOT 下雨 THEN 外出郊游

2.2.2 产生式系统

产生式系统是 AI 系统中最常见的一种结构。当给定的问题要用产生式系统求解时，需要掌握建立产生式系统形式化描述的方法，所提出的描述体系应具有一般性，能推广应用于这一类问题更复杂的情况。一般化的产生式系统可用来描述许多重要人工智能系统的工作原理。

产生式系统的综合数据库是指对问题状态的一种描述，这种描述必须便于在计算机中实现，因此，它实际上就是 AI 系统中所使用的数据结构。

高效的 AI 系统需要涵盖问题领域的知识，通常可把这些知识细分为 3 种基本类型：①陈述性知识是关于表示综合数据库的知识，如待求解问题的特定事实等；②过程性知识是关于表示规则部分的知识，如该领域中处理陈述性知识所使用的规律性知识；③控制知识是关于表示控制策略方面的知识，包括协调整个问题求解过程中所使用的各种处理方法，搜索策略，控制结构等有关的知识。用产生式系统求解问题时的主要任务就是如何把问题的知识组织成陈述、过程和控制这 3 种组成部分，以便在产生式系统中更充分地得到应用。

一般来说，一个产生式系统的基本结构包括 3 个部分：综合数据库、规则库和控制系统，如图 2-1 所示。

图 2-1 产生式系统的基本结构

1. 综合数据库

综合数据库又称为事实库、上下文、黑板等，它是用来存放与求解问题有关的当前信息的数据结构。推理过程中得到的中间结论也可作为新的事实存入数据库，作为后面推理的已知事实。显然，综合数据库的内容是在不断变化的，是动态的。综合数据库中的事实通常用字符串、向量、集合、矩阵、表等数据结构来表示，如在专家系统 MYCIN 中，用四元组来表示事实。

2. 规则库

规则库用于存放与求解问题有关的所有规则，它是产生式系统进行问题求解的基础。显然，规则库中知识的完整性、一致性、准确性以及知识组织是否合理，将会对产生式系统的运行效率产生重要的影响。因此，对规则库的设计和组织应该给予足够的重视。

3. 控制系统

控制系统也称为推理机构，由一组程序组成，用来控制整个产生式系统的运行，决定问题求解的推理线路，实现问题求解。控制系统的主要功能包括以下几个方面。

(1) 按照一定的策略从规则库中选择规则，并与综合数据库中的已知事实进行匹配，所谓匹配就是指把规则的前提条件与综合数据库中的已知事实进行比较，如果二者一致，或者近似一致，则称匹配成功，该规则可用于当前的推理；否则，称匹配不成功，相应规则不适用于当前的推理。

(2) 如果匹配成功的规则不止一条，则称为发生了冲突，此时的推理机构必须采取某种协调策略来解决这种冲突，称为冲突的消解，从而选取一条规则去执行。

(3) 如果所执行的规则后件不是问题目标，则当后件为结论时，将结论添加到综合数据库中去；如果是操作，则执行该操作。

(4) 对于不确定知识，在执行每条规则时还需要计算结论的不确定性。

(5) 如果规则的后件满足问题求解的结束条件，则停止系统的推理运行。

下面是一个关于动物识别的例子。

示例 一个用于动物识别的产生式系统，其规则库包含如下 15 条规则：

R1 IF 该动物有毛发　　THEN 该动物是哺乳动物

R2 IF 该动物有奶　　THEN 该动物是哺乳动物

R3 IF 该动物有羽毛　　THEN 该动物是鸟

R4 IF 该动物会飞　　AND 会下蛋　　THEN 该动物是鸟

R5 IF 该动物吃肉　　THEN 该动物是肉食动物

R6 IF 该动物有犬齿　AND 有爪　AND 眼盯前方　THEN 该动物是肉食动物

R7 IF 该动物是哺乳动物　AND 有蹄　THEN 该动物是蹄类动物

R8 IF 该动物是哺乳动物　AND 反刍动物　THEN 该动物是蹄类动物

R9 IF 该动物是哺乳动物　AND 肉食动物　AND 黄褐色 AND 身上有暗斑点 THEN 该动物是金钱豹

R10 IF 该动物是哺乳动物　AND 肉食动物　AND 黄褐色 AND 身上有黑色条纹 THEN 该动物是老虎

R11 IF 该动物是蹄类动物　AND 长脖子 AND 长腿　AND 身上有暗斑点　THEN 该动物是长颈鹿

R12 IF 该动物是蹄类动物　AND 身上有黑色条纹　　THEN 该动物是斑马

R13 IF 该动物是鸟　　AND 长脖子 AND 长腿　AND 不会飞 THEN 该动物是鸵鸟

R14 IF 该动物是鸟　　AND 会游泳 AND 不会飞 AND 有黑白二色 THEN 该动物是企鹅

R15 IF 该动物是鸟　　AND 善飞　THEN 该动物是信天翁

规则的部分推理网络如图 2-2 所示。

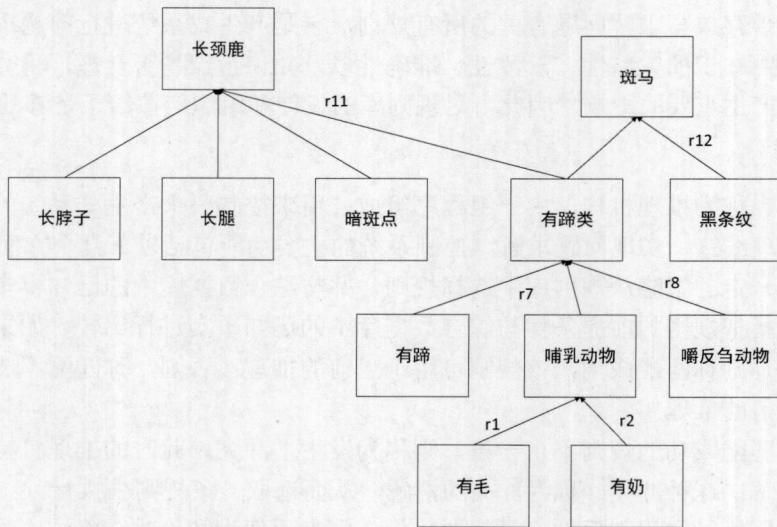

图 2-2　规则的部分推理网络

2.2.3　产生式系统的工作过程

一个产生式系统的基本工作过程可以描述如下:

（1）初始化综合数据库，把要解决问题的已知事实送入综合数据库中。

（2）检查规则库中是否存在未使用过的规则，若无，则转到(7)步。

（3）检查规则库中未使用规则中是否存在有前提条件可与综合数据库中的已知事实相匹配的规则，若无，则转(6)步。

（4）执行匹配成功的规则，并将其标记为已使用，执行后的结论可作为新事实添加到综合数据库。

（5）检查综合数据库中是否包含了该问题的解，若有则求解过程结束，否则转(2)步。

（6）如果无法找到合适的规则继续推理，一是可以终止求解过程上，或者是要求用户进一步提供已知事实，然后转(2)步。

（7）没有可用规则，表明问题无解，终止求解过程。

在产生式系统中，对问题的求解实际上反映到对规则的不断运用上，选择合适的规则可以提高整个推理系统的效率，反之则效率会降低。这种规则的运用体现了问题的一种求解策略或控制策略。

2.2.4　产生式系统的控制策略

基本产生式系统的控制策略主要有：不可撤回策略、回溯策略、图搜索策略。

1. 不可撤回的策略

在搜索过程中，利用所求解问题给定的某些局部知识选择可应用的规则，进行匹配、冲突消解、执行等操作，接着根据工作存储器的新状态选择另一条规则进行有关操作，搜索过程一直往前进行，而不允许撤回已经选择的规则。

2. 回溯策略

在从冲突集选择一条规则执行时，建立其回溯点，保留其搜索路径，若以后发现此规则的执行会阻挠或延迟到达推理目标，则放弃此规则，沿原路径返回，重新选择另一条规则，继续搜索过程。

3. 图搜索策略

用图来表示问题求解过程，图中结点代表问题的状态，结点间的弧代表所应用的规则，用某种方法选择应用规则，并以图结构记录状态变化过程，直到求出问题的解答。其搜索过程可看作从问题求解图中找出包含解路径的子图。

产生式系统的问题求解过程事实上就是对解空间的搜索过程，又称为推理过程。根据推理过程进行的方向，或者说是搜索的方向可分为正向推理、反向推理、正反向混合推理。

2.2.5　对产生式系统的评价

从前面的讨论可知，产生式系统不仅是一种计算模型和问题求解系统，也是一种实用而强大的知识表示模式，具有以下特点：

- 具有丰富的知识表示能力，可以用简单直观的规则方式表达人类的经验性知识。
- 知识表达模块化、结构化，每条规则都具有相同的格式且相对独立。规则的组合、修改、增、删比较容易，规则的收集、整理比较方便。
- 不仅可以表达知识，也能表达动作，其结构事实上等价于图灵机。
- 容易排除故障，当系统工作异常时，通过跟踪产生式规则的触发顺序，即可发现故障，为系统调试和维护提供便利条件。
- 产生式系统的基于规则的推理过程与人类求解问题时的逻辑思维过程相似，因此可把产生式系统用作人类行为的启发式模型，模拟人类的逻辑思维过程。
- 推理方向的可逆性。由于产生式规则的前件和后件结构类似，可同时进行正向和反向推理，即混合推理，当解决复杂问题时，可提供有效的框架结构。
- 控制机构的多样性。由于产生式系统的控制机构对用户是开放的，因此可根据对象领域和欲求解问题的特点设计最佳控制机构。

由于以上优点，产生式系统适合在以下场合应用：

- 知识结构类似于产生式规则的领域，如医疗诊断系统，其特点是领域知识比较零乱，由大量经验性的独立事实和规则组成，缺乏像数学、物理学科那样系统、严格而又简明的理论。
- 领域知识中包含一系列相互独立的动作，因而可以自然地用产生式规则的后件来表达领域，如医院的病人监护系统。

领域知识可方便地从应用中分离出来，如前面介绍的树类型辨识系统、经典分类学等。

某些领域，如数学，具有严格的理论体系，形成一个统一的整体，很难分割开来，所以不适于用产生式系统表达，但是，并不排除数学中的某些局部知识可以用产生式系统来表达。例如，积分学中包含了许多彼此独立的积分规则，Slagle 的 SAINT 系统就是利用产生式系统来求解不定积分问题的。

莱切纳(Rychener)指出，若欲求解之问题可视为问题空间中一个状态到另一个状态的变换序列，则可用产生式系统求解。诸如 8-Puzzle(Eight Puzzle)、旅行商(traveling salesmen)、汉诺塔(tower of Hanoi)、传教士与食人魔(missionaries and cannibals)、符号积分(symbolic integration)、猴子与香蕉(monkey and bananas)、三子棋(tic-tac-toe)等经典人工智能问题的求解，以人类专家知识为基础的专家系统的问题求解，从本质上都可以看作是从初始状态到目标状态的推导变换过程，因而都可用产生式系统来求解。

但是，多年的理论研究与工程实践证明，产生式系统也存在一些重要缺陷，主要是：推理效率低、速度慢、实时性能差，随着规则库规模的增大容易产生组合爆炸等。例如，基于产生式的正向推理系统在已知数据(初始事实)的驱动下，盲目搜索整个规则库，求解了许多与总目标无关的子目标，随着规则库规模的增大，搜索空间急剧加大，可能导致组合爆炸。基于产生式的反向推理系统在盲目设定目标的情况下，可能求解了许多假的目标，随着规则库规模及搜索空间的加大，导致推理效率急剧下降。正反向混合推理系统虽然在一定程度上限制了搜索范围，提高了推理的灵活性和效率，但仍摆脱不了随着规则库规模的增大容易产生组合爆炸的问题。在每次推理循环中，系统需要检查所有规则是否匹配，即对所有规则的前件进行检查，然后把所有满足匹配条件的规则放在一起进行冲突消解，选出一条优先级最高的规则执行。由于这个过程包含了大量无效的匹配尝试，浪费了大量系统的推理时间，而且规则数目越大搜索时间越长，由于无效的匹配尝试而浪费的时间也就越多，因而推理效率也就越低，试验表明，产生式系统在匹配阶段所花费的时间大约为产生式系统工作周期的 90%，而冲突消解及执行阶段所花费的时间大约占工作周期的 10%。O'Reily 及 Cromarty(1985 年)的分析指出，使用正向链的产生式系统运行时的时间复杂度为指数级，在规则数量较大的情况下，随着推理树深度的增多，将触发组合爆炸。在使用反向链的情况下，推理树深度每增加一级，将使树的结点数作指数级增加，结点的分枝数越大，组合爆炸就发生得越快，因此，以产生式系统为基础而建造的应用智能系统很难适应实时要求。为了提高产生式系统的性能，人工智能研究者做了不懈的努力，试图通过改进匹配算法和并行处理等措施来提高其性能。

2.3 框架表示法

心理学的研究结果表明，在人类日常的思维和问题求解活动中，当分析和解释新的情况时，常常使用从过去的经验中积累起来的知识。这些知识规模巨大而且以良好的组织形式存储在人类的记忆中。由于过去的经验是由无数个具体事例、事件组成的，人们无法把所有事例、事件的细节都一一存储在大脑中，而只能以一个通用的数据结构的形式来存储。这样的数据结构称为框架，对于一个特定的事物，只要把它的特征数据填入框架，该框架就表示该事物。同时，可以根据以往的经验获得的概念对这些数据进行分析和解释，并寻找与该事物有关的统计信息。

框架表示法是一种用于描述事物内部结构化的方法，它可以较好地反映人们观察事物的思维方式。例如，当人们看到一所房子时，就会想象房子有多个房间，每个房间均有四壁、地板、天花板、门和窗。又如，当你准备去一家新餐馆就餐时，会想象餐馆有餐桌、菜单、服务柜台和服务员等。使用框架表示法，可以让我们方便地表示上述人脑中关于事物的抽象模型。

2.3.1 框架的构成

框架通常由描述事物各个方面的槽(slot)组成，每个槽可以有若干个侧面，而每个侧面又可以有若干个值。这些内容可以根据具体问题的具体需要来取舍，一个框架的一般结构如下：

```
<框架名>
    <槽 1>         <侧面 11>      <值 111>…
                   <侧面 12>      <值 121>…
                   …
    <槽 2>         <侧面 21>      <值 211>…
                   …
    …
    <槽 n>         <侧面 n1>      <值 n11>…
                   <侧面 nm>      <值 nm1>…
                   …
```

较简单的情景是用框架来表示诸如人和房子等事物。例如，一个人可以用其职业、身高和体重等项描述，因而可以用这些项目组成框架的槽。当描述一个具体的人时，再将这些项目的具体值填入相应的槽中。表 2-1 给出的是某校图书馆机构设置的简单框架示例。

表 2-1　简单框架示例——图书馆机构设置

部　门	槽　名	值
办公室	地址	图书馆一楼
期刊部	地址	图书馆三、四楼
	组成	现期刊阅览室、过期期刊阅览室、外文期刊阅览室、外文书库、视听室
流通部	地址	图书馆二、三、四楼
	组成	开架书库、新书借阅室、综合阅览室、外文图书借阅室
采编部	地址	图书馆一楼
	组成	采访室、编目室、样本书库

对于大多数问题，不能这样简单地用一个框架表示出来，必须同时使用许多框架，组成一个框架系统(frame system)。如图 2-3 所示的就是一个立方体视图的框架表示。图中最高层的框架用 ISA 槽表明它是一个立方体，并用 region 槽标识其 3 个可见面 A、B、E。而 A、B、E 又分别由 3 个框架来具体描述，并通过 must be 槽表明它们必须是一个平行四边形。

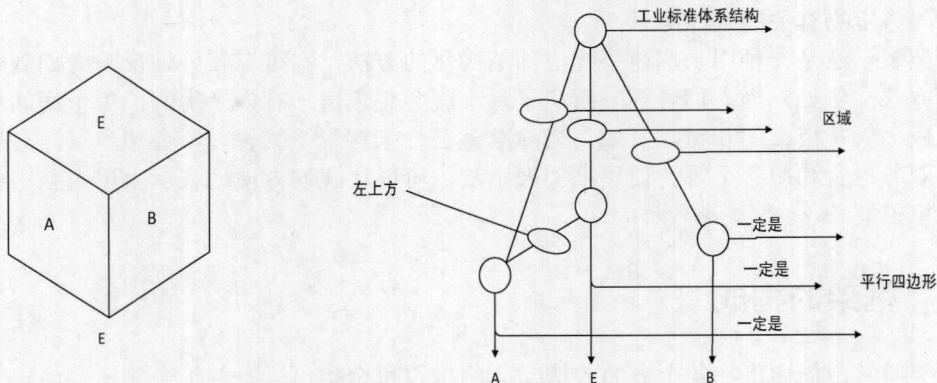

图 2-3　一个立方体视图的框架表示

为了能从各个不同的角度来描述物体，可以对不同角度的视图分别建立框架，然后再把它们联系起来组成一个框架系统。如图 2-4 所示的就是从 3 个不同的角度来研究立方体的例子。为了简便起见，图中略去了一些细节，在表示立方体表面的槽中，用实线与可见面连接，用虚线与不可见面连接。

从图 2-4 可见，一个框架结构可以是另一个框架的槽值，并且同一个框架结构可以作为几个不同框架的槽值。这样，一些相同的信息可以不必重复存储，节省了存储空间。框架的一个重要特性是其继承性。因此，一个框架系统常表示为树形结构，树的每一个结点是一个框架结构，子结点与父结点之间通过 ISA 或 AKO 槽连接。所谓框架的继承性，就是当子结点的某些槽值或侧面值没有被直接记录时，可以从其父结点继承这些值。例如，椅子一般都有 4 条腿，如果一把椅子没有说明它有几条腿，则可以通过一般椅子的特性，得出它也有 4 条腿。

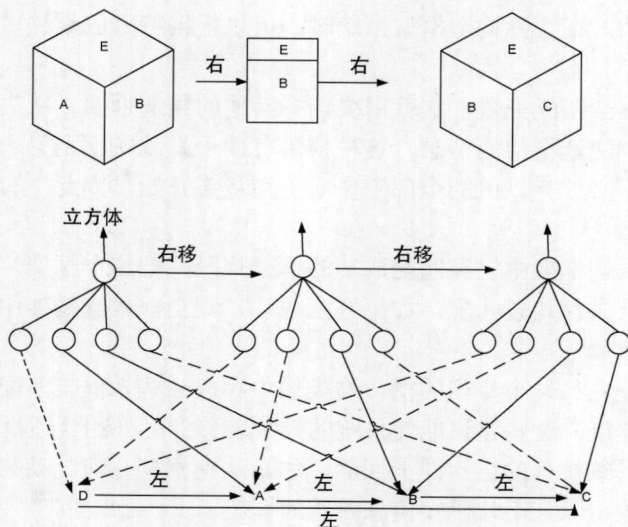

图 2-4　表示立方体的框架系统

框架是一种通用的知识表达形式，对于如何运用框架系统还没有一种统一的形式，通常根据具体问题的不同需求来决定。

框架系统具有树状结构，其每个结点具有如下框架结构形式：

```
框架名
AKO VALUE<值>
PROP DEFAULT<表 1>
SF IF-NEEDED<算术表达式>
CONFLICT ADD<表 2>
```

其中，框架名用类名表示。AKO 是一个槽，VALUE 是该槽的侧面，通过填写<值>的内容表明该框架所属的类别。PROP 槽用于记录该结点所具有的特性，其侧面 DEFAULT 表示该槽的内容是可以默认继承的，即当<表 1>为非 NIL 时，PROP 的槽值为(表 1)，当<表 1>为 NIL 时，PROP 的槽值继承自其父结点的 PROP 槽值。

2.3.2　框架的推理

对于一个给定的问题，框架推理主要完成两种推理活动：一是匹配，即根据已知事实寻找合适的候选框架；二是填槽，即填写候选框架中的未知槽值，从而寻找出未被给出或尚未发现的事实。

1. 匹配

当利用由框架所构成的知识库进行推理，形成概念和作出决策时，其过程往往是根据已知的信息，通过与知识库中预先存储的框架进行匹配，即逐槽比较，从中找出一个或几个与该信息所提供的情况最适合的候选框架，然后再对所有候选框架进行评估，以确定最合适的预选框架，这些评估准则通常很简单，如，检查某个或某些重要属性是否存在、某属性值是否属于允许的误差范围内。较复杂的评估准则可以是一组产生式规则或过程，用来推导匹配是否成功。在实际构造框架系统时，可以根据特定应用领域的需求来定义合适的判定原则。

如果当前候选框架匹配失败，这就需要选择其他的候选框架。从失败的候选框架中有可能得到一些下一个应选框架的信息，这种信息有助于系统转换到另一个更有可能匹配的候选框架中，从而不必放弃以前的全部工作而一切从头开始，为此，有以下几种方法可以尝试。

(1) 找出当前候选框架中已经匹配成功的框架片段，把这个框架片段同其他在同一层次上的可能候选框架进行片段匹配，如果匹配成功，则当前候选框架中的许多属性值可以填入新的候选框架。

(2) 在框架中建立另一个专门的槽，这类槽中存放一些本框架匹配不成功时应转向哪个方向的替代路径建议，这些建议能使系统的控制转移到另外的合适框架。

(3) 沿着框架系统排列的层次向上回溯。如，从狗框架→哺乳动物框架→动物框架，直到找到一个足够通用，且不与已知信息矛盾的框架。

2. 填槽

推理过程中填槽的方式有四种：查询、默认、继承和附加过程计算。其中，查询方式是指利用系统先前推理产生并保留在当前数据库中的中间结果，或由外部用户输入至当前数据库的数据进行填槽。默认和继承方式是相对简单的填槽方式，因为它们不需要系统做过多的推理，这种特性是框架表示有效性的一个重要方面。它使得框架推理可以使用根据以往经验得到的属性值，而无需重新计算。附加过程计算的推理方式使得框架系统的问题求解通过特定领域的知识而增强了求解效率。

2.3.3 框架系统中问题的求解

在框架系统中，问题的解决是通过一个动态的匹配和填槽过程实现的。这个过程涉及不断地进行框架之间的匹配。要处理一个问题，首先需要将问题用适当的框架形式表达出来，然后与知识库中现有的框架进行对比，以寻找一个或多个可能与之匹配的候选框架。基于这些候选框架，我们进一步搜集信息，构建出一个能够描述当前状况的实例框架。如果两个框架的各个对应槽位没有矛盾且满足预设条件，则认为这两个框架可以匹配，相应的值便填充到槽。若无法匹配，就需要选择新的框架重新尝试。

由于框架之间存在继承关系，一个框架的某些属性和值可能是从它的父框架那里继承而来的。因此，比较两个框架时，通常需要考虑它们各自的上级甚至上上级框架，这无疑增加了匹配的复杂度。另外，框架间的匹配通常具有不确定性，因为知识库中的框架是固定不变的，而实际问题却是多变的。要求两者完全一致是不现实的。正是这些因素，使得框架匹配成为一个复杂且具有挑战性，但又是不得不解决的问题。

框架系统中的问题解决流程与人类解决问题的思维过程有许多相似之处。当人们对某个事物理解不全面时，通常会根据目前掌握的信息开始行动，并在实际行动中不断探索和了解新的情况和线索，逐步深入直至最终达到目标。框架系统解决问题的过程亦是如此。通过反复进行这样的过程，直到问题得到彻底解决。

2.3.4 框架表示的特点与不足

框架是一种经过组织的结构化知识表示方法。每个框架形成一个独立的知识单元，其上的操作相对独立，从而使框架表示有较好的模块性，便于扩充。框架表示对知识的描述模拟了人脑对事物的多方面、多层次的存储结构，直观自然，易于理解且充分反映事物间内在的联系。框架表示中的附加过程侧面使框架不但能描述静态知识，还能反映过程性知识，而且把两者有机地融合在一起，形成一个整体系统。

框架表示的不足在于框架结构本身还没有形成完整的理论体系，框架、槽和侧面等各知识表示单元缺乏清晰的语义，其表达知识的能力尚待增强，支持其应用的工具尚待开发，此外，在多重继承时有可能产生多义性，如何解决继承过程中概念属性的歧义，目前尚没有统一的方法。

因而，框架系统适合于表示典型的概念、事件和行为。在一些大型的系统中，框架表示的使用总是与其他模式(如产生式系统)有机地结合在一起。

2.4 状态空间表示法

问题求解(problem solving)是个大课题，它涉及归约、推断、决策、规划、常识推理和定理证明等核心概念。在分析了人工智能研究中运用的问题求解方法之后，就会发现许多问题的求解方法是采用试探搜索方法的。也就是说，这些方法是通过在某个可能的解空间内寻找一个解来求解问题的。这种基于解答空间的问题表示和求解方法就是状态空间法，它是以状态和算符(operator)为基础来表示和求解问题的。

2.4.1 问题状态描述

首先对状态和状态空间进行定义。

状态(state)是为描述某类不同事物间的差别而引入的一组最少变量 q_0, q_1, $\cdots$, q_n 的有序集合，其矢量形式如下：

$$\boldsymbol{Q} = [q_0, q_1, \cdots, q_n]^\mathrm{T} \tag{2.1}$$

式中每个元素 $q_i(i=0,1,\cdots,n)$为集合的分量，称为状态变量。给定每个分量的一组值就得到一个具体的状态，如

$$\boldsymbol{Q}_k = [q_{0k}, q_{1k}, \cdots, q_{nk}]^\mathrm{T} \tag{2.2}$$

使问题从一种状态变化为另一种状态的手段称为操作符或算符。操作符可以是走步、过程、规则、数学算子、运算符号或逻辑符号等。

问题的状态空间(state space)是一个表示该问题全部可能状态及其关系的图，包含初始

状态集合 S、操作符集合 F 以及目标状态集合 G，因此，可把状态空间记为三元组(S，F，G)。

用十五数码难题(15 puzzle)来说明状态空间表示的概念。十五数码难题由 15 个编号为 1 至 15 并放在 4×4 方格棋盘上的可走动的棋子组成。棋盘上总有一格是空的，以便让空格周围的棋子走进空格，这也可以理解为移动空格。十五数码难题如图 2-5 所示。图中绘出了两种棋局，即初始棋局和目标棋局，它们对应于该问题的初始状态和目标状态。

（a）初始棋局　　　　　（b）目标棋局

图 2-5　十五数码难题

如何把初始棋局变换为目标棋局呢？问题的解答就是一个合适的棋子走步序列，如"左移棋子 12，下移棋子 15，右移棋子 4，……"。

十五数码难题最直接的求解方法是尝试各种不同的走步，直到最终达到目标棋局为止。这种尝试本质上涉及试探搜索。从初始棋局开始，试探由每一合法走步得到的各种新棋局，然后计算再走一步而得到的下一组棋局。这样继续下去，直至达到目标棋局为止。把初始状态可达到的各种状态所组成的空间设想为一幅由各种状态对应的结点组成的图。这种图被称为状态图或状态空间图，图 2-6 说明了十五数码难题状态空间图的一部分。图中每个结点表示一个具体的棋局。首先把对初始状态应用适用的操作符以生成新的状态；然后，对这些新的状态继续应用其他的操作符；这样继续下去，直至生成目标状态为止。

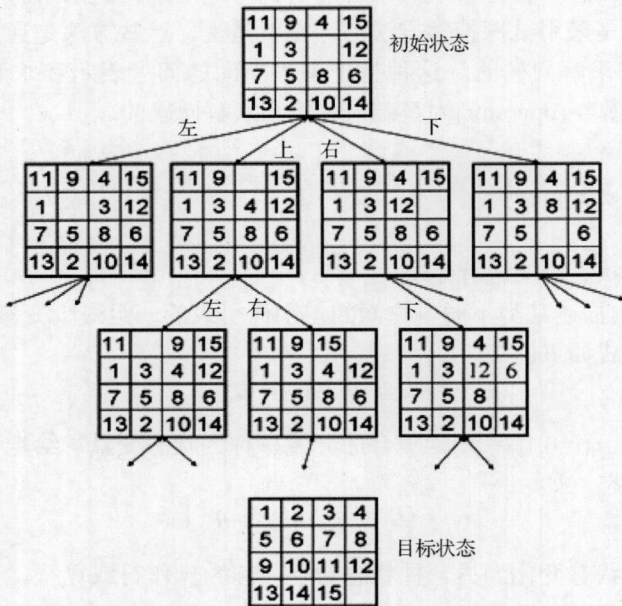

图 2-6　十五数码难题部分状态空间图

一般用状态空间法这一术语来表示下述方法：从某个初始状态开始，通过逐步添加操作符，建立操作符序列，直到达到目标状态为止。

寻找状态空间的全部过程包括从旧的状态生成新的状态，并检验这些新状态是否为目标状态。这种检验往往只是检查某个状态是否与给定的目标状态相匹配。不过，有时还要进行较为复杂的目标测试。对于某些最优化问题，不仅要找到到达目标的路径，还必须找到符合某个准则的最优化路径(例如，下棋的走步最少)。

综上所述，要完成某个问题的状态描述必须明确 3 件事：①状态描述方式，特别是初始状态描述；②操作符的集合及其对状态描述的作用；③目标状态的特性。

2.4.2　状态图示法

为了对状态空间图有更深入的了解，这里介绍一下图论中的几个术语和图的正式表示法。

图由结点(不一定是有限的结点)的集合构成。如果某条有向弧连接两个结点，从一个结点指向另一个结点，则这种图叫作有向图(directed graph)。如果某条弧线从结点 n_i 指向结点 n_j，那么结点 n_j 就叫作结点 n_i 的后继或后裔，而结点 n_i 叫作结点 n_j 的父辈或祖先。一个结点一般只有有限个后继结点，若一对结点互为后裔，则用一条无向边代替有向弧线。当用一个图来表示某个状态空间时，图中各结点标上相应的状态描述，而有向弧线旁边标有算符。

某个结点序列 $(n_{i1}, n_{i2}, \cdots, n_{ik})$ 当 $j=2,3,\cdots,$ k 时，如果对于每一个 $n_{i,j-1}$ 都有一个后继结点 n_{ij} 存在，那么就把这个结点序列称为从结点 n_{i1} 至结点 n_{ik} 的长度为 k 的路径。如果从结点 n_i 至结点 n_j 存在一条路径，那么就称结点 n_j 是从结点 n_i 可达到的结点，或者称结点 n_j 为结点 n_i 的后裔，而且称结点 n_i 为结点 n_j 的祖先。不难发现，寻找从一种状态变换为另一种状态的某个算符序列问题等价于在图中寻找某一路径问题。

给各弧线指定代价(cost)以表示加在相应算符上的代价。用 $c(n_i, n_j)$ 来表示从结点 n_i 指向结点 n_j 的那段弧线的代价。两节点间路径的代价等于连接该路径上各结点的所有弧线代价之和。对于最优化问题，要找到两节点间具有最小代价的路径。

对于最简单的问题，需要求得某指定结点 s(表示初始状态)与另一结点 t(表示目标状态)之间的一条路径(可能具有最小代价)。

一张图可由显式说明也可由隐式说明。对于显式说明，各结点及其具有代价的弧线由一张表明确给出。此表可能列出该图中的每一结点、它的后继结点以及连接弧线的代价。显然，显式说明对于大型的图是不切实际的，而对于具有无限结点集合的图则是不可能的。

对于隐式说明，结点的无限集合 $\{s_i\}$ 作为起始结点是已知的。此外，引入后继结点算符的概念是非常方便的。后继结点算符 t 也是已知的，它能作用于任一结点以生成该结点的全部后继结点和各连接弧线的代价。把后继算符应用于 $\{s_i\}$ 的成员和它们的后继结点以及这些后继结点的后继结点，如此无限地进行下去，最后使得由 t 和 $\{s_i\}$ 所规定的隐式图变为显式图。把后继算符应用于结点的过程，就是扩展一个结点的过程。因此，搜索某个状态空间以求得算符序列的一个解答的过程，就对应于使隐式图足够大，一部分隐式图变为显式图以便包含目标结点的过程。这样的搜索图是状态空间问题求解的主要基础。

问题的表示对求解工作量有很大的影响，显然，人们希望有较小的状态空间表示。许多似乎很难的问题，当表示适当时就可能具有小而简单的状态空间。

在高效解决问题的过程中，根据问题的具体状态、操作符和目标条件来选择合适的表述至关重要。这通常涉及首先对问题进行表述，然后不断优化这一表述。随着问题解决过程的推进，我们会积累经验并发现简化问题的途径，如识别对称性或创建宏规则等。

以十五数码难题为例，其初始状态可以通过 15×4=60 条基本规则来定义，这些规则包括左移、右移、上移、下移各个棋子的操作。然而，我们很快就会认识到，通过只移动空格来进行左、右、上、下的移动，仅需 4 条规则便能替代原来的 60 条规则。因此，移动空格无疑是一种更为高效的表述方式。

各种问题都可以用状态空间加以表示，并用状态空间搜索法来求解。

2.5　本　章　小　结

对于很多大型而复杂的基于知识的应用系统，常常包含多种不同的问题求解活动，不同的活动往往需要采用不同方式表示不同的知识，是以统一的方式表示所有的知识，还是以不同的方式表示不同的知识，这是构建基于知识的系统时所面临的一个选择。统一的知识表示方法在知识获取和知识库维护上较简单，但是处理效率较低。而不同的知识表示方法处理效率较高，但是知识难以获取，知识库难以维护。那么，在实际中如何选择和建立合适的知识表示方法呢？这可以从以下几个方面考虑。

(1) 表示能力，要求能够正确、有效地将问题求解所需要的各类知识都表示出来。

(2) 可理解性，所表示的知识应易懂、易读。

(3) 便于知识的获取，使得智能系统能够渐进地增加知识，逐步进化。同时在吸收新知识的同时应便于消除可能引起的新老知识之间的矛盾，便于维护知识的一致性。

(4) 便于搜索，表示知识的符号结构和推理机制应支持对知识库的高效搜索，使得智能系统能够迅速地感知事物之间的关系和变化；同时很快地从知识库中找到有关的知识。

(5) 便于推理，要能够从已有的知识中推出所需要的答案和结论。

第 3 章
知 识 图 谱

近两年来，随着开放链接数据(Linked Open Data，LOD)等项目的全面展开，语义万维网数据源的数量激增，大量 RDF (Resource Description Framework)数据被发布。互联网正从仅包含网页和网页之间超链接的文档万维网(Web of Document)转变成包含大量描述各种实体和实体之间丰富关系的数据万维网(Web of Data)。国内外互联网搜索引擎公司纷纷以此为基础构建知识图谱，如 Google 知识图谱、百度"知心"和搜狗的"知立方"，以此来改进搜索质量，从而拉开了语义搜索的序幕。

3.1 知 识 图 谱

知识图谱是一种用图模型来描述知识和建模世界万物之间的关联关系的技术方法。知识图谱由节点和边组成。节点可以是实体,如一个人、一本书等,或是抽象的概念,如人工智能、知识图谱等。边可以是实体的属性,如姓名、书名,或是实体之间的关系,如朋友、配偶等。知识图谱的早期理念来自语义网(Semantic Web),其最初设想是把基于文本链接的万维网转化成基于实体链接的语义网。

3.1.1 知识图谱的表示及其在搜索中的展现形式

正如 Google 的辛格博士在介绍知识图谱时提到的:"The world is not made of strings,but is made of things."知识图谱旨在描述真实世界中存在的各种实体或概念。其中,每个实体或概念都使用一个全局唯一确定的 ID 来标识,称为它们的标识符。每个属性—值对(Attribute-Value Pair,AVP)用来刻画实体的内在特性,而关系(relation)用来连接两个实体,刻画它们之间的关联。知识图谱也可被视为一张巨大的图,图中的节点表示实体或概念,而图中的边则由属性或关系构成。上述图模型可用 W3C 提出的资源描述框架 RDF 或属性图(property graph)来表示。

知识图谱是一种可计算的关系模型,其核心目标是从海量数据中识别、发现并推断事物与概念之间的复杂关联关系。知识图谱的构建涉及知识建模、关系抽取、图存储、关系推理、实体融合等多方面的技术,而知识图谱的应用则涉及语义搜索、智能问答、语言理解、决策分析等多个领域。构建并利用好知识图谱需要系统性地利用包括知识表示、图数据库、自然语言处理、机器学习等多方面的技术。

3.1.2 知识图谱的价值

知识图谱最早的应用是用来提升搜索引擎的能力。随后,知识图谱在辅助智能问答、大数据分析、自然语言理解、推荐计算、物联网(10T)设备互联、可解释性人工智能等多个方面展现出丰富的应用价值。

1. 辅助搜索

互联网的终极形态是万物的互联,而搜索的终极目标是对万物的直接搜索。传统搜索引擎依靠网页之间的超链接实现网页的搜索,而语义搜索是直接对事物进行搜索,如人物、机构、地点等。这些事物可能来自文本、图片、视频、音频、IoT 设备等各种信息资源。而知识图谱和语义技术提供了关于这些事物的分类、属性和关系的描述,使得搜索引擎可以直接对这些事物进行索引和搜索,如图 3-1 所示。

2. 辅助问答

人与机器通过自然语言进行问答与对话是人工智能实现的关键标志之一。除了辅助搜索，知识图谱也被广泛用于人机问答交互中。在产业界，IBM Watson 背后依托 DBpedia 和 Yago 等百科知识库和 WordNet 等语言学知识库实现深度知识问答。Amazon Alexa 主要依靠 True Knowledge 公司积累的知识图谱。度秘、Siri 的进化版 Viv、小爱机器人、天猫精灵背后都有海量知识图谱作为支撑。

图 3-1　知识图谱辅助搜索

伴随着机器人和 IoT 设备的智能化浪潮的掀起，基于知识图谱的问答对话在智能驾驶、智能家居和智能厨房等领域的应用层出不穷。典型的基于知识图谱的问答技术或方法包括：基于语义解析、图匹配、模板学习、表示学习和深度学习，以及基于混合模型等。在这些方法中，知识图谱既被用来辅助实现语义解析，也被用来匹配问句实体，还被用来训练神经网络和排序模型等。知识图谱是实现人机交互问答必不可少的模块。

3. 辅助大数据分析

知识图谱和语义技术也被用于辅助进行数据分析与决策。例如，大数据公司 Palantir 基于本体融合并整合多种来源的数据，通过知识图谱和语义技术增强数据之间的关联，使得用户可以用更加直观的图谱方式对数据进行关联挖掘与分析。

知识图谱在文本数据的处理和分析中也能发挥独特的作用。例如，知识图谱被广泛用来作为先验知识从文本中抽取实体和关系，如在远程监督中的应用。知识图谱也被用来辅助实现文本中的实体消歧(entity disambiguation)、指代消解和文本理解等。

近年来，描述性数据分析(declarative data analysis)受到越来越多的重视。描述性数据分析是指依赖数据本身的语义描述实现数据分析的方法。与计算性数据分析不同，后者主要依赖构建各种数据分析模型，如深度神经网络，而描述性数据分析突出预先抽取数据的语义信息，建立数据之间的逻辑，并借助逻辑推理方法(如 DataLog)来实现数据分析。

4. 辅助语言理解

背景知识，特别是常识知识，被认为是实现深度语义理解(如阅读理解、人机问答等)必不可少的构件。一个典型的例子是 WSC 竞赛(Winograd Schema Challenge)。WSC 由著名的人工智能专家赫克托·莱韦斯克(Hector Levesque)教授提出，2016 年，在国际人工智能大会 IJCAI 上举办了第一届 WSC 竞赛。WSC 主要关注那些需要叠加背景知识才能理解句子语义的自然语言处理任务。例如，在下面这个例子中，当描述 it 是 big 时，人很容易理解 it 指代 trophy；而当 it 与 small 搭配时，也很容易识别出 it 指代 suitcase。

```
The trophy would not fit in the brown suitcase because it was too
big(small).What was too big(small)?
Answer 0:the trophy        Answer 1:the suitcase
```

这个看似非常容易的问题，机器却毫无解决办法。正如自然语言理解的先驱特里·威诺格拉德(Terry Winograd)所说的，当一个人听到一句话或看到一段句子的时候，会使用自己所有的知识和智能去理解。这不仅包括语法知识，也包括其拥有的词汇知识、上下文知识，更重要的是对相关事物的理解。

5. 辅助设备互联

人机对话的主要挑战是语义理解，即让机器理解人类语言的语义。此外，还有一个问题是机器之间的对话，这也需要技术手段来表示和处理机器语言的语义。语义技术也可被用来辅助设备之间的语义互联。OneM2M 是 2012 年成立的全球最大的物联网国际标准化组织，其主要是为物联网设备之间的互联提供"标准化黏合剂"。OneM2M 关注如何利用语义技术进行语议封装，并实现设备之间的语义互操作。此外，OneM2M 还关注设备数据的语义和人类语言的语义怎样适配的问题。如图 3-2 所示，一个设备产生的原始数据在封装了语义描述之后，可以更加容易地与其他设备的数据进行融合、交换和互操作，并可以进一步链接进入知识图谱中，以便支持搜索、推理和分析等任务。

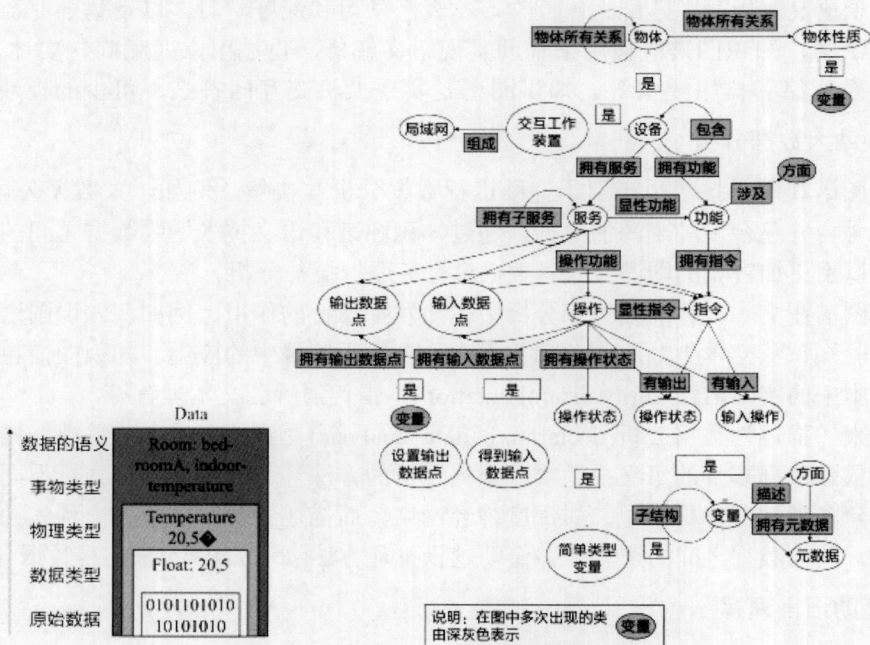

图 3-2　设备语义的封装

3.1.3　知识图谱的技术流程

知识图谱用于构建更加规范且高质量的数据。一方面，它通过规范而标准的概念模型、本体术语和语法格式来建模和描述数据；另一方面，它通过语义链接来增强数据之间的关联性。这种规范且关联性强的数据在改进搜索、问答体验、辅助决策分析和支持推理等多个方面，都能发挥重要的作用。

知识图谱的方法论涉及知识表示、知识获取、知识处理和知识利用等多个方面。其一般流程为：首先确定知识表示模型，然后根据数据来源，选择不同的知识获取手段导入知识，接着综合利用知识推理、知识融合、知识挖掘等技术，提升知识图谱的质量，最后根据场景需求设计不同的知识访问与呈现方法，如语义搜索、问答交互、图谱可视化分析等。下面简要介绍这些技术流程的核心技术要素。

1. 知识来源

用户可以从多种来源获取知识图谱数据，包括文本、结构化数据库、多媒体数据、传感器数据和人工众包等。每种数据源的知识化都需要综合运用不同的技术手段。例如，对于文本数据，需要综合实体识别、实体链接、关系抽取、事件抽取等各种自然语言处理技术，从文本中抽取知识。

结构化数据库(如关系数据库)是常用的数据来源之一。然而，现有的结构化数据库通常不能直接用于知识图谱，需要将结构化数据映射到本体模型，并通过编写语义转换工具实现从结构化数据到知识图谱的转换。此外，还需要综合采用实体消歧、数据融合、知识链接等技术，提升数据的规范化水平，增强数据之间的关联。

语义技术也被用于对传感器产生的数据进行语义化处理，包括对物联设备进行抽象，定义符合语义标准的数据接口。此外，还需对传感数据进行语义封装和对传感数据增加上下文语义描述等。

人工众包是获取高质量知识图谱的重要手段，例如 Wikidata 和 Schema.org。此外，开发针对文本、图像等多种媒体数据的语义标注工具，也能辅助人工进行知识获取。

2. 知识表示与 Schema 工程

知识表示是通过计算机符号描述和表示人脑中的知识，以支持机器推理的方法与技术。它决定了知识图谱的语义描述框架、Schema 与本体、知识交换语法、实体命名及 ID 体系。

基本描述框架定义知识图谱的基本数据模型和逻辑结构，如 W3C 的 RDF。Schema 与本体定义知识图谱的类集、属性集、关系集和词汇集。知识交换语法定义知识实际存在的物理格式，如 Turtle、JSON 等。实体命名及 ID 体系定义实体的命名原则及唯一标识规范等。

按知识类型的不同，知识图谱包括词、实体、关系、事件、术语体系和规则等。词汇级的知识以词为中心，并定义词与词之间的关系，如 WordNet、ConceptNet 等。实体一级的知识以实体为中心，并定义实体之间的关系、描述实体的术语体系等。事件是一个复杂的实体。

W3C 的 RDF 把三元组作为基本的数据模型,其基本的逻辑结构包含主语、谓词、宾语三个部分。虽然不同知识库的描述框架的表述有所不同,但本质上都包含实体、实体属性和实体关系等要素。

3. 知识抽取

知识抽取按任务可以分为概念抽取、实体识别、关系抽取、事件抽取和规则抽取等。传统专家系统时代的知识主要依靠专家手工录入,难以大规模扩展。现代知识图谱的构建通常依靠已有的结构化数据资源进行转化,形成基础数据集,再依靠自动化知识抽取和知识图谱补全技术,从多种数据来源进一步扩展知识图谱,同时借助人工众包进一步提升知识图谱的质量。

结构化和文本数据是目前最主要的知识来源。从结构化数据库中获取知识一般使用现有的 D2R 工具,如 Triplify、D2RServer、OpenLink、SparqlMap、Ontop 等。从文本中获取知识主要包括实体识别和关系抽取两个方面。以关系抽取为例,典型的关系抽取方法可以分为基于特征模板的方法、基于核函数的监督学习方法和基于深度学习的监督或远程监督方法,如简单 CNN、MP-CNN、MWK-CNN、PCNN、PCNN+ Att 和 MIMLCNN等。远程监督的思想是,利用一个大型的语义数据库自动获取关系类型标签。这些标签可能含有噪声,但是大量的训练数据可以在一定程度上抵消这些噪声。另外,一些研究通过多任务学习等方法将实体和关系做联合抽取。最新的一些研究则利用强化学习减少人工标注并自动降低噪声。

4. 知识融合

在构建知识图谱时,可以从第三方知识库产品或已有结构化数据中获取知识输入。例如,关联开放数据项目(linked open data)会定期发布经过整理的语义知识数据,包括通用知识库 DBpedia、Yago 和特定领域的知识库产品,如 MusicBrainz 和 DrugBank 等。当多个知识图谱进行融合,或者将外部关系数据库合并到本体知识库时,需要处理两个层面的问题:通过模式层的融合,将新得到的本体融入已有的本体库中,以及新旧本体的融合;数据层的融合,包括实体的指称、属性、关系以及所属类别等,主要问题是如何避免实体以及关系的冲突,造成不必要的冗余。

数据层的融合是指实体和关系(包括属性)元组的融合,主要是实体匹配或者对齐,由于知识库中有些实体含义相同但是具有不同的标识符,因此需要对这些实体进行合并处理。此外,还需要对新增实体和关系进行验证和评估,以确保知识图谱的内容一致性和准确性,通常采用的方法是在评估过程中为新加入的知识赋予可信度值,据此进行知识的过滤和融合。实体对齐任务包括实体消歧和共指消解,即判断知识库中的同名实体是否代表不同的含义以及知识库中是否存在其他命名实体表示相同的含义。实体消歧专门用于解决同名实体产生歧义的问题,通常采用聚类法,其关键问题是如何定义实体对象与指称项之间的相似度,常用方法有空间向量模型(词袋模型)、语义模型、社会网络模型、百科知识模型和增量证据模型。一些最新的工作利用知识图谱嵌入方法进行实体对齐,并引入人机协作方式提升实体对齐的质量。

本体是针对特定领域的 Schema 定义、概念模型和公理定义,目的是弥合词汇异构性和语义歧义,达成共识。本体对齐通常涉及共识模式的演化和变化,本体对齐的主要问题之一也可以转化为怎样管理这种演化和变化。常见的本体演化管理框架有 KAON、Conto-diff、OntoView 等。

5. 知识图谱补全与推理

常用的知识图谱补全方法包括：基于本体推理的补全方法，如基于描述逻辑的推理，以及相关的推理机实现，如 RDFox、Pellet、RACER、HermiT、TrOWL 等。这类推理主要针对概念层(TBox)，也可以用于实体级关系的补全。

另一类的知识补全算法基于图结构和关系路径特征，如基于随机游走获取路径特征的 PRA 算法、基于子图结构的 SFE 算法、基于层次化随机游走模型的 PRA 算法。这些算法的共同特点是通过两个实体节点之间的路径和图结构提取特征，并利用随机游走等算法降低特征抽取的复杂度，然后叠加线性的学习模型进行关系的预测。此类算法依赖于图结构和路径的丰富程度。

更为常见的补全实现是基于表示学习和知识图谱嵌入的链接预测，如翻译模型、组合模型和神经元模型等。简单嵌入模型一般只能实现单步的推理。对于更为复杂的模型，如向量空间中引入随机游走模型的方法，在同一个向量空间中将路径与实体和关系一起表示出来再进行补全的模型。

文本信息也可用于辅助知识图谱的补全。例如，Jointly(w)、Jointly(z)、DKRL、TEKE、SSP 等方法将文本中的实体和结构化图谱中的实体对齐，然后利用双方的语义信息辅助实现关系预测或抽取。这类模型通常包含三元组解码器、文本解码器和联合解码器。三元组解码器将知识图谱中的实体和关系转化为低维向量；文本解码器则要从文本语料库中学习实体(词)的向量表示；联合解码器的目的是要保证实体、关系和词的嵌入向量位于相同的空间中，并且集成实体向量和词向量。

6. 知识检索与知识分析

基于知识图谱的知识检索主要包括语义检索和智能问答两种。传统搜索引擎依靠网页超链接实现网页的搜索，而语义搜索直接对事物进行搜索，如人物、机构、地点等。这些事物可能来自文本、图片、视频、音频、IoT 设备等各种信息资源。知识图谱和语义技术提供了关于这些事物的分类、属性和关系的描述，使搜索引擎能够直接对事物进行搜索。

知识图谱和语义技术还可用于辅助数据分析与决策。例如，大数据公司 Palantir 基于本体融合和集成多种来源的数据，通过知识图谱和语义技术增强数据之间的关联，使得用户可以用更加直观的图谱方式对数据进行关联挖掘与分析。近年来，描述性数据分析(declarative data analysis)越来越受到重视，它依赖对数据的语义描述进行分析。不同于计算性数据分析主要以建立各种数据分析模型，如深度神经网络，描述性数据分析突出预先抽取数据的语义，建立数据之间的逻辑，并依靠逻辑推理的方法(如 dataLog)实现数据分析。

3.1.4　知识图谱的相关技术

知识图谱是一个交叉领域，涉及人工智能、数据库、自然语言处理、机器学习、分布式系统等多个领域。下面分别从数据库系统、智能问答、机器推理、推荐系统、区块链与去中心化等角度介绍知识图谱的相关技术进展。

1. 知识图谱与数据库系统

随着知识图谱规模的日益增长，数据管理问题愈加突出。近年来，知识图谱和数据库领域均认识到大规模知识图谱数据管理任务的紧迫性。由于传统关系数据库无法有效适应知识图谱的图数据模型，知识图谱领域形成了 RDF 数据的三元组库(triple store)，数据库领域则开发了管理属性图的图数据库(graph database)。

知识图谱的主要数据模型有 RDF 图(RDF graph)和属性图(property graph)两种；查询语言可分为声明式(declarative)和导航式(navigational)两类。

RDF 三元组库主要是由 Semantic Web 领域推动开发，其数据模型 RDF 图和查询语言 SPARQL 均遵守 W3C 标准。查询语言 SPARQL 从语法上借鉴了 SQL 语言，属于声明式查询语言。最新的 SPARQL 1.1 版本为有效查询 RDF 三元组集合设计了三元组模式(triple pattern)、基本图模式(basic graph pattern)、属性路径(property path)等多种查询机制。

图数据库则是为更好地存储和管理图模型数据而开发的数据库管理系统，其数据模型采用属性图，声明式查询语言有：Cypher、PGQL 和 G-Core。Cypher 是一种在开源图数据库 Neo4j 中实现的图查询语言。PGQL 是 Oracle 公司开发的图查询语言。G-Core 是由 LDBC(Linked Data Benchmarks Council)组织设计的图像查询语言。目前，学术界和工业界对开发统一图数据库语言的呼声越来越高。

目前，基于三元组库和图数据库的知识图谱数据存储方案可分为以下三类。

(1) 基于关系的存储方案，包括三元组表、水平表、属性表、垂直划分、六重索引和 DB2RDF 等。

三元组表将知识图谱中的每条三元组存储为一行具有三列的记录(主语，谓语，宾语)。虽然简单明了，但在查询时会产生大量自连接操作，影响效率。

水平表每行记录存储一个主语的所有谓语和宾语，类似于邻接表。但其缺点在于所需列数目过多，表中产生大量空值，无法存储多值宾语等。

属性表将同一类主语分配到一个表中，是对水平表存储方案的细化。属性表解决了三元组表的自连接问题和水平表的列数目过多问题。但对于真实大规模知识图谱，属性表的问题包括所需属性表过多、复杂查询的多表连接效率、空值问题和多值宾语问题。

垂直划分存储方案为每种谓语建立一张两列的表(主语，宾语)，表中存放由该谓语连接的主语和宾语，支持"主语-主语"作为连接条件的查询操作的快速执行。垂直划分有效解决了空值问题和多值宾语问题；但其仍有缺点，包括大规模知识图谱的谓语表数目过多、复杂查询表连接过多、更新维护代价大等问题。

六重索引通过建立三元组的 6 种排列索引，缓解了自连接问题，但需要更多的存储空间和索引更新维护代价。

DB2RDF 是一种较新的基于关系的知识图谱存储方案，是对以往存储方案的一种权衡优化。三元组表的灵活性体现在"行维度"上，无论多少行三元组数据，表模式只有 3 列固定不变；DB2RDF 方案将这种灵活性推广到了"列维度"，列名称不再和谓语绑定，将同一主语的所有谓语和宾语动态分配到某列。

(2) 面向 RDF 的三元组库。RDF 三元组库主要包括：商业系统 Virtuoso、

AllegroGraph、GraphDB 和 BlazeGraph；开源系统 Jena、RDF-3X 和 gStore。

RDF4J 目前是 Eclipse 基金会旗下的开源孵化项目，支持 RDF 数据的解析、存储、推理和查询等，提供内存和磁盘两种 RDF 存储机制，支持全部的 SPARQL 1.1 查询和更新语言，可以使用与访问本地 RDF 库相同的 API 访问远程 RDF 库，支持所有主流的 RDF 数据格式，包括 RDF/XML、Turtle、N-Triples、N-Quads、JSON-LD、TriG 和 TriX。

RDF-3X 是德国马克斯·普朗克计算机科学研究所开发的三元组数据库，采用优化的物理存储方案和查询处理方法，是六重索引的典型系统。

gStore 是由北京大学、加拿大滑铁卢大学和香港科技大学联合研究项目开发的基于图的 RDF 三元组数据库。gStore 的底层存储使用 RDF 图对应的标签图(Signature Graph)并建立"VS 树"索引结构以加速查找。gStore 系统提出建立"VS 树"索引，其基本思想实际上是为标签图 G*建立不同详细程度的摘要图(Summary Graph)；利用"VS 树"索引提供的摘要图，gStore 系统提出可以大幅削减 SPARQL 查询的搜索空间，以加快查询速度。

Virtuoso 是 OpenLink 公司开发的商业混合数据库，支持关系数据、对象-关系数据、RDF 数据、XML 数据和文本数据的统一管理。因为 Virtuoso 完善支持 W3C 的 Linked Data 系列协议，包括 DBpedia 在内的很多开放 RDF 知识图谱都选择其作为后台存储系统。

AllegroGraph 是 Franz 公司开发的 RDF 三元组数据库，严格支持 W3C 标准，包括 RDF、RDFS、OWL 和 SPARQL 等。AllegroGraph 对语义推理功能具有较为完善的支持。AllegroGraph 除了三元组数据库的基本功能，还支持动态物化的 RDFS++推理机、OWL2 RL 推理机、Prolog 规则推理系统、时空推理机制、社会网络分析库、可视化 RDF 图浏览器等。

GraphDB 是 Ontotext 软件公司开发的 RDF 三元组数据库，实现 RDF4J 框架的 SAIL 层，与 RDF4J API 无缝对接，可以使用 RDF4J 的 RDF 模型、解析器和查询引擎直接访问 GraphDB。GraphDB 的特色是良好支持 RDF 推理功能，其使用内置的基于规则的"前向链"(Forward-Chaining)推理机，由显式知识经过推理得到导出知识，对这些导出知识进行优化存储；导出知识会在知识库更新后相应地同步更新。

Blazegraph 是一个支持 RDF 三元组库的图数据库管理系统，在用户接口层同时支持 RDF 三元组和属性图模型，既实现了 SPARQL 语言，也实现了 Blueprints 标准及 Gremlin 语言。通过分布式动态分片 B+树和服务总线技术，Blazegraph 支持真正意义上的集群分布式存储和查询处理。正是缘于此，Blazegraph 在与 Neo4j 和 Titan 的竞争中脱颖而出，被 Wikidata 选为查询服务的后台图数据库系统。

Stardog 是 Stardog Union 公司开发的 RDF 三元组数据库，支持 RDF 图数据模型、SPARQL 查询语言、属性图模型、Gremlin 图遍历语言、OWL2 标准、用户自定义的推理与数据分析规则、虚拟图、地理空间查询以及多用编程语言与网络接口支持。Stardog 虽然发布较晚，但其对 OWL2 推理机制具有良好的支持，同时具备全文搜索、GraphQL 查询、路径查询、融合机器学习任务等功能，能够支持多种不同编程语言和 Web 访问接口，使得 Stardog 成了一个知识图谱数据存储和查询平台。

(3) 原生图数据库。Neo4j 是用 Java 实现的开源图数据库，是目前流行程度最高的图数据库产品。Neo4j 的不足之处在于其社区版是单机系统，虽然 Neo4j 企业版支持高可用性(high availability)集群，但其与分布式图存储系统的最大区别在于每个节点上存储图数据库的完整副本(类似于关系数据库镜像的副本集群)，而不是将图数据划分为子图进行分布式存储，并非真正意义上的分布式数据库系统。当图数据超过一定限度，系统性能就会因为硬件限制而大幅降低。

JanusGraph 是在 Titan 系统基础上开发的开源分布式图数据库。JanusGraph 的存储后端与查询引擎是分离的，由于其可使用分布式 Bigtable 存储库 Cassandra 或 HBase 作为存储后端，因此 JanusGraph 自然就成了分布式图数据库。JanusGraph 的主要缺点是分布式查询功能仅限于基于 Cassandra 或 HBase 提供的分布式读写实现的简单导航查询，对于很多稍复杂的查询类型，目前还不支持真正意义上的分布式查询处理，如子图匹配查询、正则路径查询等。

OrientDB 是一个多模型数据库管理系统。OrientDB 虽然支持图、文档、键值、对象、关系等多种数据模型，但其底层实现主要面向图和文档数据存储管理的需求设计。其存储层中数据记录之间的关联并不像关系数据库那样通过主外键的引用，而是通过记录之前直接的物理指针。

Cayley 是谷歌公司工程师开发的一款轻量级开源图数据库。受 Freebase 知识图谱和谷歌知识图谱的影响，目标是成为开发者管理 Linked Data 和图模型数据(语义 Web、社会网络等)的有效工具之一。

总体而言，基于关系的存储系统继承了关系数据库的优势，成熟度较高，能够适应千万到十亿三元组规模的管理。官方测评显示，关系数据库 Oracle 12c 配上空间和图数据扩展组件(Spatial and Graph)可以管理的三元组数量高达 1.08 万亿条。对于一般在百万到上亿三元组的管理，使用稍高配置的单机系统和主流 RDF 三元组数据库(如 Jena、RDF4J、Virtuoso 等)完全可以胜任。如果需要管理几亿到十几亿以上大规模的 RDF 三元组，则可尝试部署具备分布式存储与查询能力的数据库系统(如商业版的 GraphDB 和 Blazegraph、开源的 JanusGraph 等)。近年来，以 Neo4j 为代表的图数据库系统发展迅猛，使用图数据库管理 RDF 三元组也是一种很好的选择；但目前大部分图数据库还不能直接支持 RDF 三元组存储，对于这种情况，可采用数据转换方式，先将 RDF 预处理为图数据库支持的数据格式(如属性图模型)，再进行后续管理操作。

目前，还没有一种数据库系统被公认为是主导的知识图谱数据库，但随着三元组库和图数据库的融合发展，知识图谱的存储和数据管理手段将更加丰富和强大。

2. 知识图谱与智能问答

基于知识图谱的问答(Knowledge-based Question Answering，KBQA，下称"知识问答")是智能问答系统的核心功能，是一种自然的人机交互方式。它依托一个大型知识库(知识图谱、结构化数据库等)，将用户的自然语言问题转化成结构化查询语句(如 SPARQL、SQL 等)，直接从知识库中获取答案。

近年来，知识问答聚焦于解决事实型问答，问题的答案是一个实义词或实义短语。如"中国的首都是哪个城市？北京"或"菠菜是什么颜色的？绿色"。事实型问题可分为单知识点问题(single-hop questions)和多知识点问题(multi-hop questions)；也可按领域分为垂直领域问题和通用领域问题。相对于通用领域或开放领域,垂直领域下的知识图谱规模更小、精度更高,知识问答的质量更容易提升。

知识问答技术的成熟与落地不仅能提高人们检索信息的精度和效率,还能提升用户的产品体验。无论依托的知识库的规模如何,用户总能像"跟人打交道一样"使用自然语言向机器提问并得到反馈,便利性与实用性共存攻克知识问答的关键在于理解并解析用户提出的自然语言问句。这涉及自然语言处理、信息检索和推理(Reasoning)等多个领域的不同技术。近年来,相关研究受到越来越多国内外学者的关注,研究方法主要可分为三大类:基于语义解析(semantic parsing)的方法、基于信息检索(information retrieval)的方法和基于概率模型(probabilistic models)的方法。

大部分先进的知识问答方法基于语义解析,目的是将自然语言问句解析成结构化查询语句,进而在知识库上执行查询。通常,自然语言问句经过语义解析后,所得的语义结构能解释答案的产生。在实际工程应用中,这一点优势不仅能帮助用户理解答案的产生,还能在产生错误答案时帮助开发者定位错误的可能来源。

微软在单知识点问答(Single-hop Question Answering)做出了突出贡献。例如,回答"姚明的妻子是谁?",可先通过计算语义相似性将问句解析成形如"(姚明,妻子,?)"的查询。其中,话题词是"姚明",问题中包含的关系为"妻子"(或"配偶"),再在知识库中执行查询,得到答案。

在基于语义解析的方法训练过程中,问答模型隐式地学习了标注数据中蕴含的语法解析规律。这使得模型具有更好的可解释性。但是,数据标注需要花费大量的人力和财力,是不切实际的。而基于信息检索的方法回避了这个问题。基于信息检索的知识问答大致可分为两步:①通过粗粒度信息检索,在知识库中直接筛选出候选答案;②根据问句中抽取出的特征,对候选答案进行排序。这就要求模型对问句的语义有充分的理解。而在自然语言中,词语同义替换等语言现象提升了理解问题的难度。

为了实现有效的信息检索式知识问答,学者们聚焦于如何让机器理解用户的问题,以及掌握问题与知识库间的匹配规律。可行的方法包括:

- 集成额外的文本信息,如 Wikipedia 或搜索引擎结果;
- 提出更多、更复杂的网络结构,如多列卷积神经网络(Multi-Column Convolutional Neural Networks,MCCNN)、深度残差双向长短时记忆网络(Deep Residual Bidirectional Long Short-term Memory Network)和注意力最大池化层(Attentive Max Pooling Layer);
- 联合训练包括实体链接和关系检测两个模块。

部分学者将知识问答问题看作是一个条件概率问题,即是要求给定问句 Q 时,答案为 α 的概率 $P(A=\alpha|Q)$,进而引入概率分解或变分推理的技巧,将目标概率分而治之。

大部分已有的知识问答解决方案都停留在回答单知识点事实型问题上。在这类问题中,基于语义解析的方法和基于信息检索的方法并不呈完全割裂、对立的关系。二者几乎都把知识问答看作是话题词识别和关系检测两个子任务串行。在一些论文中,学者们声称单知识点问答已接近人类水平。

未来,学者们将更多关注复杂的多知识点事实型问答。这类问题涉及更丰富的自然语言现象,如关系词的词汇组合性、多关系词间语序等。

除此之外，在理解问题、回答问题的过程中，模型应具备更强的推理能力和更好的可解释性。更强的推理能力能满足用户的复杂提问需求，更好的可解释性使用户在"知其然"的同时"知其所以然"。

3. 知识图谱与机器推理

推理是指基于已知的事实或知识推断未知事实或知识的过程，包括演绎推理(deductive reasoning)、归纳推理(inductive reasoning)、溯因推理(abductive reasoning)、类比推理(analogical reasoning)等。在知识图谱中，推理主要用于知识图谱的补全(Knowledge Base Completion，KBC)和质量校验。

知识图谱中的知识可分为概念层和实体层。推理任务是根据已有知识推理出新知识或识别出错误知识。其中，概念层的推理主要包括概念之间的关系推理，实体层的推理主要包括链接预测与冲突检测，实体层与概念层之间的推理主要包括实例检测。推理的方法主要包括基于规则的推理、基于分布式表示学习的推理、基于神经网络的推理以及混合推理。

(1) 基于规则的推理。

通过定义或学习知识中的规则进行推理。根据规则的真值类型，可分为硬逻辑规则和软逻辑规则。硬逻辑规则中的每条规则的真值都为 1，即绝对正确，人工编写的规则多为硬逻辑规则。软逻辑规则即每条规则的真值为区间在 0 到 1 之间的概率，规则挖掘系统的结果多为软逻辑规则，其学习过程一般是基于规则中结论与条件的共现特征，典型方法有 AMIE 等。软逻辑规则可通过真值重写来转化为硬逻辑规则。硬逻辑规则可写成知识图谱本体中的 SWRL 规则，然后通过如 Pellet、Hermit 等本体推理机进行推理。规则推理在大型知识图谱上的效率受限于它的离散性，Cohen 提出的可微规则推理机 TensorLog 是一种改进方法。

基于规则的推理方法最主要的优点是在通常情况下规则比较接近人思考问题时的推理过程，其推理结论可解释，所以对人比较友好。在知识图谱中已经沉淀的规则具有较好的演绎能力。

(2) 基于分布式表示学习的推理。

分布式表示学习的核心是将知识图谱映射到连续的向量空间中，并为知识图谱中的元素学习低维稠密的向量或矩阵。分布式表示学习通过各元素的分布式表示之间的计算完成隐式的推理。多数表示学习方法以单步关系即单个三元组为输入和学习目标，不同的分布式表示学习方法对三元组的建模基于不同的空间假设。例如 TransE 基于关系向量的平移不变性，故将关系向量看作是头实体向量到尾实体向量的翻译并采用向量加法模拟；DistMult 将关系表示为矩阵，头实体的向量可经过关系矩阵的线性变换转换为尾实体；RESCAL 将知识图谱表示为高维稀疏的三维张量，通过张量分解得到实体和关系的表示。考虑到知识图谱中的多步推理，表示学习方法有 PTransE 和 CVSM。

(3) 基于神经网络的推理。

通过神经网络的设计模拟知识图谱推理，NTN 用一个双线性张量层判断头实体和尾实体的关系，ConvE 等在实体和关系的表示向量排布出的二维矩阵上采用卷积神经网络进行链接预测，R-GCN 通过图卷积网络捕捉实体的相邻实体信息，IRN 采用记忆矩阵以及以递归神经网络为结构的控制单元模拟多步推理的过程。基于神经网络的知识图谱推理表达能力强,在链接预测等任务上取得了不错的效果。网络结构的设计多样,能够满足不同的推理需求。

(4) 混合推理。

混合推理一般结合了规则、表示学习和神经网络。例如,NeuralLP 是一种可微的知识图谱推理方法,融合了关系的表示学习、规则学习以及循环神经网络,由 LSTM 生成多步推理中的隐变量,并通过隐变量生成在多步推理过程中对每种关系的注意力。DeepPath和 MINERVA 用强化学习方法学习知识图谱多步推理过程中的路径选择策略。RUGE 将已有的推理规则输入知识图谱表示学习过程中,约束和影响表示学习结果并取得更好的推理效果。

基于规则的知识图谱推理研究主要分为两部分:一是自动规则挖掘系统;二是基于规则的推理系统。提升规则挖掘的效率和准确度、用神经网络结构的设计代替在知识图谱上的离散搜索和随机游走是值得关注的方向。

基于表示学习的知识图谱推理研究主要集中在提高表示学习结果对知识图谱中含有的语义信息的捕捉能力上,目前的研究多集中在链接预测任务上,其他推理任务有待跟进研究;另一方面是利用分布式表示作为桥梁,将知识图谱与文本、图像等异质信息结合,实现信息互补以及更多样化的综合推理。

基于神经网络的知识表示推理的主要发展趋势是设计更加有效和有意义的神经网络结构,来实现更加高效且精确的推理,通过对神经网络中间结果的解析实现对推理结果的部分解释是比较值得关注的方向。

4. 知识图谱与推荐系统

随着互联网的发展,海量信息不断涌现,人们不可避免地遭遇信息过载的挑战。推荐系统作为一种解决方案,其目的是向用户提供个性化的内容推荐,以减轻信息过载的压力。然而,推荐系统在启动阶段效果不佳,加之用户历史数据往往稀疏,导致推荐性能难以令人满意。知识图谱作为先验知识,能够为推荐算法提供语义特征,从而有助于缓解数据稀疏性问题,并提升模型的整体性能。

基于知识图谱的推荐模型主要建立在传统推荐模型基础之上,如协同过滤和基于内容的推荐。这些模型通过整合知识图谱中的商品、用户等实体的结构化知识,利用额外的知识来改善早期推荐模型中的数据稀疏问题。下面介绍三种不同类型的利用知识图谱的推荐模型:基于元路径的推荐模型、基于概率逻辑程序的推荐模型以及基于表示学习技术的推荐模型。

1) 基于元路径的推荐模型

考虑到知识图谱是一种展示不同实体间关系的图结构,研究人员利用图中的路径信息来计算物品间的相似度。通过定义元路径——图中不同类型实体和关系构成的路径,研究人员能够在图结构上传播用户偏好,并与传统协同过滤模型相结合,实现个性化推荐。具体而言,首先沿着不同的元路径计算用户对不同物品的偏好,形成偏好矩阵。然后,通过潜在因子模型分解每个偏好矩阵,得到每条路径下的用户和物品的潜在因子矩阵,最终通过汇总各路径下的推荐结果来获得全局推荐模型。这种方法有效利用了知识图谱中的语义信息来传递用户偏好，但需要人工选择路径。

2) 基于概率逻辑程序的推荐模型

另一种方法是将推荐问题形式化为逻辑程序，通过逻辑程序对目标用户按查询得分高低输出推荐物品的结果。这种方法提出了 EntitySim、TypeSim 和 GraphLF 三种不同的推荐策略，均基于通用目的的概率逻辑系统 ProPPR。其中，EntitySim 仅使用图上的连接信息；TypeSim 加入了实体的类型信息；而 GraphLF 结合了概率逻辑程序和用户物品潜在因子模型的方法。这些方法通过规则在知识图谱中传递用户偏好，解决了人工选择路径的问题，但它们将推荐过程分为两个步骤，无法充分利用物品与物品之间或用户与用户之间的关系。

3) 基于表示学习技术的推荐模型

通过知识图谱表示学习技术，将实体和关系用低维稠密向量表示，从而在低维向量空间中高效计算实体间的关联性。相较于传统的基于符号逻辑的图查询和推理方法，这种方法大大减少了计算复杂性。某些研究提出使用知识图谱表示学习技术提取特征，并利用 K 近邻方法寻找最相关的物品。然而，这种模型与推荐系统的结合相对松散，仅将表示学习作为一种特征提取手段。

此外，协同知识图谱表示学习的推荐模型(collaborative knowledge base embedding recommender system)通过知识图谱表示学习获取与推荐物品相关的结构化信息，然后通过去噪编码器网络从相关文本和图像中学习物品的文本和视觉表示向量，并将这些向量整合进物品的潜在因子向量中，最后结合矩阵分解算法完成推荐。从贝叶斯理论的角度综合考虑了不同算法的优化目标。尽管如此，由于推荐领域知识图谱中的实体关系通常非常稠密且关系类型较少，像 TransE 这样的模型并不适用于处理一对多和多对多的关系。虽然 TransR 对此做了改进，但在处理同类型关系的一对多、多对一和多对多情况时，算法实际上退化为 TransE。因此，有研究引入了一种新的知识图谱表示学习技术来提取结构化信息，并最终提出了一个基于表示学习的协同过滤推荐系统。

5. 区块链与去中心化的知识图谱

语义网的早期理念包括知识互联、去中心化架构和知识可信。虽然知识图谱在实现知识互联方面取得了显著进展，但在实现真正去中心化的结构和维护知识的可信度方面，仍面临挑战。

对于去中心化的需求，与当前主流的中心化存储知识图谱相比，语义网强调以分散式的方法促进知识的互联和链接，确保知识发布者对所发布内容拥有完整的控制权。近年来，国内外研究机构和企业已开始利用区块链技术探索去中心化的知识互联方式。这种探索包括了去中心化实体 ID 的管理、基于分布式账本的术语和实体命名管理、知识溯源，以及对知识进行签名和权限管理等。

同时，保障知识的真实性和可靠性也是众多知识图谱项目需要应对的挑战。由于知识图谱数据来源广泛，且要求在实体和事实层面上评估知识的可信性，如何有效管理、追踪和验证知识图谱中庞杂的事实成了一个关键问题。在这方面，区块链技术在知识图谱领域显现出其重要价值。

此外，将知识图谱融入智能合约技术中，可以解决智能合约在固有知识方面的不足。

例如，PCHAIN 引入了知识图谱 Oracle 机制，这一机制能够解决传统智能合约所面临的数据孤岛问题，为智能合约提供外部知识的接入点，从而扩展其在执行过程中可引用的知识范围。

3.2　本体知识表示

3.2.1　知识表示的概述

在 20 世纪 90 年代，MIT AI 实验室的 R.Davis 提出了知识表示的五大用途或特点：

- 客观事物的机器标示(A KR is a Surrogate)，即知识表示首先需要定义客观实体的机器指代或指称。
- 一组本体约定和概念模型(A KR is a Set of Ontological Commitments)，即知识表示还需要定义用于描述客观事物的概念和类别体系。
- 支持推理的表示基础(A KR is a Theory of Intelligent Reasoning)，即知识表示还需要提供机器推理的模型与方法。
- 用于高效计算的数据结构(A KR is a medium for Efficient Computation)，即知识表示也是一种用于高效计算的数据结构。
- 人可理解的机器语言(A KR is a Medium of Human Expression)，即知识表示还必须接近于人的认知，是人可理解的机器语言。

知识表示的研究可以追溯到人工智能的早期研究。例如，认知科学家 M.Ross Quillian 和 Allan M.Collins 提出了语义网络的知识表示方法，以网络的方式描述概念之间的语义关系。典型的语义网络(WordNet)属于词典类的知识库，用于定义名词、动词、形容词和副词之间的语义关系。20 世纪 70 年代，随着专家系统的提出和商业化发展，知识库构建和知识表示更加得到重视。传统的专家系统包含知识库和推理引擎(inference engine)两个核心模块。

在知识表示领域，传统的语义网络、框架语言和产生式规则缺乏严格的语义理论模型和形式化的语义定义。为了弥补这一缺陷，研究者们转向探索具备坚实理论模型基础和可管理算法复杂度的知识表示框架。在这方面，描述逻辑语言(description logic)脱颖而出，成为研究的焦点。描述逻辑不仅是当前众多本体语言(如 Web 本体语言 OWL)的理论基础，而且自 1985 年 Ronald J. Brachman 等人提出第一个描述逻辑语言 KL-ONE 以来，它已经发展成为知识表达的关键工具。描述逻辑主要用于精确描述概念、属性、个体、关系以及元语(即逻辑描述)等知识表达要素。与传统专家系统的知识表示语言相比，描述逻辑平衡知识表示能力与推理计算复杂性的关系，并能够完成各种表达构件组合后的查询、分类、一致性检测等推理任务的复杂度计算。

同时，基础数据模型资源描述框架(RDF)受到元数据模型、框架系统和面向对象编程语言等影响，最初旨在为网络上发布结构化数据提供标准的数据描述框架。最终语义网技术吸纳了描述逻辑的研究成果，并孕育出以 OWL 系列为代表的标准化本体语言。

无论是早期专家系统时代的知识表示方法，还是语义网时代的知识表示模型，都属于以符号逻辑为基础的知识表示方法。符号知识表示的特点是易于刻画显式、离散的知识，因而具有内生的可解释性。但由于人类知识还包含大量不易于符号化的隐性知识，完全基于符号逻辑的知识表示失去了鲁棒性，特别是推理很难达到实用效果。由此催生了采用连续向量的方式来表示知识的研究。

基于向量的方式表示知识的研究由来已久。表示学习的发展，以及自然语言处理领域词向量等嵌入(Embedding)技术手段的出现，启发了人们用类似于词向量的低维稠密向量的方式表示知识。通过嵌入将知识图谱中的实体和关系投射到一个低维的连续向量空间，可以为每一个实体和关系学习出一个低维度的向量表示。这种基于连续向量的知识表示可以实现通过数值运算来发现新事实和新关系，并能更有效地发现更多的隐式知识和潜在假设，这些隐式知识通常是人的主观不易于观察和总结出来的。更为重要的是，知识图谱嵌入也通常作为一种类型的先验知识辅助输入很多深度神经网络模型中，用来约束和监督神经网络的训练过程。如图 3-3 所示为基于离散符号的知识表示与基于连续向量的知识表示对比。

RDF，OWL，各种Rule Language等　　　　　　　　　　Tensor，各种Embedding，神经网络表示等

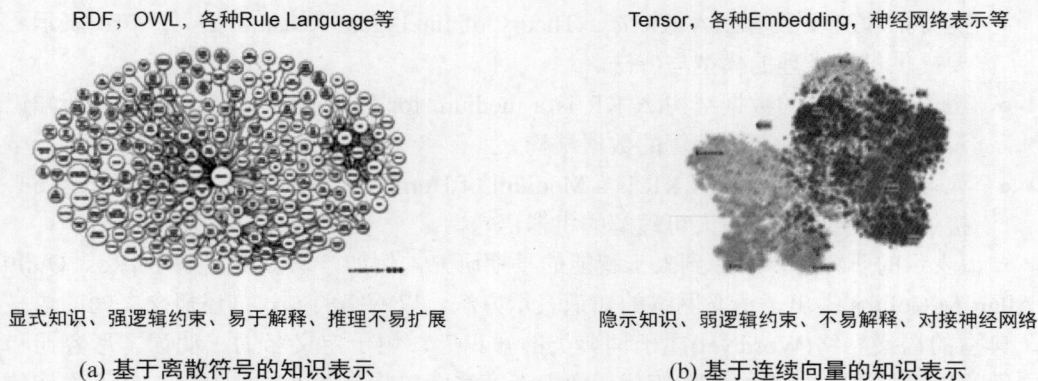

显式知识、强逻辑约束、易于解释、推理不易扩展　　　　隐示知识、弱逻辑约束、不易解释、对接神经网络

(a) 基于离散符号的知识表示　　　　　　　　(b) 基于连续向量的知识表示

图 3-3　基于离散符号的知识表示与基于连续向量的知识表示对比

综上所述，与传统人工智能相比，知识图谱时代的知识表示方法已经发生了很大变化。一方面，现代知识图谱受到规模化扩展的影响，通常采用以三元组为基础的较为简单实用的知识表示方法，并弱化了对强逻辑表示的要求；另一方面，由于知识图谱是很多搜索、问答和大数据分析系统的重要数据基础，基于向量的知识图谱表示使得这些数据更易于和深度学习模型集成，因此越来越受到重视。

由于知识表示涉及大量传统人工智能的内容，并且具有明确、严格的内涵及外延定义，为避免混淆，在本书中主要侧重于知识图谱的表示方法的介绍，因此用"知识表示"和"知识图谱的表示方法"加以区分。

3.2.2　知识表示方法

知识是智能的基础。人类智能往往依赖有意或无意地运用已知的知识。与此类似，人工智能系统需要获取并运用知识。这里有两个核心问题：如何表示知识？如何在计算机中高效地存储和处理知识？本节将主要阐述第一个核心问题。

1. 一阶谓词逻辑

一阶谓词逻辑(或简称一阶逻辑)(first order logic)是公理系统的标准形式逻辑。与命题逻辑(propositional logic)不同，一阶逻辑支持量词(quantifier)和谓词(predicate)。例如，在命题逻辑里，以下两个句子是不相关的命题："John MaCarthy 是图灵奖得主"(p)、"Tim Berners-Lee 是图灵奖得主"(q)。

但是，在一阶逻辑里，可以用谓词和变量表示知识，如图灵奖得主(x)表示 x 是图灵奖得主。这里，图灵奖得主是一个一元谓词(predicate)，x 是一个变量(variable)，图灵奖得主(x)是一个原子公式(atomic formula)。Ø 图灵奖得主(x)一个否定公式(negated formula)。在上面的例子中，若 x 为 John MaCarthy，图灵奖得主(x)为第一个命题 p。若 x 为 Tim Berners-Lee，图灵奖得主(x)为第二个命题 q。

(1) 一阶谓词逻辑的优点。
- 结构性。能够显式表示事物的属性以及事物间的各种语义关联。
- 严密性。具有形式化的语法和语义，以及相关的推理规则。
- 可实现性强。可以转换为计算机内部形式，便于用算法实现。

(2) 一阶谓词逻辑的缺点。
- 有限的可用性。一阶逻辑的逻辑归结只是半可判定性的。
- 无法表示不确定性的知识。无法处理不确定性的信息。

2. 霍恩子句和霍恩逻辑

霍恩子句(Horn Clause)是以逻辑学家艾尔弗雷德·霍恩(Alfred Horn)命名的。一个子句是文字的析取，而霍恩子句是带有最多一个肯定(positive)文字的子句，肯定文字指的是没有否定符号的文字。例如，Øp1∨…∨Øpn∨ q 是一个霍恩子句，它可以被等价地写为(p1∧…∧pn)→ q。

霍恩逻辑(Horn Logic)是一阶逻辑的子集。基于霍恩逻辑的知识库是一个霍恩规则的集合。一个霍恩规则由原子公式构成：B1∧…∧ Bn→ H，其中 H 是头原子公式，B1,…,Bn 是体原子公式。事实是霍恩规则的特例，它们是没有体原子公式且没有变量的霍恩规则。例如，→图灵奖得主(Tim Berners-Lee)是一个事实，可以简写为图灵奖得主(Tim Berners-Lee)。

(1) 霍恩逻辑的优点。
- 结构性。能够显式地表示事物的属性以及事物间的各种语义关联。
- 严密性。具有形式化的语法和语义，以及相关的推理规则。
- 易实现性。可判定，可以转换为计算机内部形式，便于用算法实现。

(2) 霍恩逻辑的缺点。
- 有限的表达能力。不能定义类表达式，不能够任意使用量化。
- 无法表示不确定性的知识。无法处理不确定性的信息。

3. 语义网络

语义网络由 Quillian 等人提出，用于表达人类的语义知识并且支持推理。语义网络又称联想网络，它在形式上是一个带标识的有向图。图中"节点"用以表示各种事物、概念、情况、状态等。每个节点可以带有若干属性。节点与节点间的"连接弧"(称为联想弧)用以表示各种语义联系、动作。语义网络的单元是三元组:(节点 1,联想弧,节点 2)。
例如(Tim Berners-Lee,类型,图灵奖得主)和(Tim Berners-Lee,发明,互联网)是三元组。
由于所有的节点均通过联想弧彼此相连,语义网络可以通过图上的操作进行知识推理。

1) 语义网络的优点

(1) 联想性。最初是作为人类联想记忆模型提出的。

(2) 易用性。直观地表示事物的属性及其语义联系,便于理解,自然语言与语义网络
的转换相对容易实现,故语义网络表示法在自然语言理解系统中的应用最为广泛。

(3) 结构性。语义网络是一种结构化的知识表示方法,对数据子图特别有效。能够显
式地表示事物的属性以及事物间的各种语义联想。

2) 语义网络的缺点

(1) 无形式化的语法。语义网络表示知识的手段多种多样,虽然灵活性很高,但同时
也由于表示形式的不一致,增加了对其处理的复杂性。例如,"每个学生都读过一本书"
可以表示为多种不同的语义网络,如图 3-4 和图 3-5 中的语义网络。在图 3-4 中,GS 表示
一个概念节点,指的是具有全称量化的一般事件,g 是一个实例节点,代表 GS 中的一个
具体例子,而 s 是一个全称变量,是学生这个概念的一个个体,r 和 b 都是存在变量,其
中 r 是读这个概念的一个个体,b 是书这个概念的一个个体,F 指 g 覆盖的子空间及其具
体形式,而 ∀ 代表全称量词。而图 3-5 则把"每个学生都读过一本书"表示成:任何一个
学生 s1 都是属于读过一本书这个概念的元素。

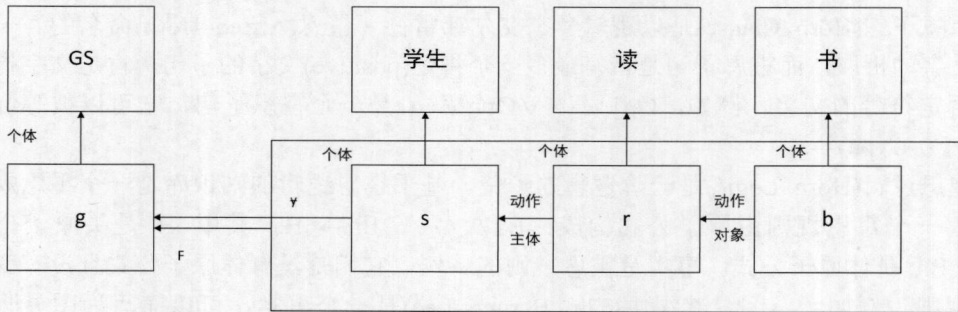

图 3-4 表示"每个学生都读过一本书"的语义网络(1)

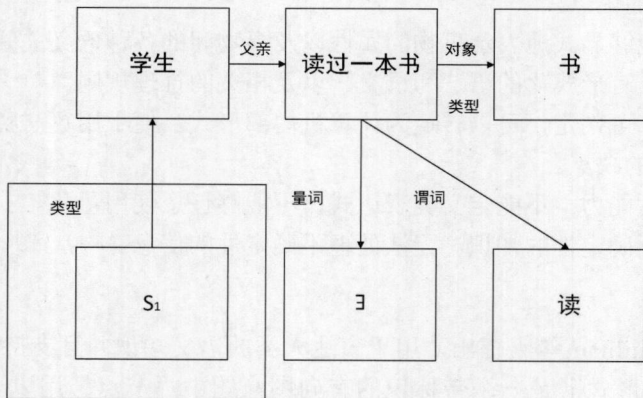

图 3-5 表示"每个学生都读过一本书"的语义网络(2)

(2)　无形式化的语义。与一阶谓词逻辑相比,语义网络没有公认的形式表示体系。一个给定的语义网络的含义完全依赖于处理程序如何对它进行解释。通过推理网络实现的推理不能保证其正确性。此外,目前采用量词(包括全称量词和存在量词)的语义网络表示法在逻辑上是不充分的,不能保证不存在二义性。

4. 描述逻辑

描述逻辑是一阶逻辑的一个可判定子集。最初由 Ronald J.Brachman 在 1985 年提出。描述逻辑可以被看作是利用一阶逻辑对语义网络和框架进行形式化后的产物。描述逻辑一般支持一元谓词和二元谓词。一元谓词称为类,二元谓词称为关系。描述逻辑的重要特征是同时具有很强的表达能力和可判定性。近年来,描述逻辑受到广泛关注,被选为 W3C 互联网本体语言(OWL)的理论基础。

1)　描述逻辑的优点

(1)　结构性。能够显式地表示事物的属性以及事物间的各种语义联想。

(2)　严密性。具有形式化的语法和语义,以及相关的推理规则。

(3)　多样性。具有大量可判定的扩展,以满足不同应用场景的需求。

(4)　易实现性。可判定,可以转换为计算机内部形式,便于算法实现。

2)　描述逻辑的缺点

(1)　有限的表达能力。不支持显式使用变量,也不能任意使用量化。

(2)　无法表示不确定性的知识。无法处理不确定性的信息。

3.3　万维网知识表示

随着语义网的提出,知识表示迎来了新的契机和挑战,契机在于语义网为知识表示提供了一个理想的应用场景,而挑战在于面向语义网的知识表示需要提供一套标准语言来描述 Web 的各种信息。早期 Web 的标准语言 HTML 和 XML 无法满足语义网对知识表示的要求,所以 W3C 提出了新的标准语言 RDF、RDFS 和 OWL。这些语言的语法与 XML 兼容。下面详细介绍这几种语言。

3.3.1　RDF 和 RDFS

RDF 是 W3C 的 RDF 工作组制定的关于知识图谱的国际标准,也是 W3C 一系列语义网标准的核心。图 3-6 对 W3C 的语义网标准栈做了分组,其中和知识图谱比较相关的有:

- 表示组(representation):包含用于定义信息和如何在网络中传输这些信息的基础标准。例如,URI/IRI 是用来标识资源的唯一地址,XML 提供了一种可扩展的标记语言来描述数据的结构,而 RDF 则是一种用来描述对象及其之间关系的数据模型。

- 推理组(reasoning):这个分组处理语义数据所需的逻辑和规则,包括 RDF-S(RDF Schema)、本体 OWL(Web 本体语言),以及规则 RIF(Rule Interchange Format)。这些工具使得可以从现有的知识中推断出新的知识,这是构建知识图谱不可或缺的一个环节。

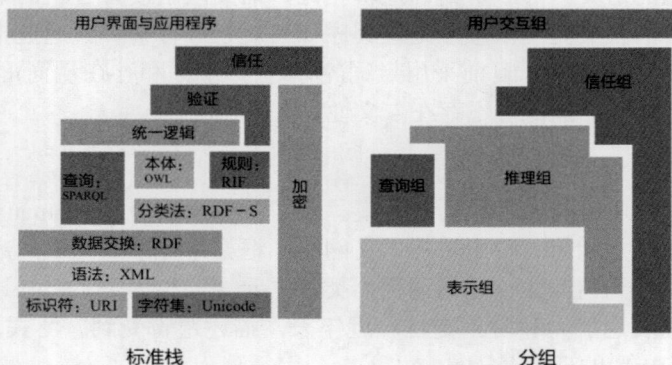

图 3-6　W3C 的语义网标准栈及其分组

2006 年，人们开始用 RDF 发布和链接数据，从而生成知识图谱，比较知名的有 DBpedia、Yago 和 Freebase。2009 年，Tim Berners-Lee 为进一步推动语义网开放数据的发展，提出了开放链接数据的五星级原则，如图 3-7 所示。

On the web	☆
Machine-readable data	☆☆
Non-proprietary format	☆☆☆
RDF standards	☆☆☆☆
Linked RDF	☆☆☆☆☆

图 3-7　开放链接数据的五星级原则

Tim Berners-Lee 提出了实现五星级原则的四个步骤：

- 使用 URIs 对事物进行命名；
- 使用 HTTP URIs，以便于搜索；
- 使用 RDF 描述事物并提供 SPARQL 端点，以便于对 RDF 图谱查询；
- 链接不同的图谱(例如通过 owl：sameAs)，以便于数据重用。

DBpedia 作为目前语义网研究的中心领域，其丰富的语义信息也将会成为今后多模态知识图谱的链接端点，其完整的本体结构对于构建多模态知识图谱提供了很大的便利。DBpedia 项目是一个社区项目，旨在从维基百科中提取结构化信息，并使其可在网络上访问。DBpedia 知识库目前描述了超过 260 万个实体。对于每个实体，DBpedia 定义了一个唯一的全局标识符，可以将其解引用为网络上一个 RDF 描述的实体。DBpedia 提供了 30 种人类可读的语言版本，与其他资源形成关系。

1. RDF 简介

在 RDF 中，知识以三元组的形式表示。每一份知识可以被分解为如下形式：(subject，predicate，object)。例如，"IBM 邀请 Jeff Pan 作为演讲者，演讲主题是知识图谱"可以写成以下 RDF 三元组：(IBM-Talk，speaker，Jeff)和(IBM-Talk，theme，KG)。在 RDF 中，主语是一个个体(individual)，即类的实例。谓语是一个属性，可以连接两个个体，或者连接一个个体和一个数据类型的实例。换言之，宾语可以是一个个体，例如(IBM-Talk，speaker，Jeff)也可以是一个数据类型的实例，例如(IBM-Talk，talkDate，

"05-10-2012"^xsd:date)。

如果把三元组的主语和宾语视为图的节点，三元组的谓语视为边，那么一个 RDF 知识库则可以被视为一个图或一个知识图谱，如图 3-8 所示。三元组则是图的单元。

在 RDF 中，三元组中的主谓宾都有一个全局标识 URI，包括以上例子中的 Jeff、IBM_Talk 和 KG，如图 3-9 所示。

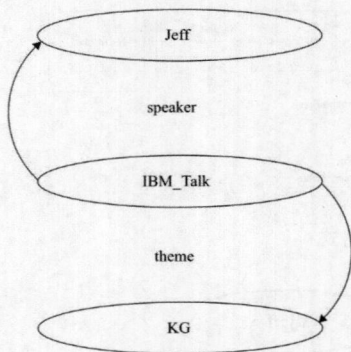

图 3-8　一个 RDF 知识库可以被看成一个图

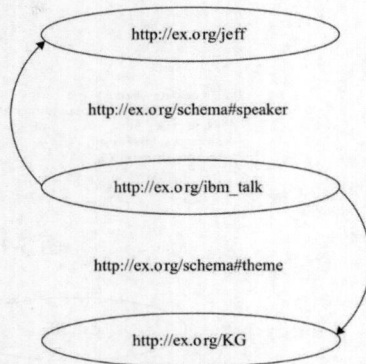

图 3-9　三元组的全局标识 URI

全局标识 URI 可以被简化成前缀 URI，如图 3-10 所示。RDF 允许使用没有全局标识的空白节点(Blank Node)。空白节点的前缀为"_"。例如，Jeff 是某一次关于 KG 讲座的讲者，如图 3-11 所示。

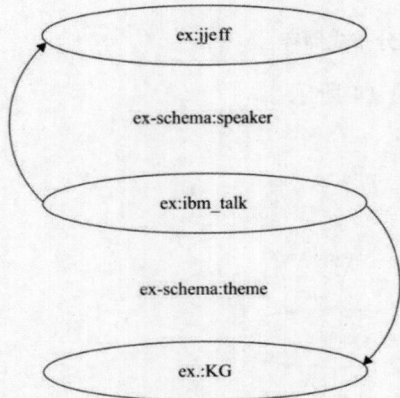

图 3-10　前缀 URI

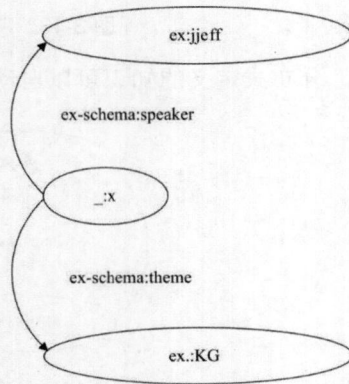

图 3-11　没有全局标识的空白节点

RDF 是一种抽象的数据模型，支持多种序列化格式，如 RDF/XML、Turtle 和 N-Triples，如图 3-12 所示。

2. 开放世界假设

与经典数据库采用的封闭世界假设不同，RDF 采用的是开放世界假设。这意味着 RDF 图谱里的知识可能是不完备的，这不符合 Web 的开放性特点和要求。(IBM-Talk，spcaber，Jeff)并不意味着 IBM 讲座只有一位讲者。而是意味着 IBM 讲座至少有一位讲者。采用开放世界假设意味着 RDF 图谱可以被分布式储存，如图 3-13 所示。

```
□  RDF/XML

<rdf:RDF
xmlns:ex-schema=http://ex.org/schema#>

<rdf:Description rdf:about= "http://ex.org/ibm_talk" >

    <ex-schema:speaker rdf :resource= "http:ex.org/jeff" />

    <ex-schema:theme rdf :resource=  "http:ex.org/KG" />

</rdf:Description>
</rdf:RDF>
```

```
        - Turtle

@prefix ex:<http://ex.org/>.
  @prefix ex-schema:<http://ex.org/schema//#>
    ex:ibm_talk
  ex-schema:speaker ex:jeff;
  ex-schema:theme ex:KG.
```

```
    - N-Triples

<http://ex.org/ibm_talk>
    <http://ex.org/schema#speaker>
    <http://ex.org/jeff>

<http://ex.org/ibm_talk>
    <http://ex.org/schema#theme>
    <http://ex.org/KG>
```

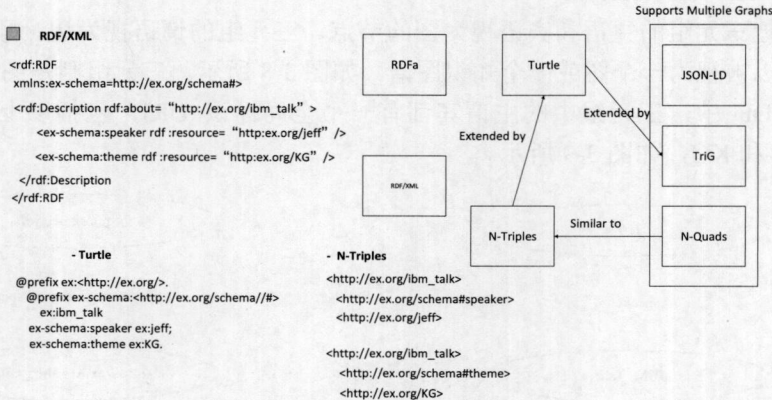

图 3-12　不同的序列化格式

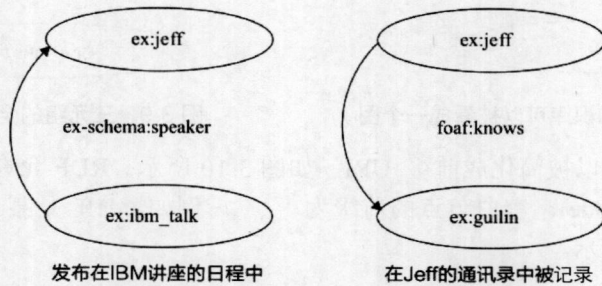

图 3-13　RDF 图谱可以被分布式储存

同时，分布式定义的知识可以自动合并，如图 3-14 所示。

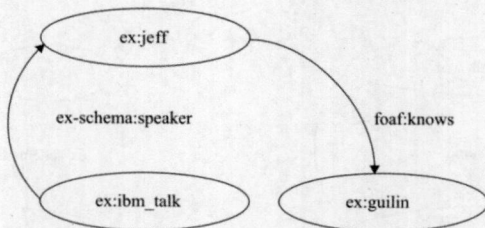

图 3-14　分布式定义的知识可以自动合并

3. RDFS 简介

RDF 使用类和属性来描述个体之间的关系。这些类和属性由模式(Schema)定义。RDF Schema(RDF 模式，简称 RDFS)提供了对类和属性的简单描述，从而为 RDF 数据提供词汇建模的语言。更丰富的定义则需要使用 OWL 本体描述语言。

RDFS 提供了最基本的对类和属性的描述元语：

- rdf:type：用于指定个体的类；
- rdfs:subClassOf：用于指定类的父类；
- rdfs:subPropertyOf：用于指定属性的父属性；

- rdfs:domain：用于指定属性的定义域；
- rdfs:range：用于指定属性的值域。

例如，下面的三元组表示用户自定义的元数据 Author 是 Dublin Core 的元数据 Creator 的子类，如图 3-15 所示。

RDF Schema 通过这种方式描述不同词汇集的元数据之间的关系，从而为网络上统一格式的元数据交换奠定基础。图 3-16 用一个简单的例子说明了 RDFS 的应用，为了简便，边的标签省略了 RDF 或者 RDFS。知识被分为两类，一类是数据层面的知识，如 haofen type Person (haofen 是 Person 类的一个实例)，另外一类是模式层面的知识，如 speaker domain Person(speaker 属性的定义域是 Person 类)。

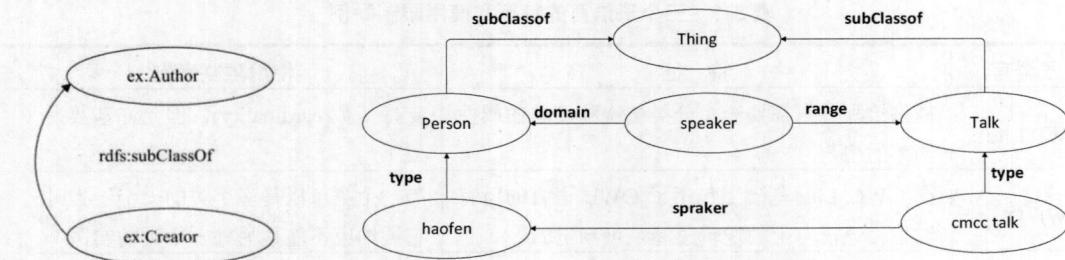

图 3-15　Author 是 Creator
　　　　 的子类

图 3-16　RDFS 示例

3.3.2　OWL 和 OWL2 Fragments

前面介绍了 RDF 和 RDFS，它可以通过 RDF(S)表示一些简单的语义，但在更复杂的场景下，RDF(S)语义的表达能力显得较弱，还缺少些常用的特征：

(1) 局部值域的属性定义。RDF(S)中通过 rdfs:range 定义了属性的值域，该值域是全局性的，无法说明该属性应用于某些具体的类时具有的特殊值域限制，如无法声明父母至少有一个孩子。

(2) 类、属性、个体的等价性。RDF(S)中无法声明两个类或多个类、属性和个体是等价还是不等价，如无法声明 Tim-Berns Lee 和 T.B.Lee 是同一个人。

(3) 不相交类的定义。在 RDF(S)中只能声明子类关系，如男人和女人都是人的子类，但无法声明这两个类是不相交的。

(4) 基数约束。即对某属性值可能或必需的取值范围进行约束，如说明一个人有双亲(包括两个人)、一门课至少有一名教师等。

(5) 属性特性的描述。即声明属性的某些特性，如传递性、函数性、对称性，以及声明一个属性是另一个属性的逆属性等，如大于关系的逆关系是小于关系。

为了得到一个表达能力更强的本体语言，W3C 提出了 OWL 语言，扩展了 RDF(S)，作为在语义网上表示本体的推荐语言。

1. OWL 的语言特征

如图 3-17 所示，OWL 1.0 有 OWL Lite、OWL DL、OWL Full 三个子语言，其特征和使用限制举例如表 3-1 所示。

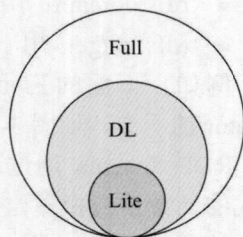

图 3-17　OWL 1.0 的主要子语言

表 3-1　三个子语言的特征和使用限制举例

子语言	特　　征	使用限制举例
OWL Lite	提供给那些只需要一个分类层次和简单的属性约束的用户	支持基数(cardinality)，但允许基数为 0 或 1
OWL DL	在 OWL Lite 基础上包括了 OWL 语言的所有约束。该语言上的逻辑蕴涵是可判定的	当一个类可以是多个类的一个子类时，它被约束不能是另外一个类的实例
OWL Full	允许在预定义的(RDF、OWL)词汇表上增加词汇，从而任何推理软件均不能支持 OWL Full 的所有 feature。OWL Full 语言上的逻辑蕴涵通常是不可判定的	一个类可以被同时表达为许多个体的一个集合以及这个集合中的一个个体。具有二阶逻辑特点

选择这些语言的原则如下：

● 选择 OWL Lite 还是 OWL DL 主要取决于用户对语言约束可表达性的需求程度；

● 选择 OWL DL 还是 OWL Full 主要取决于用户对 RDF 元模型机制的需求程度，如定义类型以及为类型赋予属性；

● 当使用 OWL Full 而不是 OWL DL 时，推理的支持可能无法工作，因为目前还没有完全支持 OWL Full 的系统实现。

OWL 的子语言与 RDF 有以下关系。首先，OWL Full 可以看成是 RDF 的扩展；其次，OWL Lite 和 OWL Full 可以看成是一个约束化的 RDF 的扩展；再次，所有的 OWL 文档(Lite、DL、Full)都是一个 RDF 文档，所有的 RDF 文档都是一个 OWL Full 文档；最后，只有一些 RDF 文档是一个合法的 OWL Lite 和 OWL DL 文档。

2. OWL 的重要词汇

(1) 等价性声明。声明两个类、属性和实例是等价的。如：

exp：运动员 owl:equivalentClass exp：体育选手

exp：获得 owl:equivalentProperty exp：取得

exp：运动员 A owl:sameIndividualAs exp：小明

以上三个三元组分别声明了两个类、两个属性以及两个个体是等价的，其中"exp"是命名空间 http://www.example.org 的别称，命名空间是唯一识别的一套名字，用来避免名字冲突，在 OWL 中可以是一个 URL。

(2) 属性传递性声明。声明一个属性是传递关系。例如，exp:ancestor rdf:type owl:TransitiveProperty 表示 exp:ancestor 是一个传递关系。如果一个属性被声明为传递，则由 a exp:ancestor b 和 b exp:ancestor c 可以推出 a exp:ancestor c。例如 exp：小明 exp:ancestor exp：小林；exp：小林 exp:ancestor exp：小志，根据上述声明，可以推出 exp：小明 exp:ancestor exp：小志。

(3) 属性互逆声明。声明两个属性之间有互逆的关系。例如，exp:ancestor owl:inverseOf exp:descendant 表示 exp:ancestor 和 exp:descendant 是互逆的。如果 exp：小明 exp:ancestor exp：小林，根据上述声明，可以推出 exp：小林 exp:descendant exp：小明。

(4) 属性的函数性声明。声明一个属性是函数。例如，exp:hasMother rdf:type owl:FunctionalProperty 表示 exp:hasMother 是一个函数，即一个生物只能有一个母亲。

(5) 属性的对称性声明。声明一个属性是对称的。例如，exp:friend rdf:type owl:SymmetricProperty 表示 exp:friend 是一个具有对称性的属性；如果 exp：小明 exp:friend exp：小林，根据上述声明，有 exp：小林 exp:friend exp：小明。

(6) 属性的全称限定声明。声明一个属性是全称限定。如：

exp:Person owl:allValuesFrom exp:Women

exp:Person owl:onProperty exp:hasMother

这里，exp:hasMother 在主语属于 exp:Person 类的条件下，宾语的取值只能来自 exp:Women 类。

(7) 属性的存在限定声明。声明一个属性是存在限定。如：

exp:SemanticWebPaper owl:someValuesFrom exp:AAAI

exp:SemanticWebPaper owl:onProperty exp:publishedIn

这里，exp:publishedIn 在主语属于 exp:SemanticWebPaper 类的条件下，宾语的取值部分来自 exp:AAAI 类。上面的三元组相当于：关于语义网的论文部分发表在 AAAI 上。

(8) 属性的基数限定声明。声明一个属性的基数。如：

exp:Person owl:cardinality "1" ^^xsd:integer

exp:Person owl:onProperty exp:hasMother

这里，exp:hasMother 在主语属于 exp:Person 类的条件下，宾语的取值只能有一个，"1" 的数据类型被声明为 xsd:integer，这是基数约束，本质上属于属性的局部约束。

(9) 相交的类声明。声明一个类是等价于两个类相交的。如：

exp:Mother owl:intersectionOf _tmp

_tmp rdf:type rdfs:Collection

_tmp rdfs:member exp:Person

_tmp rdfs:member exp:HasChildren

这里，_tmp 是临时资源，它是 rdfs:Collection 类型，是一个容器，它的两个成员是 exp:Person 和 exp:HasChildren。上述三元组说明 exp:Mother 是 exp:Person 和 exp:HasChildren 两个类的交集。

此外，OWL 还有如表 3-2 所示词汇扩展。

表 3-2 OWL 词汇扩展

OWL 中的其他词汇	描 述
owl:oneOf	声明枚举类型
owl:disjointWith	声明两个类不相交
owl:unionOf	声明类的并运算
owl:minCardinality	最小基数限定和最大基数限定
owl:maxCardinality	
owl:InverseFunctionalProperty	声明互反类具有函数属性
owl:hasValue	属性的局部约束时，声明所约束的类必有一个取值

3. OWL 版本

目前，OWL 2 是 OWL 的最新版本，而老版本为 OWL 1。OWL 2 定义了一些 OWL 的子语言，通过限制语法使用，这些子语言能够更方便地实现，并服务于不同的应用场景。OWL 2 的三大子语言是 OWL 2 RL、OWL 2 QL 和 OWL 2 EL。

OWL 2 QL 是 OWL2 子语言中最简单的一种，QL 代表 Query Language，所以 OWL 2 QL 是专为基于本体的查询设计的。它的查询复杂度是 AC0，非常适合大规模处理。它是基于描述逻辑 DL-Lite 定义的。表 3-3 给出了 OWL 2 QL 词汇总结。

表 3-3 OWL 2 QL 词汇总结

允许的核心词汇	对应的描述逻辑公理举例
rdfs:subClassOf	Mother $\subseteq$ Person
rdfs:subPropertyOf	hasSon $\subseteq$ hasChild
rdfs:domain	$\exists$ hasSon $\top\subseteq$ Person
rdfs:range	$\top\subseteq$ $\forall$ hasSon.Person
owl:inverseOf	hasChild $\equiv$ hasParent
owl:disjointWith	Women $\cap$ Man $\subseteq$ $\bot$

OWL 2 EL 是另外一个能够提供多项式推理的 OWL 子语言。与 OWL 2 QL 不同，OWL 2 EL 专为概念术语描述、本体的分类推理而设计，广泛应用于生物医疗领域，如临床医疗术语本体 SNOMED CT。OWL 2 EL 的分类复杂度是 Ptime-Complete，它是基于描述逻辑语言 EL++定义的。表 3-4 给出了 OWL 2 EL 词汇总结。

表 3-4 OWL 2 EL 词汇总结

允许的核心词汇	对应的描述逻辑公理举例
rdfs:subClassOf	Mother $\subseteq$ Person
rdfs:subPropertyOf	hasSon $\subseteq$ hasChild
owl:someValueOf	$\exists$ hasSon.Children $\subseteq$ Person
	Parent $\subseteq$ $\exists$ hasSon.Children
owl:intersectionOf	Star $\cap$ Women$\subseteq$ Scandal
owl:TransitiveProperty	Tran(hasAncestor)

例如，OWL 2 EL 允许表达如下复杂的概念：

Female ∩ ∃likes.Movie ∩ ∃hasSon.(Student ∩ ∃attends.CSCourse)

指的是所有喜欢电影、儿子是学生且参加计算机课程的女性。

下面给出一个具体例子。假设有一个本体，包含以下公理：

公理 1. Apple ⊑ ∃beInvestedBy.(Fidelity ∩BlackStone)：苹果由富达和黑石投资。

公理 2. ∃beFundedBy.Fidelity ⊑ InnovativeCompanies：借助富达融资的公司都是创新企业。

公理 3. ∃beFundedBy.BlackStone ⊑ InnovativeCompanies：借助黑石融资的公司都是创新企业。

公理 4. beInvestedBy ⊑ beFundedBy：投资即是帮助融资。

由公理 1 可以推出公理 5：Apple ⊑ ∃beInvestedBy.Fidelity；由公理 5 和公理 4 可以推出公理 6：Apple ⊑ ∃beFundedBy.Fidelity；最后，由公理 6 和公理 2 可以推出公理 7：Apple ⊑ InnovativeCompanies。

还有一个推理复杂度是多项式时间的 OWL 2 子语言叫 OWL 2 RL。OWL 2 RL 扩展了 RDFS 的表达能力，在 RDFS 的基础上引入属性的特殊特性(函数性、互反性和对称性)，允许声明等价性，允许属性的局部约束。OWL 2 RL 的推理是一种前向链推理，即将推理规则应用到 OWL 2 RL 本体，得到新的知识，即 OWL 2 RL 推理是针对实例数据的推理。下面给出两个 OWL 2 RL 上的推理规则：

```
p rdfs:domain x,   spo  ⇒  s rdf:type x
p rdfs:range x,    spo  ⇒  o rdf:type x
```

其中，s、p、o、x 是变量。第一条规则表示如果属性 p 的定义域是类 x，而且实例 s 和 o 有关系 p(这里把属性与关系看成是一样的)，那么实例 s 是类 x 的一个元素。第二条规则表示如果属性 p 的值域是类 x，而且实例 s 和 o 有关系 p，那么实例 o 是类 x 的一个元素。例如，exp:hasChild rdfs:domain exp:Person, exp:Helen exp:hasChild exp:Jack，由第一条规则可以推出 exp:Helen rdf:type exp:Person。OWL 2 RL 允许的核心词汇有：

- rdfs:subClassOf；
- rdfs:subPropertyOf；
- rdfs:domain；
- rdfs:range；
- owl:TransitiveProperty；
- owl:FunctionalProperty；
- owl:sameAs；
- owl:equivalentClass；
- owl:equivalentProperty；
- owl:someValuesFrom；
- owl:allValuesFrom。

OWL 2 RL 的前向链推理复杂度是 PTIME 完备的，PTIME 复杂度是针对实例数据推理得到的结果。

3.3.3　知识图谱查询语言的表示

RDF 支持类似数据库的查询语言，称为 SPARQL，它提供了查询 RDF 数据的标准语法、处理 SPARQL 查询的规则以及结果返回形式。

1. SPARQL 知识图谱查询基本构成

- 变量，RDF 中的资源，以 "?" 或者 "$" 指示；
- 三元组模板，在 WHERE 子句中列出关联的三元组，之所以称为模板，是因为三元组中允许存在变量；
- SELECT 子句中指示要查询的目标变量。

下面是一个简单的 SPARQL 查询示例：

```
PREFIX  exp: http://www.example.org/
SELECT  ?student
WHERE  {
    ?student  exp:studies  exp:CS328.
  }
```

这个 SPARQL 查询的目的是查询所有选修 CS328 课程的学生。PREFIX 部分用于命名空间的声明，使得查询的书写更加简洁。

2. 常见的 SPARQL 查询算子

(1) OPTIONAL。可选算子，表示在这个算子覆盖范围内的查询语句是可选的。例如：

```
SELECT  ?student  ? email
WHERE  {
    ?student  exp:studies  exp:CS328 .
OPTIONAL {
    ?student  foaf:mbox  ?email .
  }
}
```

这个查询的目的是查询所有选修 CS328 课程的学生的姓名，以及他们的邮箱。OPTIONAL 关键字指示如果没有邮箱，则依然返回学生姓名，邮箱处空缺。

(2) FILTER。过滤算子，指的是这个算子覆盖范围的查询语句可以用来过滤查询结果。例如：

```
SELECT  ?module ?name ?age
 WHERE {
     ?student exp:studies ?module .
     ?student foaf:name ?name .
 OPTIONAL {
     ?student exp:age ?age .
 FILTER ( ? age > 25 )}
  }
```

这个查询的目的是查询学生姓名、选修课程以及他们的年龄；如果有年龄限制，则年龄必须大于 25 岁。

(3) UNION。并算子，指的是将两个查询的结果合并起来。例如：

```
   SELECT  ?student  ? email
WHERE  {
   ?student  foaf:mbox  ?email .
   {  ?student  exp:studies exp:CS328 }
       UNION { ?student exp:studies exp:CS909 }
   }
```

这个查询是为了查询选修课程 CS328 或 CS909 的学生姓名以及邮件。注意，这里的邮件是必须返回的，如果没有邮件值，则不返回这条记录。需要注意 UNION 和 OPTIONAL 的区别。

下面给出一个 SPARQL 查询的例子。给定一个 RDF 数据集：

finance :融创中国	rdf: type	finance :地产事业
finance :孙宏斌	finance : control	finance :融创中国
finance :贾跃亭	finance : control	finance :乐视网
finance :孙宏斌	finance : hold_share	finance :乐视网
finance :王健林	finance : control	finance :万达集团
finance :万达集团	finance : main_income	finance :地产事业
finance :融创中国	finance :acquire	finance :乐视网
finance :融创中国	finance :acquire	finance :万达集团

以及一个 SPARQL 查询：

```
SELECT  ?P  ?X
WHERE  {
        ?P  finance :control  ?C .
        ?C  finance:acquire  ?X .
}
```

这个 SPARQL 查询的目的是查询所有的收购关系，可以得到查询结果如表 3-5 所示。

表 3-5 查询结果

? P	? X
孙宏斌	乐视网
孙宏斌	万达集团

给定论文的一个 SPARQL 查询：

```
SELECT  ?P  ?X
WHERE  {
        ?P  finance :control  ?C .
        ?C  finance:acquire  ?X .
}
```

这个查询的目的是查询所有具有关联交易的公司。假设有下面两条规则：

```
hold_share(X, Y):- control(X, Y)
conn_trans(Y,Z):- hold_share(X, Y), hold_share(X, Z)
```

第一条规则指的是如果 X 控制了 Y，那么 X 控股 Y；第二条规则指的是如果 X 同时控股 Y 和 Z，那么 Y 和 Z 具备关联交易。通过查询重写技术，可以得到下面的 SPARQL 查询：

```
SELECT  ?X  ?Y
WHERE  {
```

```
        { ?Z  finance :control  ?X  .
        ?Z  finance:acquire  ?X  .  }
UNION{?Z  finance:hold share ?X.
?Z finance:hold share ?Y.  }
UNION{?Z  finance:control  ?X.
        ?Z finance:hold_ share ?Y.  }
UNION{?Z  finance:hold_ share ?X.
        ?Z  finance:control  ?Y.  }
}
```

但是这个查询比较复杂，可以通过下面的 SPARQL 查询简化：

```
SELECT  DISTINCT  ?X  ?Y
WHERE {
    {select  ?U  ?X where  {?U finance:hold_share ?X .}}
    {select  ?U  ?Y where  {?U finance:control ?Y .}}
}
```

在这个查询中，SPARQL 允许嵌套查询，即 WHERE 子句中包含 SELECT 子句。

3.4　知识图谱的现状及发展

3.4.1　知识图谱的发展历史

知识图谱始于 20 世纪 50 年代，至今分为三个阶段：第一阶段(1955—1977 年)是知识图谱的起源阶段，在这一阶段中引文网络分析成为研究当代科学发展脉络的常用方法；第二阶段(1977—2012 年)是知识图谱的发展阶段，语义网得到快速发展，"知识本体"的研究开始成为计算机科学的一个重要领域，知识图谱吸收了语义网、本体在知识组织和表达方面的理念，使得知识更易于在计算机之间和计算机与人之间交换、流通和加工；第三阶段(2012 至今)是知识图谱繁荣阶段，2012 年谷歌提出 Google Knowledge Graph，知识图谱正式得名，谷歌通过知识图谱技术改善了搜索引擎性能。在人工智能的蓬勃发展下，知识图谱涉及的知识抽取、表示、融合、推理、问答等关键问题得到一定程度的解决和突破，知识图谱成为知识服务领域的一个新热点，受到国内外学者和工业界广泛关注。知识图谱具体的发展历程如图 3-18 所示。

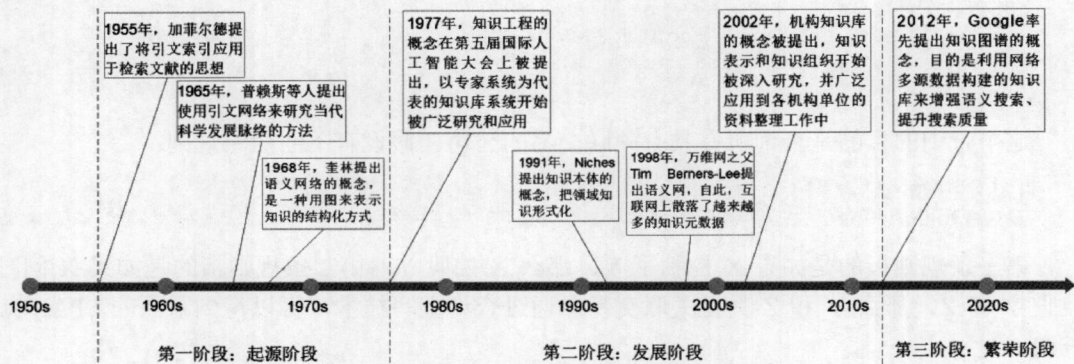

图 3-18　知识图谱发展历程

在人工智能的早期发展流派中，符号派(symbolism)侧重于模拟人的心智，研究如何用计算机符号表示人脑中的知识并模拟心智的推理过程；连接派(connectionism)则侧重于模拟人脑的生理结构，即人工神经网络。符号派一直以来都处于人工智能研究的核心位置。近年来，随着数据的大量积累和计算能力的大幅提升，深度学习在视觉、听觉等感知处理中取得突破性进展，进而在围棋等博弈类游戏、机器翻译等领域获得成功，使得人工神经网络和机器学习获得了人工智能研究的核心地位。深度学习在处理感知、识别和判断等方面表现出色，但在模拟人的思考过程、处理常识知识和推理，以及理解人的语言方面仍然举步维艰。

哲学家柏拉图把知识(Knowledge)定义为"Justified True Belief"，即知识需要满足三个核心要素：合理性(Justified)、真实性(True)和被相信(Believed)。简而言之，知识是人类通过观察、学习和思考有关客观世界的各种现象而获得并总结出的所有事实(Fact)、概念(Concept)、规则(Rule)或原则(Principle)的集合。人类发明了各种手段来描述、表示和传承知识，如自然语言、绘画、音乐、数学语言、物理模型、化学公式等。具有获取、表示和处理知识的能力是人类心智区别于其他物种心智的重要特征。人工智能的核心也是研究如何用计算机易于处理的方式学习、表示和处理各种各样的知识。知识表示是现实世界的可计算模型(Computable Model of Reality)。从广义上讲，神经网络也是一种知识表示形式，如图 3-19 所示。

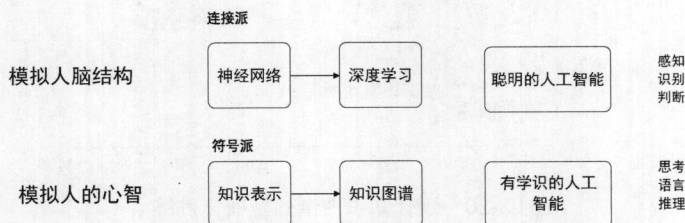

图 3-19　知识图谱帮助构建有学识的人工智能

符号派的核心关注点是知识的表示和推理(Knowledge Representation and Reasoning, KRR)。早在 1960 年，认知科学家 Allan M. Collins 提出了利用语义网络(Semantic Network)研究人脑的语义记忆。例如，WordNet 是一个典型的语义网络，它定义了名词、动词、形容词和副词之间的语义联系。WordNet 被广泛应用于语义消歧等自然语言处理领域。

1970 年，随着专家系统的出现和商业化进展，知识库(Knowledge Base)的构建和知识表示受到了更多重视。专家系统的基本理念是：专家是基于大脑中的知识做出决策，因此人工智能的核心应该是用计算机符号来表示这些知识，并通过推理机模仿人脑对知识进行处理。根据专家系统的观点，计算机系统应该由知识库和推理机两部分组成，而不是由函数等过程性代码组成。早期专家系统最常用的知识表示方法包括基于框架的语言(Frame-based Languages)和产生式规则(Production Rules)。框架语言主要用于描述客观世界的类别、个体、属性及关系，常应用于辅助自然语言理解。产生式规则主要用于描述类似于 IF-THEN 的逻辑结构，适合刻画过程性知识。

知识图谱与传统专家系统时代的知识工程有显著的区别。与传统专家系统依赖专家手工获取知识不同，现代知识图谱的特点是规模庞大，无法仅靠人工和专家构建。如图 3-20

所示，传统的知识库，如 Douglas Lenat 从 1984 年开始创建的 Cyc 常识知识库，包含约
700 万条事实描述(Assertion)。Wordnet 主要依靠语言学专家定义名词、动词、形容词和副
词之间的语义关系，目前包含大约 20 万条语义关系。Marvin Minsky 于 1999 年起开始构
建的 ConceptNet 常识知识库，采用了互联网众包、专家创建和游戏三种方法，但早期的
ConceptNet 规模在百万级别，最新的 ConceptNet 5.0 也只包含 2800 万个 RDF 三元组关系
描述。相比之下，谷歌和百度等现代知识图谱已经包含超过千亿级别的三元组，阿里巴巴
在 2017 年 8 月发布的仅包含核心商品数据的知识图谱也已经达到百亿级别。DBpedia 已
经包含约 30 亿个 RDF 三元组，多语种的大百科语义网络 BabelNet 包含 19 亿个 RDF 三
元组，Yago3.0 包含 1.3 亿个元组，Wikidata 已经包含 4265 万条数据条目，元组数目也已
经达到数十亿级别。截至目前，开放链接数据项目 Linked Open Data 统计了其中有效的
2973 个数据集，总计包含大约 1494 亿个三元组。

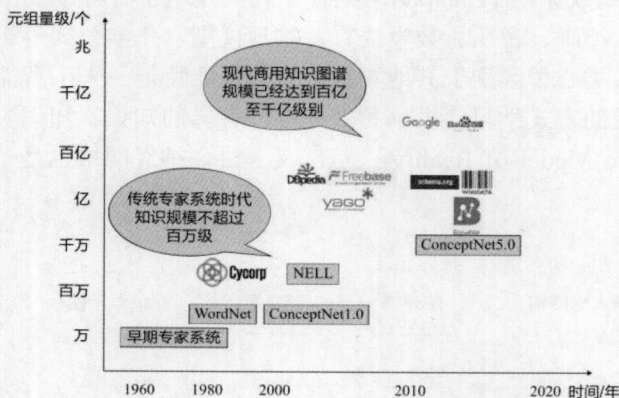

图 3-20 现代知识图谱的规模化发展

现代知识图谱对知识规模的要求源于"知识完备性"难题。冯·诺依曼曾估计单个个
体大脑的全量知识需要 2.4×10^{20} 个 bits 存储。客观世界拥有不计其数的实体，人的主观世
界还包含无法统计的概念，这些实体和概念之间具有更多数量的复杂关系，导致大多数知
识图谱面临知识不完全的挑战。在实际的领域应用场景中，知识不完全也是困扰大多数语
义搜索、智能问答、知识辅助决策分析系统的主要难题。

3.4.2 国内外典型的知识图谱项目

从人工智能的概念被提出开始，构建大规模的知识库一直都是人工智能、自然语言理
解等领域的核心任务之一。下面分别介绍了早期的知识库项目、互联网时代的知识图谱、
中文开放知识图谱和垂直领域知识图谱。

1. 早期的知识库项目

Cyc 是持续时间最久、影响范围较广、争议也较多的知识库项目。Cyc 最初的目标
是建立人类最大的常识知识库。典型的常识知识如"Every tree is a plant""Plants die
eventually"等。Cyc 知识库主要由术语(term)和断言(assertion)组成。术语包含概念、关系

和实体的定义。断言用来建立术语之间的关系，既包括事实(Fact)描述，也包含规则(Rule)描述。最新的 Cyc 知识库已经包含了 50 万条术语和 700 万条断言。Cyc 的主要特点是基于形式化的知识表示方法刻画知识。形式化的优势是可以支持复杂的推理，但过于形式化也导致知识库的扩展性和应用的灵活性不够。

WordNet 是最著名的词典知识库，由普林斯顿大学认知科学实验室从 1985 年开始开发。WordNet 主要定义了名词、动词、形容词和副词之间的语义关系。例如，名词之间的上下位关系，如"猫科动物"是"猫"的上位词；动词之间的蕴涵关系，如"打鼾"蕴涵着"睡眠"等。

ConceptNet 最早源于 MIT 媒体实验室的 OMCS(Open Mind Common Sense)项目。与 Cyc 相比，ConceptNet 采用了非形式化、更加接近自然语言的描述，而不是像 Cyc 一样采用形式化的谓词逻辑。与链接数据和谷歌知识图谱相比，ConceptNet 比较侧重于词与词之间的关系。从这个角度来看，ConceptNet 更加接近于 WordNet，但是又比 WordNet 包含的关系类型多。

2. 互联网时代的知识图谱

互联网的发展为知识工程提供了新的机遇。互联网的出现在一定程度上帮助传统知识工程突破了在知识获取方面的瓶颈。从 1998 年 Tim Berners-Lee 提出语义网至今，涌现出了大量以互联网资源为基础的新一代知识库。这类知识库的构建方法可以分为三类：互联网众包、专家协作和互联网挖掘。

Freebase 是一个开放共享的、协同构建的大规模链接数据库。Freebase 是由硅谷创业公司 MetaWeb 于 2005 年启动的一个语义网项目。2010 年，谷歌收购了 Freebase，并作为其知识图谱数据来源之一。Freebase 主要采用社区成员协作方式构建，主要数据来源包括 Wikipedia、世界名人数据库(NNDB)、开放音乐数据库(MusicBrainz)以及社区用户的贡献等。Freebase 基于 RDF 三元组模型，底层采用图数据库进行存储。Freebase 的一个特点是不对顶层本体做非常严格的控制，用户可以创建与编辑类和关系的定义。2016 年，谷歌宣布将 Freebase 的数据和 API 服务都迁移至 Wikidata，并正式关闭了 Freebase。

DBpedia 意指数据库版本的 Wikipedia，是早期的语义网项目，是从 Wikipedia 抽取出来的链接数据集。DBpedia 采用了一个较为严格的本体，包含人、地点、音乐、电影、组织机构、物种、疾病等类别定义。此外，DBpedia 还与 Freebase、OpenCYC、Bio2RDF 等多个数据集建立了数据链接。DBpedia 采用 RDF 语义数据模型，总共包含 30 亿个 RDF 三元组。

Schema.org 是从 2011 年开始，由 Bing、Google、Yahoo 和 Yandex 等搜索引擎公司共同支持的语义网项目。Schema.org 支持各个网站采用语义标签(Semantic Markup)的方式将语义化的链接数据嵌入网页中。搜索引擎自动收集和归集这些数据，快速地从网页中抽取语义化的数据。Schema.org 提供了一个词语本体，用于描述这些语义标签。目前，这个词汇本体已经包含 600 多个类和 900 多个关系，覆盖范围包括个人、组织机构、地点、时间、医疗、商品等。谷歌于 2015 年推出的定制化知识图谱支持个人和企业在其网页中增加包括企业联系方法、个人社交信息等在内的语义标签，并通过这种方式快速汇集高质量的知识图谱数据。谷歌的一份统计数据显示，超过 31% 的网页和 1200 万家网站已经使用了 Schema.org 发布语义化的链接数据。其他采用了部分 Schema.org 功能的还包括 Cortana、Yandex、Pinterest、Siri 等。Schema.org 的本质是采用互联网众包的方式生成和收集高质量的知识图谱数据。

Wikidata 的目标是构建一个免费开放、多语言、任何人或机器都可以编辑修改的大规模链接知识库。Wikidata 由 Wikipedia 于 2012 年启动，早期得到微软联合创始人 Paul Allen、Gordon Betty Moore 基金会以及谷歌的联合资助。Wikidata 继承了 Wikipedia 的众包协作机制，但与 Wikipedia 不同的是，Wikidata 支持以三元组为基础的知识条目(Item)的自由编辑。一个三元组代表一个关于该条目的陈述(Statement)。例如，可以在"地球"的条目增加"<地球，地表面积是，五亿平方公里>"的三元组陈述。截至 2018 年，Wikidata 已经包含超过 5000 万个知识条目。

BabelNet 是类似于 WordNet 的多语言词典知识库。BabelNet 的目标是解决 WordNet 在非英语语种中数据缺乏的问题。BabelNet 采用的方法是将 WordNet 词典与 Wikipedia 集成。首先建立 WordNet 中的词与 Wikipedia 的页面标题的映射，然后利用 Wikipedia 中的多语言链接，再辅以机器翻译技术，给 WordNet 增加多种语言的词汇。BabelNet3.7 包含了 271 种语言、1400 万个同义词组、36.4 万个词语关系和 3.8 亿个从 Wikipedia 中抽取的链接关系，总计超过 19 亿个 RDF 三元组。BabelNet 集成了 WordNet 在词语关系上的优势和 Wikipedia 在多语言语料方面的优势，成功构建了目前最大规模的多语言词典知识库。

NELL(Never-Ending Language Learner)是由卡内基梅隆大学开发的知识库。NELL 主要采用互联网挖掘的方法从 Web 中自动抽取三元组知识。NELL 的基本理念是：给定一个初始的本体(少量类和关系的定义)和少量样本，让机器能够通过自学习的方式不断地从 Web 中学习和抽取新的知识。目前，NELL 已经抽取了 300 多万条三元组知识。

Yago 是由德国马普研究所研制的链接数据库。Yago 主要集成了 Wikipedia、WordNet 和 GeoNames 三个数据库的数据。Yago 将 WordNet 的词汇定义与 Wikipedia 的分类体系进行了融合集成，使得 Yago 具有更加丰富的实体分类体系。Yago 还考虑了时间和空间知识，为很多知识条目增加了时间和空间维度的属性描述。目前，Yago 包含 1.2 亿条三元组知识。Yago 也是 IBM Watson 的后端知识库之一。

Microsoft ConceptGraph 是以概念层次体系为中心的知识图谱。与 Freebase 等知识图谱不同，ConceptGraph 以概念定义和概念之间的 IsA 关系为主。例如，给定一个概念"Microsoft"，ConceptGraph 返回一组与"微软"有 IsA 关系的概念组"Company""Software Company""Largest OS Vender"等，被称为概念化"Conceptualization"。ConceptGraph 可以用于短文本理解和语义消歧。例如，给定一个短文本"the engineer is eating the apple"，可以利用 ConceptGraph 正确理解其中"apple"的含义是"吃的苹果"还是"苹果公司"。微软发布的第一个版本包含超过 540 万个概念、1255 万个实体和 8760 万个关系。ConceptGraph 主要通过从互联网和网络日志中挖掘数据进行构建。

LOD(Linked Open Data)的初衷是实现 Tim Berners-Lee 在 2006 年发表的有关链接数据 (Linked Data)作为语义网的一种设想。LOD 遵循了 Tim 提出的进行数据链接的四个规则，即使用 URI 标识万物；使用 HTTP URI，以便用户可以(像访问网页一样)查看事物的描述；使用 RDF 和 SPARQL 标准；为事物添加与其他事物的 URI 链接，建立数据关联。

LOD 已经拥有 1143 个链接数据集，其中社交媒体、政府、出版和生命科学四个领域的数据占比超过了 90%。56%的数据集至少与一个数据集建立了链接。被链接最多的是 DBpedia 的数据。LOD 鼓励各个数据集使用公共的开放词汇和术语，但也允许使用各自的私有词汇和术语。在使用的术语中，41%是公共的开放术语。

3. 中文开放知识图谱

OpenKG 是一个面向中文领域开放知识图谱的社区项目，主要目的是促进中文领域知识图谱数据的开放与互联。OpenKG.CN 聚集了大量开放的中文知识图谱数据、工具及文献，如图 3-21 所示。典型的中文开放知识图谱数据包括百科类的 Zhishi.me(狗尾草科技、东南大学)、CN-DBpedia(复旦大学)、XLore(清华大学)、Belief-Engine(中国科学院自动化所)、PKUPie(北京大学)、ZhOnto(狗尾草科技)等。OpenKG 对这些主要百科数据进行了链接计算和融合工作，并通过 OpenKG 提供开放的 Dump 或开放访问 API，完成的链接数据集也向公众完全免费开放。此外，OpenKG 还对一些重要的知识图谱开源工具进行了收集和整理，包括知识建模工具 Protege、知识融合工具 Limes、知识问答工具 YodaQA、知识抽取工具 DeepDive 等。

图 3-21 OpenKG 的主网站

知识图谱 Schema 定义了知识图谱的基本类、术语、属性和关系等本体层概念。cnSchema.ORG 是 OpenKG 发起和完成的开放的知识图谱 Schema 标准。cnSchema 的词汇集包括了上千种概念分类(classes)、数据类型(data types)、属性(properties)和关系(relations)等常用概念定义，以支持知识图谱数据的通用性、复用性和流动性。结合中文的特点，复用、连接并扩展了 Schema.org、Wikidata、Wikipedia 等已有的知识图谱 Schema 标准，为中文领域的开放知识图谱、聊天机器人、搜索引擎优化等提供可供参考和扩展的数据描述和接口定义标准。通过 cnSchema，开发者也可以快速对接上百万基于 Schema.org 定义的网站，以及 Bot 的知识图谱数据 API。

cnSchema 主要解决如下三个问题：①Bots 是搜索引擎后新兴的人机接口，对话中的信息粒度缩小到短文本、实体和关系，要求文本与结构化数据的结合，要求更丰富的上下文处理机制等，这都需要 Schema 的支持；②知识图谱 Schema 缺乏对中文的支持；③知识图谱的构建成本高，容易重新发明轮子，需要用合理的方法实现成本分摊。

OpenBase.AI 是 OpenKG 实现的类似于 Wikidata 的开放知识图谱众包平台。与 WikiData 不同，OpenBase 主要以中文为中心，更加突出机器学习与众包的协同，将自动化的知识抽取、挖掘、更新、融合与群智协作的知识编辑、众包审核和专家验收等结合起来。此外，OpenBase 还支持将图谱转化为 Bots，允许用户选择算法、模型、图谱数据等定制生成 Bots，即时体验新增知识图谱的作用。

4. 垂直领域知识图谱

垂直领域知识图谱是相对于通用知识图谱而言的，它是面向特定领域的知识图谱，如电商、金融、医疗等。相比较而言，领域知识图谱的知识来源更多、规模化扩展要求更迅速、知识结构更加复杂、知识质量要求更高、知识的应用形式也更加广泛。如表 3-6 所示，从多个方面对通用知识图谱和领域知识图谱进行了比较分析。下面以电商、医疗、金融领域知识图谱为例，介绍该领域知识图谱的主要特点及技术难点。

表 3-6　通用知识图谱与领域知识图谱的比较

分类　　　比较项目	通用知识图谱	领域知识图谱
知识来源及规模化	以互联网开放数据，如 Wikipedia 或社区众包为主要来源，逐步扩大规模	以领域或企业内部的数据为主要来源，通常要求快速扩大规模
对知识表示的要求	主要以三元组事实型知识为主	知识结构更加复杂，通常包含较为复杂的本体工程和规则型知识
对知识质量的要求	较多地采用面向开放域的 Web 抽取，对知识抽取质量有一定容忍度	知识抽取的质量要求更高，较多地依靠从企业内部的结构化、非结构化数据进行联合抽取，并依靠人工进行审核校验，保障质量
对知识融合的要求	融合主要起到提升质量的作用	融合多源的领域数据是扩大构建规模的有效手段
知识的应用形式	主要以搜索和问答为主要应用形式，对推理要求较低	应用形式更加全面，除搜索问答外，通常还包括决策分析、业务管理等，对推理的要求更高，并有较强的可解释性要求
举例	DBpedia、Yago、百度、谷歌等	电商、医疗、金融、农业、安全等

(1) 电商领域知识图谱。

以阿里巴巴电商知识图谱为例，其知识图谱规模已达到百亿级别。其知识来源主要基于阿里巴巴内部的结构化商品数据，并结合行业合作伙伴数据、政府工商管理数据和外部开放数据。在知识表示方面，除了基本的三元组外，还包含层次结构更加复杂的电商本体和面向业务管控的大量规则型知识。在知识质量方面，对知识的覆盖面和准确性都有较高的要求。在应用形式方面，广泛支持商品搜索、商品导购、天猫精灵等产品的智能问答、平台的治理和管控、销售趋势的预测分析等多个应用场景。电商知识也具有较高的动态性特征，如交易型知识和与销售趋势有关的知识都具有较强的时效性和时间性。

(2) 医疗领域知识图谱。

医疗领域的知识图谱通常规模庞大。以 Linked Life Data 项目为例，其包含的 RDF 三元组数量就达到了 102 亿个，覆盖了基因、蛋白质、疾病、化学、神经科学、药物等众多领域的丰富知识。

医学领域的知识图谱通常更为复杂。例如，医学语义网络 UMLS 涵盖了大量的复杂语义关系，而 GeneOnto 则包括了复杂的类别层次结构。在知识质量方面，尤其对于涉及临床辅助决策的知识库，通常要求严格避免任何错误知识的出现。

(3) 金融领域知识图谱。

金融领域的知识图谱主要用于支持金融分析、风险评估和投资决策。例如 Kensho 采用知识图谱辅助投资顾问和投资研究，国内以恒生电子为代表的金融科技机构以及不少银行、证券机构等也都在开展金融领域的知识图谱构建工作。金融知识图谱构建主要来源于机构已有的结构化数据和公开的公报、研报及新闻的联合抽取等。在知识表示方面，金融概念也具有较高的复杂性和层次性，并较多地依赖规则型知识进行投资因素的关联分析。在应用形式方面，则主要以金融问答和投顾投研类决策分析型应用为主。金融知识图谱的一个显著特点是高度动态性，且需要考虑金融知识的时效性，对金融知识的时间维度进行建模。

由上面的例子可以看出，如图 3-22 所示，领域知识图谱具有规模巨大、知识结构更加复杂、来源更加多样、知识更加异构、高度的动态性和时效性、更深层次的推理需求等特点。

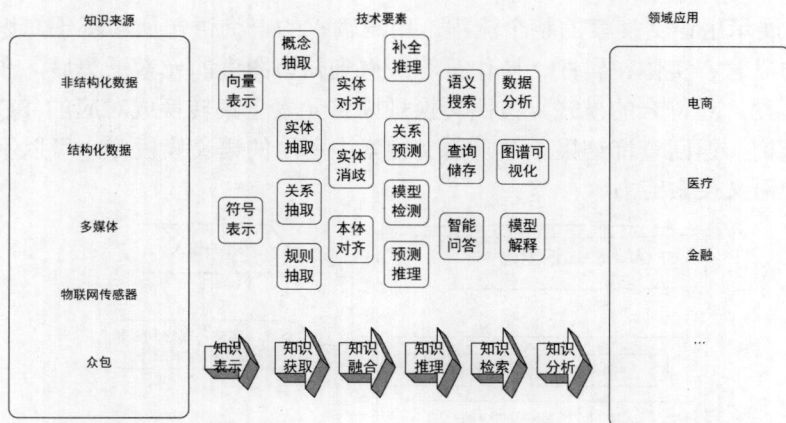

图 3-22　规模化的知识图谱系统工程

3.5　知识图谱的应用示例

3.5.1　语义检索

知识图谱的初衷是帮助搜索引擎进行知识型准确搜索，因此，它在搜索引擎领域得到了广泛应用。传统的检索都是基于关键词的，搜索引擎并不理解用户的输入，仅对用户输入的内容进行切分得到关键词，得到关键词后再与目标数据进行匹配，把匹配的结果通过一定的排序算法返回给用户，用户在这些结果中选取想要的目标结果。由于不能理解用户的真实目的，基于关键词检索的缺陷非常明显。例如，用户在输入"苹果"进行搜索时，搜索引擎仅能使用词语"苹果"进行匹配，而不能理解"苹果"一词所代表的现实中存在的具体事物。

基于知识图谱的语义检索的目的在于理解用户的输入，为用户给出更加直接和系统的答案。语义检索主要分为如下三个步骤。

(1) 从用户输入中识别概念、实体和属性等。在此，可采用基于知识图谱的方法对用户输入的自然语言查询进行切分；可以使用"前向最大匹配"算法对查询语句进行分词，同时将知识图谱作为字典，对切分后的查询语句匹配相关概念、实体、属性、操作符等。经过这一步，输出一个知识图谱的元素集合。

(2) 结合知识图谱的数据模式，对识别的结果进行理解。这里可以使用基于模板的语义匹配方法。每一个模板都代表一个用于与垂直知识图谱进行匹配的子图。例如，"实体+属性"模板表示有一个节点和一条边的查询图。

(3) 把理解的结果在目标数据集上进行搜索并返回结果。当确定匹配的模板后，下一步就是生成结构化查询。结构化查询语句的生成过程是和模板相关的，每一个模板都有对应的 SQL 查询语句。例如，模板"实体+属性"的查询目标是得到给定实体的给定属性的值，因此，重写的类 SQL 语句是：select attr_valuefrom attribute where entity_id-EID and attr_id=AID。

图 3-23 展示了语义搜索的整个流程。用户输入的查询语句使用基于知识图谱的方法识别出相关的概念、实体、属性、操作符等；得到知识图谱的元素子集后，在语义模板库中进行模式匹配，对符合的模式，按照转换规则将元素子集转换成对应的 SQL 语句，由此进行数据查询，返回查询结果。对于语义检索中所用的语义模板库，可以不断扩充以增强知识图谱的语义搜索能力。

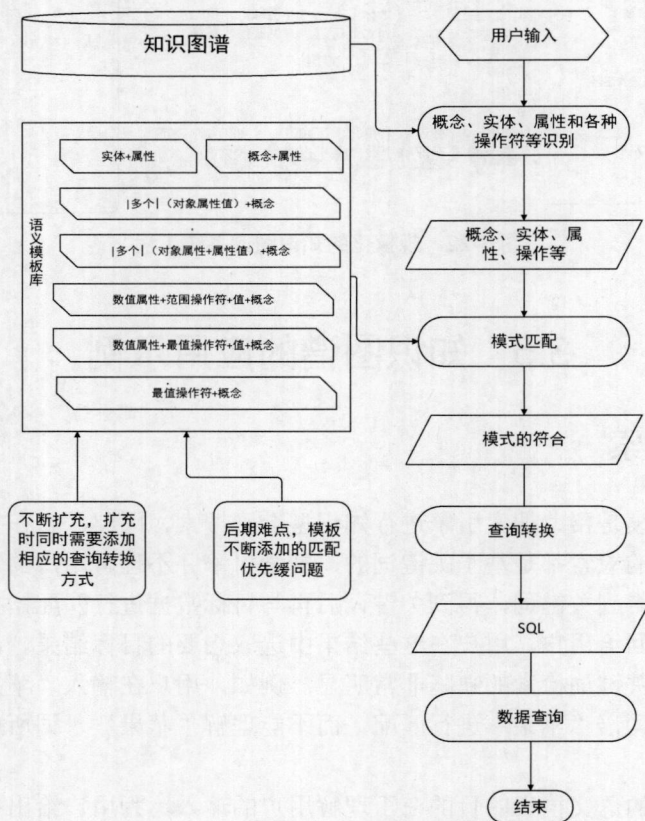

图 3-23 语义搜索的基本流程

3.5.2　关系路径查找

在知识图谱中，可以通过图算法来查找实体之间的关系路径。例如，寻找两个实体之间的关系路径发现、两个实体之间的最短路径、多个实体间的关系、图谱中的集群发现等。

以两实体间的路径发现为例，可以使用图论中的最短路径算法来解决。最短路径问题是图论研究中的一个经典算法问题，旨在寻找图(由节点和路径组成的)中两个节点之间的最短路径，常用算法有 Dijkstra 算法、A*算法、SPFA 算法、Bellman-Ford 算法和 Floyd-Warshall 算法等。这些算法需要消耗大量的内存，在大规模的图中是不能胜任的。因此，本书提出了一种基于贪心算法的激进式路径发现算法，可以实现在十亿级别节点的图谱中快速找到两节点间的路径。如图 3-24 所示为企业知识图谱中的 1 个路径发现示例。

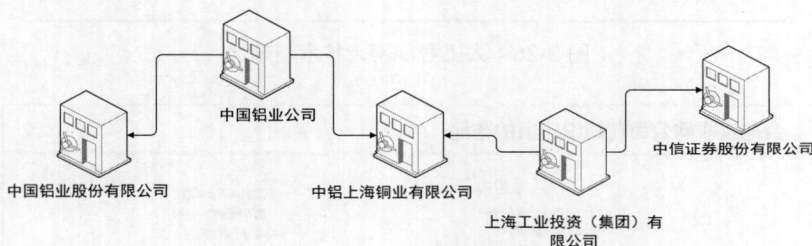

图 3-24　路径发现示例

3.5.3　知识图谱应用案例：美团大脑

作为人工智能时代最重要的知识表示方式之一，知识图谱能够打破不同场景下的数据隔离，为搜索、推荐、问答、解释与决策等应用提供基础支撑。美团大脑围绕吃喝玩乐等多种场景，构建了生活娱乐领域超大规模的知识图谱，为用户和商家建立起全方位的链接。

当用户发表一条评价的时候，机器会阅读这条评价，并充分理解用户的喜怒哀乐。当用户进入一个商家页面时，面对成千上万条用户评论，此时机器能够代替用户快速地阅读这些评论，总结商家的情况，供用户进行参考。未来，当用户有任何餐饮、娱乐方面的决策需求的时候，美团点评能够提供人工智能助理服务，帮助用户快速地进行决策。所有这一切，都依赖于人工智能背后两大技术驱动力：深度学习和知识图谱。如图 3-25 所示。

将这两个技术进行一个简单的比较：将深度学习归纳为隐性的模型，它通常是面向某一个具体任务，比如说下围棋、识别猫、人脸识别、语音识别等。通常而言，在很多任务上它能够取得非常优秀的结果，同时它也有非常多的局限性，比如说它需要海量的训练数据，以及非常强大的计算能力，难以进行任务上的迁移，而且可解释性比较差。

另一方面，知识图谱是人工智能的另外一大技术驱动力，它能够广泛地适用于不同的任务。相比深度学习，知识图谱中的知识可以沉淀，可解释性非常强，类似于人类的思考。近年来，不管是学术界还是工业界都纷纷构建自家的知识图谱，有面向全领域的知识图谱，也有面向垂直领域的知识图谱。如图 3-26 所示。

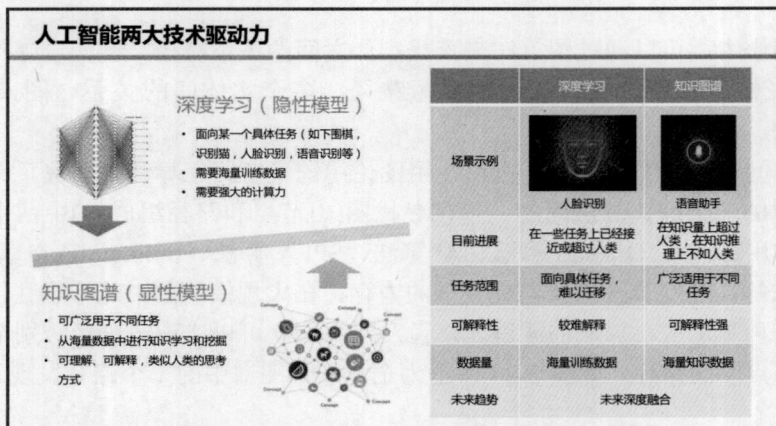

图 3-25　人工智能两大技术驱动力

图 3-26　全球互联网公司在知识图谱中的布局

美团大脑是美团公司正在构建中的一个全球最大的餐饮娱乐知识图谱。能够充分地挖掘关联美团点评各个业务场景里的公开数据，比如说美团有累计 40 亿的用户评价，超过 10 万条个性化标签，遍布全球的 3000 多万商户以及超过 1.4 亿的店铺，同时还定义了 20 级细粒度的情感分析。

通过充分挖掘出这些元素之间的关联，构建出一个知识的"大脑"，用它来提供更加智能的生活服务。如果这个商户有很多的评价，都是围绕着宝宝椅、带娃吃饭、儿童套餐等话题，那么就可以得出很多关于这个商户的标签。比如说可以知道它是一个亲子餐厅，它的环境比较别致，服务也比较热情。

再比如，当你打开美团时，如果你现在位于某一个商场或者商圈，那么大家很快就能够看到这个商场或者商圈的页面入口。当用户进入这个商场和商户页面时，通过知识图谱，就能够提供"千人千面"的个性化排序和个性化推荐。

　　整个美团大脑的知识图谱在百亿的量级，为了支撑这个知识图谱，需要去研究千亿级别的图存储和计算引擎技术。未来，当所有的这些技术都成熟之后，就能够为所有用户提供"智慧餐厅"和"智能助理"的体验。

3.6　本章小结

　　知识图谱的早期理念源于万维网之父 Tim Berners-Lee 关于语义网的设想，旨在采用图结构来建模和记录世界万物之间的关联关系和知识，以便有效实现更加精准的对象级搜索。知识图谱的相关技术已经在搜索引擎、智能问答、语言理解、推荐计算、大数据决策分析等众多领域得到广泛的应用。近年来，随着自然语言处理、深度学习、图数据处理等众多领域的飞速发展，知识图谱在自动化知识获取、知识表示学习与推理、大规模图挖掘与分析等领域又取得了很多新进展。知识图谱已经成为实现认知层面的人工智能不可或缺的重要技术之一。

第 4 章
搜 索 技 术

    搜索技术是人工智能的核心技术之一，在人工智能各应用领域中被广泛地使用。早期的人工智能程序与搜索技术联系紧密，几乎所有早期程序都基于搜索技术构建。

    如今，搜索技术已广泛渗透到各种人工智能系统中，可以说没有哪个人工智能系统不涉及搜索方法。在专家系统、自然语言理解、自动程序设计、模式识别、机器人学、信息检索和博弈等领域，搜索技术均发挥着关键作用。

4.1 图搜索策略

从本节起，将要研究如何通过网络寻找路径，进而求解问题。首先，探讨图搜索的一般策略，它明确了图搜索过程的一般步骤，并可从中看出无信息搜索和启发式搜索的区别。

图搜索控制策略是一种在图中寻找路径的方法。初始结点和目标结点分别代表初始数据库和满足终止条件的目标数据库。将一个数据库转换为另一数据库的规则序列问题，等价于求得图中的一条路径问题。在图搜索过程中，涉及的数据结构，除了图本身之外，还需要两个辅助的数据结构，即存放已访问但未扩展结点的 OPEN 表，以及存放已扩展结点的 CLOSED 表。搜索的过程实际是从隐式的状态空间图中不断生成显式的搜索图和搜索树，最终找到路径的过程。为实现这一过程，图中每个结点除了包含自身的状态信息外，还需存储诸如父结点是谁、由其父结点是通过什么操作可到达该结点，以及结点位于搜索树的深度、从起始结点到该结点的路径代价等信息。每个结点的数据结构参考如图 4-1 所示，图中一个结点的数据结构包含 5 个域，即 STATE——结点所表示状态的基本信息；PARENT NODE——指针域，指向当前结点的父结点；ACTION——从父结点表示的状态转换为当前结点状态所使用的操作；DEPTH——当前结点在搜索树中的深度；PATH COST——从起始结点到当前结点的路径代价。

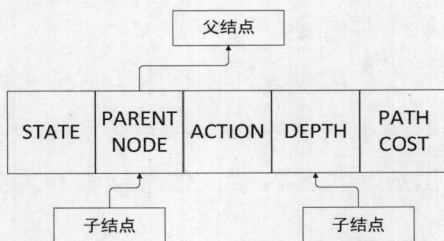

图 4-1　结点数据结构图

图搜索(Graph Search)的一般过程如下：

(1) 建立一个只含有起始结点 S 的搜索图 G，把 S 放到一个 OPEN 表中。

(2) 初始化 CLOSED 表为空表。

(3) LOOP：若 OPEN 表是空表，则失败退出。

(4) 选择 OPEN 表上的第一个结点，把它从 OPEN 表移出并放进 CLOSED 表中，称此结点为 n。

(5) 若 n 为一目标结点，则有解并成功退出，此解是搜索图 G 中沿着指针从 n 到 S 这条路径而得到的(指针将在第(7)步中设置)。

(6) 扩展结点 n，生成后继结点集合 M。

(7) 对那些未曾在搜索图 G 中出现过的(既未曾在 OPEN 表上，也未在 CLOSED 表上出现过的)M 成员设置其父结点指针指向 n 并加入 OPEN 表。对已经在 OPEN 或 CLOSED 表中出现过的每一个 M 成员，确定是否需要将其原来的父结点更改为 n。对已在 CLOSED

表上的每个 M 成员，若修改了其父结点，则将该结点从 CLOSED 表中移出，并重新加入 OPEN 表中。

(8)　按某一任意方式或按某个试探值，重排 OPEN 表。

(9)　返回第(3)步，继续执行 LOOP 循环。

以上搜索过程可用图 4-2 的图搜索过程框图来表示。

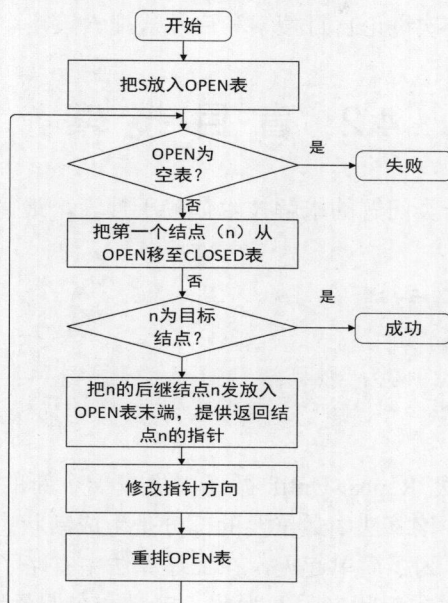

图 4-2　图搜索过程框图

这个过程一般包括各种各样的具体的图搜索算法。此过程生成一个显式的图 G(搜索图)和 G 的一个子集 T(搜索树)，树 T 上的每个结点也在图 G 中。搜索树是由第(7)步中设置的指针来确定的。由于在搜索过程中每次都会根据需要来确定是否修改当前结点指向其父结点的指针，所以已经被扩展出来的 G 中的每个结点(除 S 外)都有且仅有唯一一个父结点，即形成了一棵树，也就是搜索树 T。由于在树结构中，任意两点间只存在唯一一条路径，所以可以从 T 中找到到达任意结点的唯一路径。搜索过程中使用的 OPEN 表存储的都是当前搜索树的叶子结点，因此也被称为前沿表(Fronge 表)。较确切地说，在过程的第(3)步，OPEN 表中的结点都是搜索树上未被扩展的那些结点；在 CLOSED 表中的结点，或者是几个已被扩展但是在搜索树中没有生成后继结点的叶子结点，或者是搜索树的非叶子结点。

过程的第(8)步对 OPEN 表中的结点进行排序，以便能够从中选出一个"最好"的结点作为第(4)步扩展使用。这种排序可以是任意的(即盲目的，属于盲目搜索)，也可以用以后要讨论的各种启发思想或其他准则为依据(属于启发式搜索)。每当被选作扩展的结点为目标结点时，这一过程就宣告成功结束。这时，可以通过从目标结点，沿父结点指针回溯至起始结点的方式，重建这条成功的路径。当搜索树不再有未被扩展的叶子结点时，过程就以失败告终(某些结点最终可能没有后继结点，所以 OPEN 表可能最后变成空表)。在失败终止的情况下，从起始结点出发，一定达不到目标结点。

图搜索算法同时生成一个结点的所有后继结点。为了说明图搜索过程的某些通用性质，将继续使用同时生成所有后继结点的算法，而不采用修正算法。在修正算法中，一次只生成一个后继结点。

从图搜索过程可以看出，是否重新安排 OPEN 表，即是否按照某个试探值(或准则、启发信息等)重新对未扩展结点进行排序，将决定该图搜索过程是无信息搜索还是启发式搜索。本章后续各节，将依次讨论盲目搜索和启发式搜索策略。

4.2 盲 目 搜 索

在人工智能中有很大一类问题的求解技术依赖于搜索，最简单的是使用生成和测试算法。其过程如下：

```
Procedure Generate & Test
    Begin
        Repeat
        生成一个新的状态，称为当前状态；
        Until    当前状态=目标；
    End
```

显然，上述算法在每次 Repeat-Until 循环中生成一个新的状态，只有当新的状态等于目标状态的时候才退出。该算法中最重要的部分是生成新状态。如果生成的新状态不可使用，则该算法应该终止，为了简单起见，在上述算法中省略了这一部分。

对于给定问题，如何生成新状态呢？为此，定义一个四元组来表示状态空间：

```
{ nodes, arc, goal, current }
```

其中：nodes 表示当前搜索空间中现有状态的集合；
    arc 表示可应用于当前状态的操作符，把当前状态转换为另一个状态；
    goal 表示需要到达的状态，是 nodes 中的一个状态；
    current 表示现在生成的用于和目标状态进行比较的状态。
下面首先讨论两种典型的用于搜索的状态生成方法：宽度优先搜索和深度优先搜索。

4.2.1 宽度优先搜索

宽度优先搜索算法是沿着树的宽度遍历树的结点，从深度为 0 的层开始，直到最深的层次。该算法可以很容易地用队列实现。例如，考虑图 4-3 所示的树，这里结点的遍历顺序是按照结点中数字从大到小的顺序遍历。

采用队列结构，宽度优先算法可以表示如下：

```
Procedure Breadth-first-search
    Begin
        把初始结点放入队列；
    Repeat
        取得队列最前面的元素为 current；
    lf current=goal
        成功返回并结束；
```

高等院校计算机教育系列教材

```
    Else do
        Begin
            如果 current 有子结点，则 current 的子结点以任意次序添加到队列的尾部；
        End
    Until 队列为空
End
```

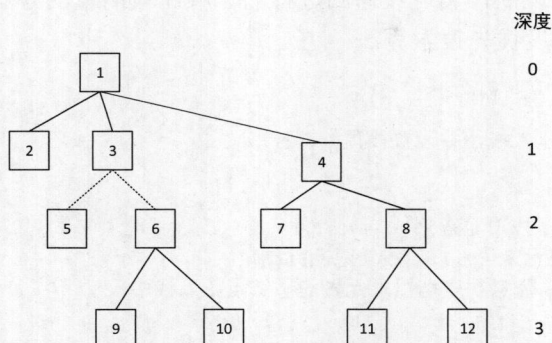

图 4-3　宽度优先算法对深度为 3 的树的遍历顺序

　　上述宽度优先搜索算法依赖于简单的原理：如果当前的结点不是目标结点，则把当前结点的子结点以任意顺序增加到队列的后面，并把队列的前端元素定义为 current。如果检测到目标结点，则算法终止。

　　宽度优先搜索是一种盲目搜索，时间和空间复杂度都比较高，当目标结点距离初始结点较远时会产生许多无用的结点，搜索效率低。从表 4-1 可以看出，宽度优先搜索中，时间需求是一个很大的问题，尤其是当搜索的深度比较大时，问题尤为严重，但是空间需求是比执行时间更严重的问题。

表 4-1　宽度优先搜索的时间和空间需求情况

深　度	结 点 数	时　间	空　间
0	1	1μs	100B
2	111	1s	11KB
4	11111	11s	1MB
6	106	18min	111MB
8	108	31h	11GB
10	1010	128d	1TB
12	1012	35y	111TB
14	1014	3500y	11111TB

　　宽度优先搜索也有其优点：目标结点如果存在，用宽度优先搜索算法总可以找到该目标结点，而且是最小(即最短路径)的结点。

4.2.2　深度优先搜索

　　深度优先搜索沿着树的最大深度方向来扩展结点，并将生成结点与目标结点进行比较，只有当上次访问的结点不是目标结点，而且没有其他结点可以生成时，才转到上次访问的父结点。转移到父结点后，该算法会搜索父结点的其他子结点。因此，深度优先搜索也称为回溯搜索。该算法总是首先扩展树的最深层次上的某个结点，只有当搜索遇到一个"死亡结点"(非目标结点而且不可扩展)，才会返回并扩展浅层次的结点。上述原理对树中的每一结点是递归实现的，实现该递归过程的一种比较简单的方法是采用栈。下面的方法就是基于栈实现的深度优先搜索算法：

```
Procedure Depth-first-search
    Begin
        把初始结点压入栈，并设置栈顶指针；
        While 栈不空 do
            Begin
                弹出栈顶元素；
            If 栈顶元素=goal，成功返回并结束；
            Else 以任意次序把栈顶元素的子结点压入栈中；
        End While
    End
```

在上述算法中，初始结点放到栈中，栈指针指向栈最上边的元素。为了对该结点进行检测，需要从栈中弹出该结点，如果是目标结点，则该算法结束，否则把其子结点以任意顺序压入栈中。该过程直到栈变空为止。图 4-4 所示是采用深度优先搜索方法遍历一棵树的过程。

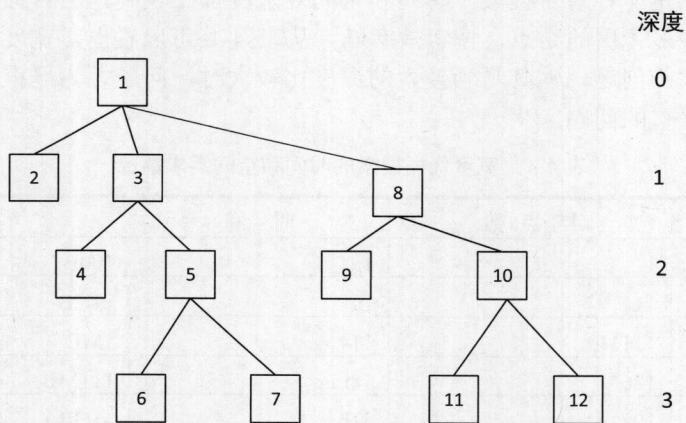

图 4-4　深度优先搜索对深度为 3 的树的遍历顺序

深度优先搜索的优点是比宽度优先搜索的空间需求少，该算法只需要保存搜索树的一部分，这部分由当前正在搜索的路径和该路径上尚未扩展的结点组成。因此，深度优先搜索的存储器要求具有深度约束的线性函数。但是其主要问题是它有可能搜索到了错误的路径上。很多问题可能具有很深甚至是无限的搜索树，如果不幸选择了一个错误的路径，则深度优先搜索会一直搜索下去，而不会回到正确的路径上，对于这些问题，深度优先搜索要么陷入无限循环而不能给出一个答案，要么最后找到一个答案，但路径很长而且不是最优的答案。因此，深度优先搜索既不是完备的，也不是最优的。

4.2.3　迭代加深搜索

对于深度 d 较大的情况，深度优先搜索需要很长的运行时间，而且可能得不到解答。一种较好的问题求解方法是对搜索树的深度进行控制，即有界深度优先搜索方法。有界深度优先搜索总体上按深度优先算法进行，但对搜索深度给出一个深度限制 d_m，当深度达到 d_m 时，如果还没有找到解，则停止对该分支的搜索，转而搜索另外一个分支。

对于有界深度搜索策略，有以下几点需要说明。

(1)　在有界深度搜索算法中，深度限制 d_m 是一个非常重要的参数。当问题有解，且解的路径长度小于或等于 d_m 时，则搜索过程一定能够找到解，但是和深度优先搜索一样并不能保证最先找到的是最优解，即有界深度搜索是完备的但不是最优的。当 d_m 取得太小，解的路径长度大于 d_m 时，则搜索过程中就找不到解，即搜索过程是不完备的。

(2)　深度限制 d_m 不能太大。当 d_m 过大时，搜索过程会产生大量无用结点，既浪费计算机资源，又降低搜索效率。

(3)　有界深度搜索的主要问题是深度限制值 d_m 的选取，该值被称为状态空间的直径。如果该值设置得比较合适，则会得到有效的有界深度搜索。但面对很多问题时，并不知道该值到底为多少，直到该问题求解完成了，才可以确定出深度限制 d_m。

为了解决上述问题，可采用如下的改进方法：先任意给定一个较小的数作为 d_m，然后按有界深度搜索算法，若在此深度限制内找到了解，则算法结束；如在此限制内没有找到问题的解，则增大深度限制 d_m，继续搜索。这就是迭代加深搜索的基本思想。

迭代加深搜索是一种回避选择最优深度限制问题的策略，试图尝试所有可能的深度限制：首先深度为 0，然后深度为 1，再然后为 2，……，一直进行下去。如果初始深度为 0，则该算法只生成根结点，并检测它。如果根结点不是目标结点，则深度加 1，通过典型的深度优先算法，生成深度为 1 的树。当深度限制为 m 时，树的深度也是 m。

迭代加深搜索看起来会很浪费，因为很多结点都可能扩展多次。然而对很多问题来说，这种多次扩展的负担实际上很小，可以想象，如果一棵树的分支系数很大，几乎所有的结点都在最底层，那么上面各层结点扩展多次，对整个系统来说，影响并不会很大。

迭代加深搜索算法可以描述如下：

```
Procedure Iterative-deeping
    Begin
        设置当前深度限制=1；
        把初始结点压入栈，并设置栈顶指针；
        While 栈不空并且深度在给定的深度限制之内 do
        Begin
            弹出栈顶元素；
            If 栈顶元素=goal，返回并结束；
            Else 以任意的顺序把栈顶元素的子结点压入栈中；
        End
        End While
        深度限制加 1，并返回 2；
End
```

宽度优先搜索、深度优先搜索和迭代加深搜索都可以用于生成和测试算法。然而，宽度优先搜索需要指数级的空间，深度优先搜索的空间复杂度和最大搜索深度呈线性关系。迭代加深搜索对一棵具有深度限制的搜索树采用深度优先的搜索，结合了宽度优先和深度优先搜索的优点。表 4-2 给出了宽度优先搜索、深度优先搜索、有界深度搜索和迭代加深搜索的简单比较。

表 4-2 搜索最优策略的比较

标　　准	宽度优先	深度优先	有界深度	迭代加深
时间	b^d	b^m	b^l	b^d
空间	b^d	b^m	b^l	b^d
最优	是	否	否	是
完备	否	否	如果 $l>d$，是	是

注：b 是分支系数，d 是解答的深度，m 是搜索树的最大深度，l 是深度限制。

4.3　启发式搜索

穷举搜索方法具有一定的局限性，仅适用于不太复杂的任务。对于 NP 完全问题(Non-determlnstic polynomial complete problems)，采用穷举搜索时会在过程中扩展大量结点，这与传统算法类似，难以避免组合爆炸问题的困扰。

启发式搜索方法的基本思想是在搜索路径的控制信息中融入关于被解问题的某些特征，用于指导搜索向最有希望到达目标结点的方向前进。它与穷举搜索不同，一般只要知道问题的部分状态空间就可以求解该问题，搜索效率较高。

启发式搜索通常用于两种不同类型的问题：前向推理和反向推理。前向推理一般用于状态空间搜索。在前向推理中，推理是从预先定义的初始状态出发，向目标状态方向执行，反向推理一般用于问题规约中。在反向推理中，推理是从给定的目标状态向初始状态回溯。在前一类使用启发式函数的搜索算法中，包括通常所说的 OR 图算法或者最好优先算法，以及根据启发式函数的差异而产生的其他一些算法，如 A*算法等。另一方面，启发式反向推理算法通常被称为 AND-OR 图搜索算法，AO*算法就是其中的一种。

4.3.1　启发性信息和评估函数

在搜索过程中，关键一步就是如何选择下一个要考察的结点，选择方法不同，就形成了不同的搜索策略。如果在选择结点时能充分利用与问题有关的特征信息，估计出结点的重要性，就能在搜索时选择重要性较高的结点，以便求得最优解。这个过程被称为启发式搜索。

用于评估结点重要性的函数称为评估函数。评估函数 $f(x)$ 定义为从初始结点 S_0 出发，经过结点 x 到达目标结点 S_g 的所有路径中最小路径代价的估计值，其一般形式为：

$$f(x)=g(x)+h(x)$$

其中，$g(x)$ 表示从初始结点 S_0 到结点 x 的实际代价；$h(x)$ 表示从 x 到目标结点 S_g 的最优路径的评估代价，它体现了问题的启发式信息，其形式要根据问题的特性确定，$h(x)$称为启发式函数。因此，启发式方法把问题状态的描述转换为对问题解决程度的描述，这一程度用评估函数的值来表示。

例如对八数码问题，如图 4-5 所示，评估函数可以表示为：

$$f(x)=d(x)+w(x)$$

其中，$d(x)$表示结点 x 在搜索树中的深度，$w(x)$表示结点 x 中不在目标状态中相应位置的数码个数，$w(x)$就包含了问题的启发式信息。一般来说某结点的 $w(x)$越大，即"不在目标位"的数码个数越多，说明它离目标结点越远。

2	8	3
1	6	4
7		5

$S_g =$

1	2	3
8		4
7	6	5

$S_g =$

图 4-5　八数码问题

对初始结点 S_0，由于 $d(S_0)=0$，$w(S_0)=5$，因此 $f(S_0)=5$。

这里只是说明了评估函数的含义及如何选择评估函数和计算评估函数值。在搜索过程中，除了需要计算初始结点的评估函数外，还需要计算新生结点的评估函数。

4.3.2　有序搜索

有序搜索(ordered search)又称为最佳优先搜索(best-first search)，它总是选择最有希望的结点作为下一个要扩展的结点。

尼尔逊(Nilsson)曾提出一个有序搜索的基本算法，该算法可以看成是启发式图搜索算法的一般策略。评估函数 f 是这样确定的：一个结点的希望程度越大，其 f 值就越小。被选为扩展的结点，是评估函数最小的结点。

有序状态空间搜索算法如下：

(1)　把起始结点 S 放到 OPEN 表中，计算 $f(S)$并将其值与结点 S 联系起来。

(2)　LOOP：如果 OPEN 是个空表，则失败退出，无解。

(3)　从 OPEN 表中选择一个 f 值最小的结点 i。如果有几个结点合格，当其中有一个为目标结点时，则选择此目标结点，否则就选择其中任一个结点作为结点 i。

(4)　把结点 i 从 OPEN 表中移出，并把它放入扩展结点 CLOSED 表中。

(5)　如果 i 是一个目标结点，则成功退出，求得一个解。

(6)　扩展结点 i，生成其全部后继结点。对于 i 的每一个后继结点 j：

(a)　计算 $f(j)$。

(b)　如果 j 既不在 OPEN 表中，又不在 CLOSED 表中，则用评估函数 f 把它添入 OPEN 表。从 j 添加一个指向其父结点 i 的指针，以便一旦找到目标结点时记住一个解答路径。

(c) 如果 j 已在 OPEN 表或 CLOSED 表中，则比较刚刚对 j 计算过的 f 值和前面计算过的该结点在表中的 f 值。如果新的 f 值较小，则

(i) 以此新值取代旧值。

(ii) 将 j 的父指针重新指向 i，而不是指向它的父结点。

(iii) 如果结点 j 在 CLOSED 表中，则把它移回 OPEN 表。

(7) 跳转到第(2)步继续执行。

步骤(6.c)是一般搜索图所必需的，该图中可能有一个以上的父结点。具有最小评估函数值 $f(j)$ 的结点被选为父结点。但是，对于树搜索来说，它最多只有一个父结点，所以步骤(6.c)可以略去。值得指出的是，即使搜索空间是一般的搜索图，其显式子搜索图总是一棵树，因为结点 j 从来没有同时记录过一个以上的父结点。

有序搜索算法框图，如图 4-6 所示。

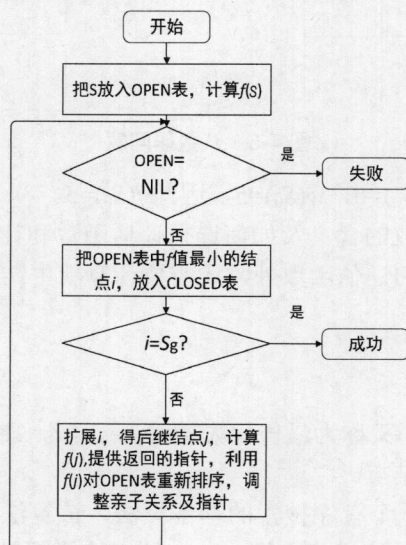

图 4-6　有序搜索算法框图

宽度优先搜索、等代价搜索和深度优先搜索都是有序搜索的特例。对于宽度优先搜索，选择 $f(i)$ 作为结点 i 的深度。对于等代价搜索，$f(i)$ 是从起始结点至结点 i 这段路径的代价。

当然，与盲目搜索算法比较，有序搜索的目的在于减少被扩展的结点数。有序搜索的效率取决于评估函数的设计，它能有效区分有希望的结点和没有希望的结点。不过，如果这种辨别不准确，那么有序搜索就可能失去一个最好的解甚至全部的解。如果没有有效的启发信息，那么评估函数的选择就需要在两个方面做出权衡：一是时间和空间效率之间的平衡；另一方面是保证有一个最优解或任意可行解。

结点的启发信息以及某个具体评估函数的合适程度取决于当前问题的具体情况。根据所要求的解答类型，可以把问题分为下列 3 种情况：

- 第一种情况假设该状态空间含有几条不同代价的解答路径，其问题是要求得最优(即最小代价)解答。这种情况的代表性的例子为 A^* 算法。

- 第二种情况与第一种情况相似，但有一个附加条件：此类问题是比较难的，如果按第一种情况加以处理，则搜索过程很可能在找到解答之前就超过了时间和空间限制。在这种情况下，关键问题是：①如何通过适当的搜索找到好的(但不是最优的)解答；②如何限制搜索的范围和所产生的解答与最优解答的差异程度。
- 第三种情况是不考虑解答的最优化；或者只存在一个解，或者任何一个解与其他的解一样好。这时，问题是如何使搜索的次数最少，而不像第二种情况那样试图使某些搜索和解答代价的综合指标最小。

下面再次用八数码难题的例子来说明有序搜索是如何应用评估函数排列结点的。采用了简单的评估函数

$$f(n) = d(n) + W(n)$$

其中，$d(n)$是搜索树中结点 n 的深度，这个深度实际就等同于从初始结点到结点 n 所需要进行的操作次数；$W(n)$用来计算结点 n 相对于目标棋局错放的棋子个数，一般来说，错放的棋子数量越少越接近于目标状态，因此这个值相当于描述了当前结点 n 与目标结点之间的距离。在这种评估函数定义下，起始结点棋局的 f 值等于0+3=3。

```
2   8   3
1       4
7   6   5
```

图 4-7 表示出利用这个评估函数把有序搜索应用于八数码难题的结果。图中圆圈内的数字表示该结点的 f 值，不带圈的数字表示结点扩展的顺序。从图 4-7 中可见，这里所求得的解答路径和用其他搜索方法找到的解答路径相同。不过，评估函数的应用显著地减少了被扩展的结点数。如果只用评估函数 $f(n)=d(n)$，那么就可以得到宽度优先搜索过程。

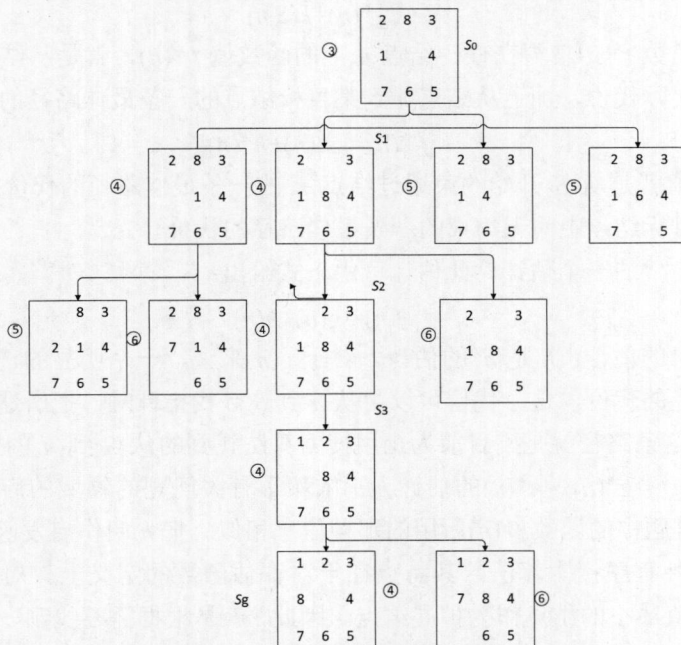

图 4-7　八数码难题的有序搜索树

正确地选择评估函数对确定搜索结果具有决定性作用。使用不能识别某些结点真实希望的评估函数会形成非最小代价路径；而使用一个过多估计了全部结点希望的评估函数(就像宽度优先搜索方法得到的评估函数一样)又会扩展过多的结点。实际上，不同的评估函数定义会直接导致搜索算法具有完全不同的性能。

4.3.3   A*算法

假设评估函数 f 在任意结点上的函数值 $f(n)$，能估算出从结点 S 到结点 n 的最小代价路径的代价，与从结点 n 到某一目标结点的最小代价路径的代价的总和，也就是说，$f(n)$ 是约束通过结点 n 的一条最小代价路径的代价的一个估计。因此，OPEN 表上具有最小 f 值的那个结点，是估计中受约束最少的结点，则下一步要扩展这个结点是合适的。

在正式讨论 A*算法之前，先介绍几个有用的记号。用 $k(n_i, n_j)$ 表示任意两个结点 n_i 和 n_j 之间最小代价路径的实际代价(对于两结点间没有通路的结点，函数 k 没有定义)。于是，从结点 n 到某个具体的目标结点 t_i，某一条最小代价路径的代价可由 $k(n, t_i)$ 给出。用 $h*(n)$ 表示整个目标结点集合 $\{t_i\}$ 上所有 $k(n, t_i)$ 中最小的一个，因此，$h*(n)$ 就是从 n 到目标结点最小代价路径的代价，而且从 n 到目标结点的代价为 $h*(n)$ 的任一路径就是一条从 n 到某个目标结点的最佳路径(对于任何不能到达目标结点的结点 n，函数 $h*$ 没有定义)。

通常感兴趣的是想知道，从已知起始结点 S 到任意结点 n 的一条最佳路径的代价 $k(S, n)$。为此，引入一个新函数 $g*$，以简化记号表示。对所有从 S 开始可到达 n 的路径来说，函数 $g*$ 定义为

$$g*(n)=k(S,n)$$

其次，定义函数 $f*$，使得在任一结点 n 上的函数值 $f*(n)$，就是从结点 S 到结点 n 的一条最佳路径的实际代价，加上从结点 n 到某目标结点的一条最佳路径的代价之和，即

$$f*(n)= g*(n)+h*(n)$$

因而，$f*(n)$ 值就是从 S 开始约束通过结点 n 的一条最佳路径的代价，而 $f*(S)=h*(S)$ 则是从 S 到某个目标结点中间无约束的一条最佳路径的代价。

评估函数 f 是 $f*$ 的一个估计，此估计可由下式给出：

$$f(n)= g(n)+h(n)$$

其中：g 是 $g*$ 的估计；h 是 $h*$ 的估计。对于 $g(n)$ 来说，一个明显的选择就是搜索树中从 S 到 n 这段路径的代价，这一代价可以由从 n 到 S 寻找指针时，把所遇到的各段弧线的代价加起来计算(这条路径就是到目前为止用搜索算法找到的从 S 到 n 的最小代价路径)。这个定义包含 $g(n) \geqslant g*(n)$。$h*(n)$ 的估计 $h(n)$ 依赖于有关问题的领域的启发信息。这种信息可能与八数码难题中的函数 $W(n)$ 所用的那种信息相似。把 h 叫作启发函数。

A*算法是一种有序搜索算法，其特点在于对评估函数的定义上。对于一般的有序搜索，总是选择 f 值最小的结点作为扩展结点。因此，f 是根据需要找到一条最小代价路径的观点来估算结点的。可考虑每个结点 n 的评估函数值为两个分量：从起始结点到结点 n

的代价，以及从结点 n 到达目标结点的代价。

在讨论 A*算法前，先作出下列定义：

定义 3.1　在图搜索过程中，如果第(8)步的重排 OPEN 表是依据 $f(z)=g(z)+h(z)$ 进行的，则称该过程为 A 算法。

定义 3.2　在 A 算法中，如果对所有的 x 存在 $h(x) \leqslant h^*(x)$，则称 $h(x)$ 为 $h^*(x)$ 的下界，它表示某种偏于保守的估计。

定义 3.3　采用 $h^*(x)$ 的下界 $h(x)$ 为启发函数的 A 算法，称为 A*算法。当 $h=0$ 时，A* 算法就变为等代价搜索算法。

A*算法的一般过程如下：

(1) 把 S 放入 OPEN 表，记 $f=h$，令 CLOSED 表为空。

(2) LOOP：若 OPEN 为空表，则宣告失败。

(3) 选取 OPEN 表中未设置过的具有最小 f 值的结点为最佳结点 BES，并把它移入 CLOSED 表。

(4) 若 BES 为一目标结点，则成功求得一解。

(5) 若 BES 不是目标结点，则继续扩展，产生后继结点 SUC。

(6) 对每个 SUC，进行下列过程：

(a) 建立从 SUC 返回 BES 的指针。

(b) 计算 $f(SUC)=g(BES)+g(BES,SUC)$。

(c) 如果 SUC 存在于 OPEN 表中，则称此结点为 OLD，并把它添加至 BES 的后继结点表中。

(d) 比较新旧路径代价。如果 $g(SUC) < g(OLD)$，则重新确定 OLD 的父结点为 BESTNODE，记下较小代价 $g(OLD)$，并修正 $f(OLD)$ 值。

(e) 若至 OLD 结点的代价较低或一样，则停止扩展结点。

(f) 若 SUC 不在 OPEN 表中，则看其是否在 CLOSED 表中。

(g) 若 SUC 在 CLOSED 表中，比较新旧路径代价。如果 $g(SUC) < g(OLD)$，则重新确定 OLD 的父结点为 BES，记下较小代价 $g(OLD)$，修正 $f(OLD)$ 值，并使 OLD 从 CLOSED 表中移出，移入 OPEN 表。

(h) 若 SUC 既不在 OPEN 表中，又不在 CLOSED 表中，则把它放入 OPEN 表中，并添入 BES 后继结点表，然后转向(7)。

(7) 计算 f 值。

(8) 跳转到第(2)步继续执行。

A*算法参考框图，如图 4-8 所示。

前面已经提到，A*算法中评估函数的定义非常重要，尤其是其中的启发函数 $h(n)$，由于启发信息在算法中通过 $h(n)$ 体现，如果在评估函数的定义中恰好令 $h(n)=h^*(n)$，则可以看到搜索树将只扩展出最佳路径，也就是最理想的情况，但一般情况下必须满足 $h(n)$ 不超过 $h^*(n)$ 算法才能保证找到最优解，$h(n)$ 的这种特性称为可纳性，即 $h(n)$ 的定义必须满足可纳性才能保证算法的最优性。对于同一个问题，如果有两种不同的启发函数定义均能满足可纳性，且对于所有结点来说，都有 $h_1(x) \leqslant h_2(x)$，则称 h_2 比 h_1 占优，采用 h_2 的算法将比采用 h_1 的算法更加高效。例如，用有序搜索求解八数码问题的例子中，放错的棋子数 $W(n)$ 相当于启发函数 $h(n)$，显然该定义可满足可纳性要求。在上述问题中，若将 $h(n)$ 定义为所有棋子距离目标位置的曼哈顿距离(与目标位置的水平距离和垂直距离之和)，则该定义会比放错的棋子数占优，在这种评估函数定义下，起始结点棋局

$$\begin{array}{ccc} 2 & 8 & 3 \\ 1 & & 4 \\ 7 & 6 & 5 \end{array}$$

的 h 值等于 1+1+2=4，显然该定义也能满足可纳性要求。利用该函数来计算 f 值，搜索效率更高。读者可以试着画出搜索树，比较两种不同评估函数对算法的影响。

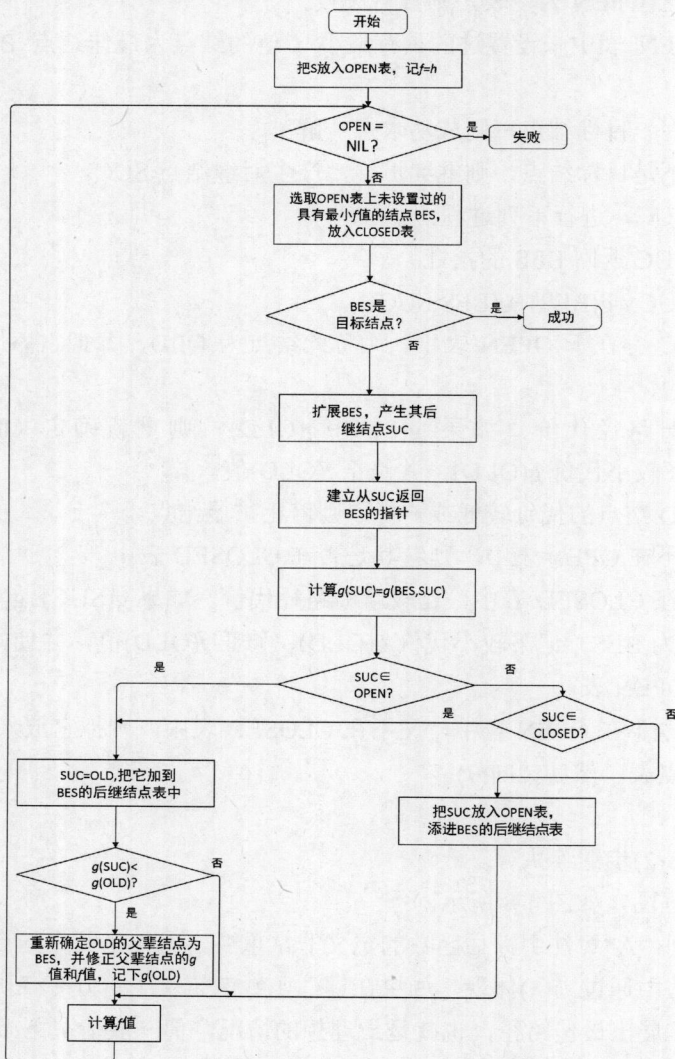

图 4-8　A*算法参考框图

4.3.4   AO*算法

为了在 AND-OR 图中找到解，需要一个类似于 A*的算法，尼尔逊(Nilsson)把它称为 AO*算法，该算法和 A*算法的主要区别如下。

区别 1   AO*算法要能处理 AND 图，它应找出一条路径，即从该图的开始结点出发到达代表解状态的一组结点。

为了弄清楚为什么 A*算法不足以搜索 AND-OR 图，可以考察如图 4-9(a)所示的 AND-OR 图。扩展顶点 A 产生两个子结点集合，一个为结点 B，另一个由结点 C、D 组成。在每个结点旁边的数字表示该结点 f 值。为简单起见，假定每一操作的代价是一致的，设带一个后继结点的代价为 1。若查看结点并从中挑选一个带最低 f 值的结点扩展，则要挑选 C。但根据现有信息，最好开发穿过 B 的那条路径，因扩展 C 也得扩展 D，其总代价为 9，即(D+C+2)；而穿过 B 的代价为 6。问题在于下一步要扩展结点的选择不仅依赖于那一结点的 f 值，而且取决于那一结点是否属于从初始结点出发的当前最短路径的一部分。对此，如图 4-9(b)所示的 AND-OR 图更加清楚。按 A*算法，最有希望的结点是 G，其 f 值为 3。G 结点是 C 的后继结点，C 也是 B、C、D 中最有希望的结点，其总代价为 9。但 C 不是当前最短路径的一部分，因为使用 C 需用 D，而 D 的代价为 27。因此不应该扩展 G，而应考虑 E 和 F。

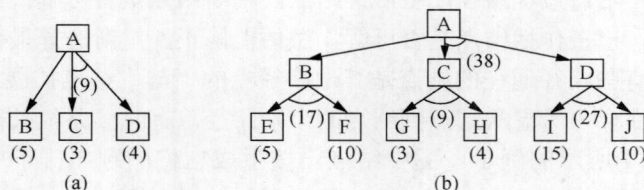

图 4-9   AND-OR 图

由此可见，在扩展搜索一个 AND-OR 图时，每步需做如下 3 件事。

(1) 遍历图，从初始结点开始，沿着当前最短路径，积累在此路径上但未扩展的结点集。

(2) 从这些未扩展结点中选择一个并扩展之。将其后继结点加入图中，计算每一后继结点的 f 值(只需计算 h，不管 g)。

(3) 改变最新扩展结点的 f 估值，以反映由其后继结点提供的新信息。将这种改变往后回传至整个图。在往后回走时，每到一结点就判断其后继路径中哪一条最有希望，并将它标记为目前最短路径的一部分。这样可能会引起目前最短路径的变动。这种图的往后回走、传播、修正代价估计的工作在 A*算法中是不必要的，因为只需考察未扩展的结点。但现在必须考察已扩展的结点以便挑选目前最短路径。因此，其值是目前的最佳估计。

下面通过图 4-10 所示的搜索过程来说明。

第一步：A 是唯一结点，因此它在目前最短路径的末端。

第二步：扩展 A 后得结点 B、C 和 D，因为 B 和 C 的代价为 9，到 D 的代价为 6，所以把到 D 的路径标志为出自 A 的最有希望的路径(被标志的路径在图中用箭头指出)。

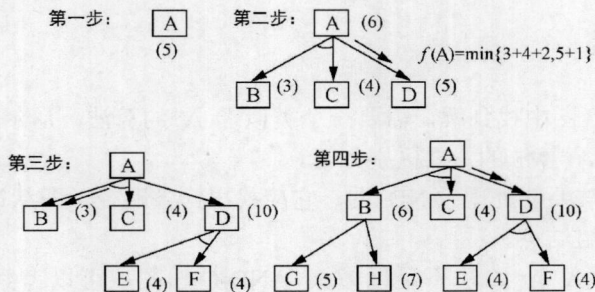

图 4-10　一个 AND-OR 图的搜索过程

第三步：选择 D 扩展，从而得到 E 和 F 的与弧，其复合代价估计为 10，故将 D 的 f 值修改为 10。往回退一层发现，A 到 B、C 与结点集的代价为 9，所以，从 A 到 B、C 是当前最有希望的路径。

第四步：扩展 B 结点，得结点 G、H，且它们的代价分别为 5、7。往回传递 f 值后，B 的 f 值改为 6(因为 G 的弧为最佳)。回传上一层后，A 到 B、C 与结点集的代价改为 12，即(6+4+2)。此后，D 的路径再次成为更好的路径，所以将它作为目前的最短路径。

最后，求得的代价为：$f(A) = \min \{12,4+4+2+1\}=11$

从以上分析可以看出，AND-OR 图搜索由两个过程组成。

(1) 自顶向下，沿着最优路径产生后继结点，判断结点是否可解；

(2) 自底向上，检查传播结点是否可解，做估值修正，重新选择最优路径。

区别 2　如果有些路径通往的结点是其他路径上的"与"结点扩展出来的结点，那么不能像"或"结点那样只考虑从结点到结点的个别路径，有时候路径长一些可能会更好。

考虑如图 4-11(a)所示的例子。图中结点已按生成它们的顺序排了序号。现假定下步要扩展结点 10，其后继结点之一为结点 5，扩展后的结果如图 4-11(b)所示。

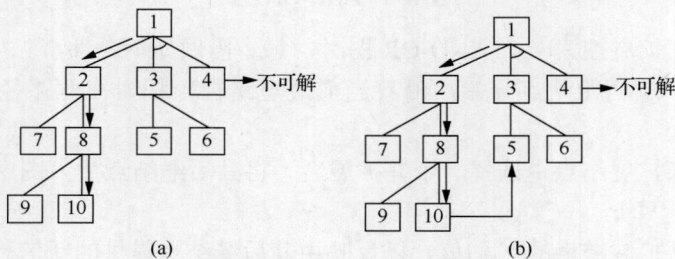

图 4-11　长路径和短路径

到结点 5 的新路径比通过 3 到 5 的先前路径长。但因为要穿过 3 的路径通向解，还必须要走 4，而 4 不可能通向解，所以穿过 10 的路径更好一些。是因为存储一条回路路径没有必要，这样的路径代表了一条循环推理链。例如，在证明数学定理时会出现这样的问题，可显示：能证 Y 就能证 X；再显示：能证 X 就能证 Y，如图 4-12 所示。

图 4-12　循环推理

　　但这样的循环路径不可能构造出证据。所以，从图中省掉回路路径不会冒漏掉解的危险。虽然在搜索图中没有回路可以简化搜索算法的某些部分，但它又把另一部分弄复杂了。当生成一结点并发现它已在图中时，就得检查已在图中的那个结点是不是正扩展结点的祖先。仅当不是祖先时(于是回路不会建立)，才把最近发现的到此结点的路径加到图中。

　　现在可以对 AO*算法进行描述。

　　在 A*算法中用了两张表：OPEN 表和 CLOSED 表。AO*算法只用一个结构 G，表达至今已明显生成的部分搜索图。图中每一结点向下指向其直接后继结点，向上指向其直接前趋结点。同图中每一结点有关的还有 h 值，估计了从该结点至一组解结点那条路径上的代价。

　　AO*算法还需要使用一个称为 FUTILITY 的值。若一解的估计代价变得大于 FUTILITY 的解，则要放弃该搜索。FUTILITY 相当于一个阈值，它的选择应使得大于代价 FUTILITY 的任一解即使能找到也因为昂贵而无法应用。

　　下面给出 AO*算法。

```
Procedure  Ao*
    Begin
    设 G 仅由代表开始状态的结点组成(称此结点为 INIT)，计算(INIT).
        Repeat
```

　　(a)　跟踪从 INIT 开始的已带标记的弧，如果存在的话，挑选出现在此路径上但未扩展的结点之一扩展，称新挑选的结点为 NODE。

　　(b)　生成 NODE 的后继结点。

```
If  NODE 没有后继结点, Then 令 h(NODE)=FUTILITY，该结点不可解;
Else 后继结点称为 SUCCESSOR, 对每个不是 NODE 结点祖先的后继结点 do
    Begin
```

　　(i)　把 SUCCESSOR 添加到图 G 中。

　　(ii)　如果 SUCCESSOR 是一个叶结点，那么将其标记为 SOLVED，并令

```
h(successor)=0。
```

　　(iii)　若 SUCCESSOR 不是叶结点，则计算它的 h 值。

```
End
```

　　(c)　将最新发现的信息向图的上部回传，具体做法为：设 S 为一结点集，S 包括已经做了 SOLVED 标记的结点，以及 h 已经做了改变，需要回传至其祖先结点的那些结点。初始 S 只包含结点 NODE。

　　(d)　重复前面的步骤。

　　(i)　从 S 中挑选一个结点，该结点在 G 中的子结点均不在 S 中出现(换句话说，保证对于每一个正在处理的结点，是在处理其任一祖先之前来处理该结点的)。称此结点为 CURRENT 并把它从 S 中去掉。

　　(ii)　计算始于 CURRENT 的每条弧的代价。每条弧的代价等于在该弧末端每一结点的 h 值之和加上该弧本身的代价。从刚刚计算过的始于 CURRENT 的所有弧的代价中选出极小代价作为 CURRENT 的新 h 值。

　　(iii)　把在上一步计算出来的带极小代价的弧标记作为始于 CURRENT 的最佳路径。

(iv) If 穿过新的带标记弧与 CURRENT 连接的所有结点均标为 SOLVED，那么把 CURRENT 标为 SOLVED。

(v) If CURRENT 已标为 SOLVED，或 CURRENT 的代价已经改变，那么应把其新状态往回传。因此，要把 CURRENT 的所有祖先加到 S 中直到 S 为空；

```
Until INIT 标为 SOLVED(成功)，或 INIT 的 h 值变得大于 FUTILITY(失败)：
End
```

由此可以看出，AO*算法主要由两个循环组成。外循环包括(a)和(b)，自顶向下地进行图的生长操作。外循环根据标记得到最佳的局部解图，挑选一个非叶结点进行标记，并对它的后继结点计算代价及进行扩展。内循环是自底向上的操作(c)和(d)，主要进行修改代价、标记连接符、标记 SOLVED 操作。内循环修改被扩展结点的代价，对该结点发出的连接符进行标记，并修改该结点祖先结点的代价。(d)中的(i)考查的结点 CURRENT 在 G 中的子结点都不在 S 中，以保证修改过程是自底向上的。

下面根据图 4-13 说明 AO*算法。

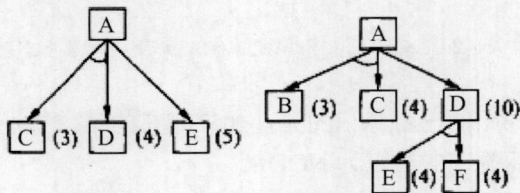

图 4-13　AO*算法代价估计的向上传递

开始的情况下，在(d)(i)步可以得到：S={A}，在(d)(ii)步可以得到：CURRENT=A。

从中可以看出，由于有 A 到 B 和 C 的弧，CURRENT 的费用为：$1+1+h(B)+h(C)=9$，另外有 A 到 D 的弧，CURRENT 的费用为：$1+h(D)=6$，所以 A 的费用为 6；然后，可以得到 NODE=D，所以扩展后得到：SUCCESSOR={E, F}，D 的代价为 10，向上回传，则 A 的代价为 9，所以，最优路径又成了 A 到 B、C 的弧。

对于 AO*算法，需要注意如下几点。

(1) 在(d)至(v)步中，需要将代价已改变的某一结点的所有祖先加入 S 中，然后修改祖先的代价。

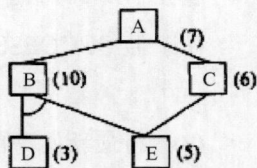

图 4-14　一次无用回传

如图 4-14 所示，从 E 往回传代价时，如果实际上从 A 到 B 这条路径确实不好时，则从 E 到 B 的回传是无用的回传，所以"将已改变的某一结点的所有祖先加入 S 中，然后修改祖先的代价"这一操作的代价太大。但是如果仅沿着已标记的路径回传，则可能找不到最优解，如图 4-15 所示。

由 H→G 回传时，若仅沿着原来的路径上传至 C，不回传至 E，则 E 的值仍为 6，而实际上应为 11。而 B 仍为 13，而实际上应为 18。这样导致 A 将选择 A 到 B 这一路径，实际上这条路径比 A 到 C 这条路径更差。所以仅仅只顺路径往上传递修正，AO*算法可能会漏掉最优解。

(2)　该算法没有考虑子目标之间的相互依赖关系。如图 4-16 所示，从结点 C 看应选 D，但从总体上看应选 B，因为 B 是从 A 到 B、C 弧的一部分，所以 B 结点总是被选择 的，而且只选 B 就足够了。但是按 AO*算法，则要求选择的是 D。

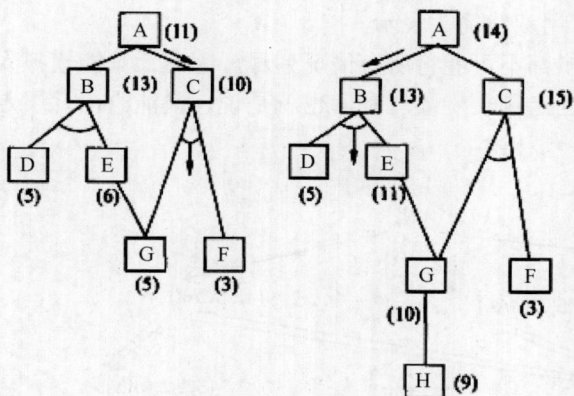

图 4-15　必要的回传

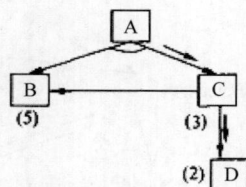

图 4-16　子目标的相互依赖

4.4　博 弈 搜 索

博弈一直被认为是富有挑战性的智力活动，如下棋、打牌、作战、游戏等。博弈的研 究不断为人工智能提出新的课题，可以说博弈是人工智能研究的起源和动力之一。博弈之 所以是人们探索人工智能的一个很好的领域，一方面是因为博弈提供了一个可构造的任务 领域，在这个领域中，具有明确的胜利和失败；另一方面是因为博弈问题对人工智能研究 提出了严峻的挑战。例如，如何表示博弈问题的状态、过程和知识等。

这里讲的博弈是二人博弈，二人零和、全信息、非偶然博弈，博弈双方的利益是完全 对立的。

(1)　对垒的双方 MAX 和 MIN 轮流采取行动，博弈的结果只能有 3 种情况：MAX 胜、MIN 败；MAX 败，MIN 胜；和局。

(2)　在对垒过程中，任何一方都必须了解当前的格局和过去的历史。

(3)　任何一方在采取行动前都要根据当前的实际情况，进行得失分析，选择对自己最 为有利而对对方最不利的对策，不存在"碰运气"的偶然因素，即双方都很理智地决定自 己的行动。

这类博弈如一字棋、象棋、围棋等。

另外一种博弈是机遇性博弈，是指不可预测性的博弈，如掷硬币游戏等。对于机遇性 博弈，由于不具备完备信息，所以在此不做讨论。

先来看一个例子，假设有 7 枚钱币，任一选手只能将已分好的一堆钱币分成两堆个数 不等的钱币，两位选手轮流进行，直到每一堆都只有一个或两个钱币，不能再分为止，哪 个选手遇到不能再分的情况，则为输。

用数字序列加上一个说明表示一个状态，其中数字表示不同堆中钱币的个数，说明表 示下一步由谁来分，如(7，MIN)表示只有一个由 7 枚钱币组成的堆，由 MIN 走，MIN 有

3 种可供选择的分法,即(6,1,MAX)、(5,2,MAX)、(4,3,MAX),其中 MAX 表示另一选手,不论哪一种方法,MAX 在它的基础上再作符合要求的划分,整个过程如图 4-17 所示。在图中已将双方可能的方案完全表示出来了,而且从中可以看出,无论 MIN 开始时选择什么走法,MAX 总可以取胜,取胜的策略用双线箭头表示。

实际的情况没有这么简单,任何一种棋都不可能将所有情况列尽,因此,只能模拟人"向前看几步",然后做出决策,决定自己走哪一步最有利,也就是说,只能给出几层走法,然后按照一定的估算方法,决定走哪一步棋。

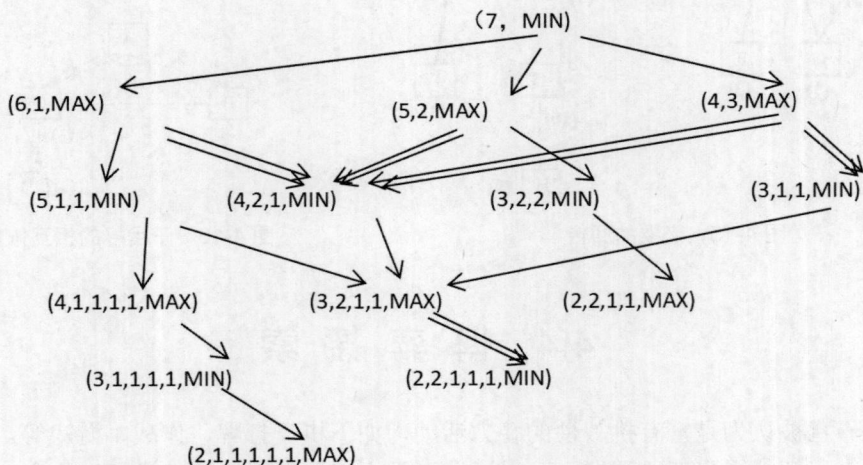

图 4-17 分钱币的博弈

在双人完备信息博弈过程中,双方都希望自己能够获胜。因此当一方走步时,都是选择对自己最有利,而对对方最不利的走法。假设博弈双方为 MAX 和 MIN。在博弈的每一步,可供他们选择的方案都有很多种。从 MAX 的观点看,可供自己选择的方案之间是"或"的关系,原因是主动权在自己手里,选择哪个方案完全由自己决定,而对那些可供 MIN 选择的方案之间是"与"的关系,这是因为主动权在 MIN 手中,任何一个方案都可能被 MIN 选中,MAX 必须防止那种对自己最不利的情况出现。

图 4-17 是把双人博弈过程用图的形式表示出来,这样就可以得到一棵 AND-OR 树,这种 AND-OR 树称为博弈树。在博弈树中,那些下一步该 MAX 走的结点称为 MAX 结点,而下一步该 MIN 走的结点称为 MIN 结点。博弈树具有下列特点。

(1) 博弈的初始状态是初始结点;

(2) 博弈树的"与"结点和"或"结点是逐层交替出现的;

(3) 整个博弈过程始终站在某一方的立场上,能使自己一方获胜的终局都是本原问题,相应的结点也是可解结点,因此,使对方获胜的结点都是不可解结点。

在人工智能中可以采用搜索方法来求解博弈问题,接下来讨论博弈中两种最常用的搜索方法。

4.4.1 极大极小过程

假设由 MAX 选择走一步棋，MAX 如何来选择一步好棋呢？极大极小过程就是一种方法，这种方法的思想是，对格局给出一个评估函数，每一具体格局由评估函数可得一值，值越大对 MAX 越有利，反之，越不利。开始，对给定的格局 MAX 给出可能的走法，然后 MIN 对 MAX 的每一走法，又给出可能的走法，这样进行若干次，得到一组端结点，端结点对应的格局是由 MIN 走后得到的，对每个端结点算出它的评估函数值，然后由底向上逐级计算倒推值，在 MIN 处取估值最小的格局，在 MAX 处取估值最大的格局。一直到 MAX 的开始格局，取估值最大的格局作为 MAX 要走的一步。

图 4-18 表示了向前看两步，共四层的博弈树，用□表示 MAX，用○表示 MIN，端结点上的数字表示它对应的评估函数的值。在 MIN 处用圆弧连接，用 0 表示其子结点取估值最小的格局。

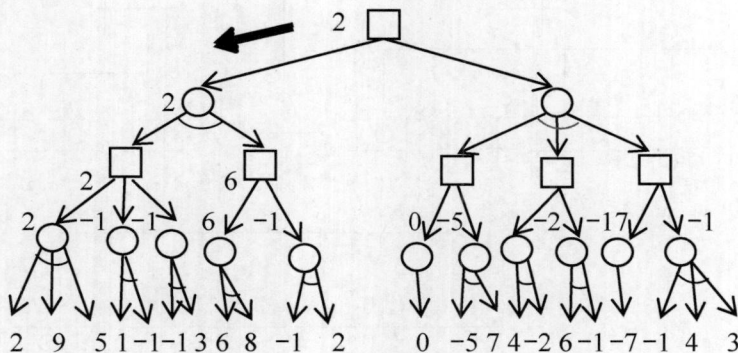

图 4-18   四层博弈树

图中结点处的数字，在端结点是评估函数的值，称它为静态值，在 MIN 处取最小值，在 MAX 处取最大值，最后 MAX 选择箭头方向的走步。

利用一字棋来具体说明极大极小过程，设只进行两层，即每方只走一步(实际上，多看一步将增加大量的计算和存储)。

评估函数 $e(p)$ 的规定如下。

(1) 若格局 p 对任何一方都不是获胜的，则

$e(p)$=(所有空格都放上 MAX 的棋子之后，MAX 的三个棋子所组成的行、列及对角线的总数)-(所有空格都放上 MIN 的棋子之后，MIN 的三个棋子所组成的行、列及对角线的总数)

(2) 若 p 是 MAX 获胜，则

$$e(p) = +\infty$$

(3) 若 p 是 MIN 获胜，则

$$e(p) = -\infty$$

因此，若 p 为

就有 $e(p)$=6-4=2，其中☆表示 MAX 方。

在生成后继结点时，可以利用棋盘的对称性，所以下列格局看成是相同的格局。

图 4-19 给出了 MAX 最初一步走法的搜索树，由于☆放在中间位置有最大的倒推值，故 MAX 第一步就选择它。

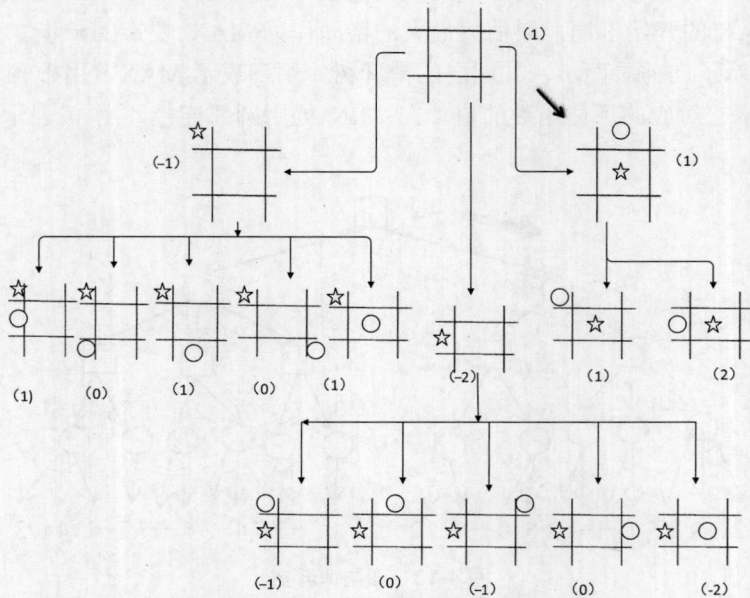

图 4-19   一字棋博弈的极大极小过程

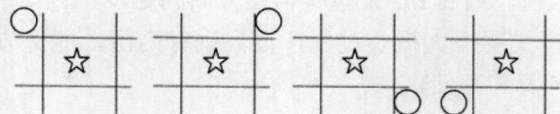

MAX 走了箭头指向的一步，假如 MIN 将棋子走在☆的上方，得到

下面 MAX 就从这个格局出发选择一步，做法与图 4-19 类似，直到某方取胜为止。

4.4.2 α-β过程

前面讨论的极大极小过程先生成一棵博弈搜索树，而且会生成规定深度内的所有结点，然后再进行估值的倒推计算，这样使得生成博弈树和估计值的倒推计算两个过程完全分离，因此搜索效率较低。如果能边生成博弈树，边进行估值的计算，则可能不必生成规定深度内的所有结点，以减少搜索的次数，这就是下面要讨论的 α-β 过程。

α-β 过程就是把生成后继结点和倒推值估计结合起来，及时剪掉一些无用分支，以此来提高算法的效率。

下面仍然用一字棋进行说明，现将图 4-19 左边所示的一部分重画在图 4-20 中。

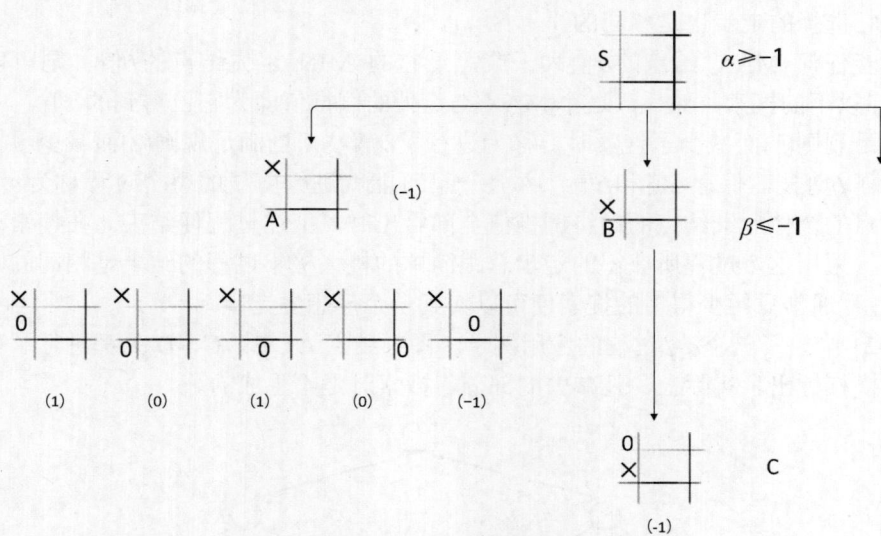

图 4-20 一字棋博弈的 α-β 过程

前面的过程实际上类似于宽度优先搜索，将每层格局均生成，现在用深度优先搜索来处理，例如在结点 A 处，若已生成 5 个子结点，并且 A 处的倒推值等于-1，将此下界叫作 MAX 结点的 α 值，即 $\alpha \geqslant -1$。现在轮到结点 B，产生它的第一后继结点 C，C 的静态值为-1，可知 B 处的倒推值 $\leqslant -1$，此为上界 MIN 结点的 β 值，即 B 处 $\beta \leqslant -1$，这样 B 结点最终的倒推值可能小于-1，但绝不可能大于-1，因此，B 结点的其他后继结点的静态值不必计算，自然不必再生成，反正 B 决不会比 A 好，所以通过倒推值的比较，就可以减少搜索的工作量，在图 4-20 中作为 MIN 结点 B 的 β 值小于等于 B 的前辈 MAX 结点 S 的 α 值，从而 B 的其他后继结点可以不必再生成。

图 4-20 表示了 β 值小于等于父结点的 α 值时的情况，实际上当某个 MIN 结点的 β 值不大于它的祖先 MAX 结点(不一定是父结点)的 α 值时，则 MIN 结点就可以终止向下搜索。

同样，当某个结点的 α 值大于等于它的祖先 MIN 结点的 β 值时，则该 MAX 结点就可以终止向下搜索。

通过上面的讨论可以看出，α-β 过程首先使搜索树的某一部分达到最大深度，这时计算出某些 MAX 结点的 α 值，或者是某些 MIN 结点的 β 值。随着搜索的继续，不断修改个别结点的 α 或 β 值。对任一结点，当其某一后继结点的最终值给定时，就可以确定该结点的 α 值或 β 值。当该结点的其他后继结点的最终值给定时，就可以对该结点的 α 值或 β 值进行修正。

注意 α 值、β 值修改有如下规律：①MAX 结点的 α 值永不下降；②MIN 结点的 β 值永

不增加。

因此，可以利用上述规律进行剪枝，一般可以停止对某个结点搜索，即剪枝的规则表述如下。

(1) 若任何 MIN 结点的β值小于或等于任何它的祖先 MAX 结点的α值，则可停止该 MIN 结点以下的搜索，然后，这个 MIN 结点的最终倒推值即为它已得到的β值。该值与真正的极大极小值的搜索结果的倒推值可能不相同，但是对开始结点而言，倒推值是相同的，使用它选择的走步也是相同的。

(2) 若任何 MAX 结点的α值大于或等于它的 MIN 祖先结点的β值，则可以停止该 MAX 结点以下的搜索，然后，这个 MAX 结点处的倒推值即为它已得到的α值。

当满足规则(1)而减少了搜索时，称为进行了α剪枝；当满足规则(2)而减少了搜索时，称为进行了β剪枝。保存α值和β值，并且一旦可能就进行剪枝的整个过程称为α-β过程，当初始结点的全体后继结点的最终倒推值全部给出时，上述过程便结束。在搜索深度相同的条件下，采用这个过程所获得的走步总跟简单的极大极小过程的结果是相同的，区别只在于α-β过程通常只用少得多的搜索便可以找到一个理想的走步。

图 4-21 给出了一个α-β过程的应用例子。图中结点 A、B、C、D 处都进行了剪枝，剪枝处用两横杠标出。实际上，凡减去的部分，搜索时是不生成的。

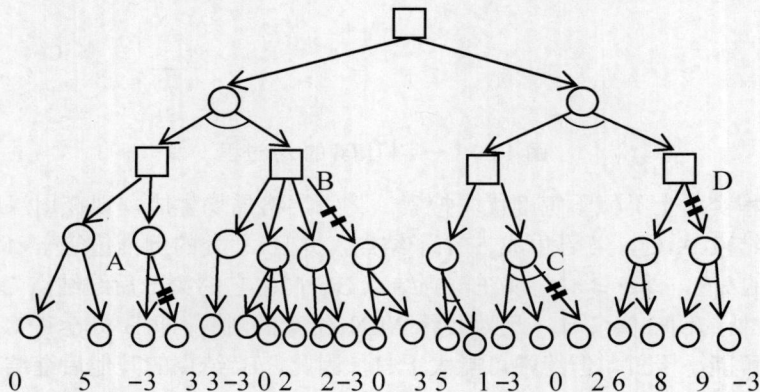

图 4-21　α-β修剪

α-β过程的搜索效率与最先生成结点的α、β值和最终倒推值之间的近似程度有关。初始结点最终倒推值将等于某个叶结点的静态估值。如果在深度优先搜索的过程中，第一次就碰到了这个结点，则剪枝数量大，搜索效率最高。

假设一棵树的深度为d，且每个非叶结点的分支系数为b。对于最佳情况，即 MIN 结点先扩展出最小估值的后继结点，MAX 结点先扩展出最大估值的后继结点。这种情况可使得修剪的枝数最大。设叶结点的最少个数为N_d，则有：

$$N_d = \begin{cases} 2b^{d/2} - 1 & d\text{为偶数} \\ b^{(d+1)/2} + b^{(d-1)/2} - 1 & d\text{为奇数} \end{cases}$$

这说明，在最佳情况下，α-β搜索生成深度为d的叶结点数目大约相当于极大极小过程所生成的深度为$d/2$的博弈树的结点数。也就是说，为了得到最佳的走步，$\alpha-\beta$过程只需要检测$O(b^{d/2})$结点，而不是极大极小过程的$O(b^d)$。这样有效的分枝系数是$\sqrt{b}$，而不

是 b。假设国际象棋可以有 35 种走步的选择，则现在可以有 6 种。从另一个角度看，在相同的代价下，α-β 过程向前看的走步数是极大极小过程向前看的走步数的两倍。

4.5　本章小结

广义地说，人工智能问题都可以看作是一个问题求解的过程，因此，问题求解是人工智能的核心问题，通常是通过在某个可能的解答空间中寻找一个解来进行的。在问题求解过程中，人们所面临的大多数现实问题往往没有确定性的算法，通常需要用搜索算法来解决。目标和达到目标的一组方法称为问题，搜索就是探究这些方法能够做什么的过程。问题求解一般需要考虑两个基本问题：首先是使用合适的状态空间表示问题，其次是测试该状态空间中目标状态是否出现。本章讨论了目标状态和最优路径的确定，以及如何从初始状态经过变换得到目标状态等。因此，本章首先讨论一些通用的算法，如宽度优先、深度优先，然后讨论启发式算法，最后，讨论了博弈问题的智能搜索算法的求解方法。

第 5 章
群智能算法

在自然界中，许多生物以社会群居的形式生活，例如鸟群、鱼群、蚁群、人群等。群智能系统的研究热点之一是探索这些生物如何以群体的形式存在。受对群体运动行为模拟的启发，近 20 年来，研究人员提出了大量的群智能系统，其中以粒子群优化算法(Particle Swarm Optimization，PSO)和蚁群算法(Ant Colony Optimization，ACO)最具代表性。本章讨论群智能(Swarm Intelligence)算法产生的背景及各种群智能算法，包括粒子群优化算法和蚁群算法。

5.1 群智能算法产生的背景

5.1.1 群智能算法研究背景

优化技术是一种以数学为基础、用来求解各种工程问题最优解或满意解的计算机应用技术。目前，优化技术在工业、农业、国防、工程、交通、金融、化工、能源、通信等诸多领域得到了广泛的应用。例如，在工程设计中，如何选择参数以确保设计方案既达到设计要求，又达到最优状态；在资源分配中，怎样合理分配有限的资源，使分配方案既能满足各方面的基本要求，又能获得较好的经济效益等，所有这些都涉及优化技术问题。总之，利用优化技术能够提高经济效益、提高系统效率、降低系统能耗等。因此优化技术在国民经济建设中具有广泛的应用前景。

随着现代经济的迅速发展，优化计算已经成为相关部门亟待解决的问题。然而，基于严格机理模型所得到的优化命题，通常具有大规模、强约束、非线性、多极值、多目标等特性，而许多经典的优化算法却无法解决这一问题。因此，寻求一种适合于大规模问题的优化算法已经成为许多科技工作者亟需解决的问题，也是计算机研究学者们重点研究方向之一。

人类在认知自然的实践中得到了启示：生物体和自然生态系统可通过自身的演化，出色地解决许多高度复杂的优化问题。作为生物界中最高级的动物，人类理所当然地有能力模拟自然生态系统机制来求解复杂的优化问题。正是在这样的背景下，近年来，人们提出了与经典的数学规划原理截然不同的、通过模拟自然生态系统机制来求解复杂优化问题的群智能优化算法。这为解决采用传统优化技术无法解决的优化问题提供了技术保证。群智能优化算法属于随机搜索算法，它具有较强的并行性和鲁棒性。正因如此，群智能优化算法越来越受到人们的重视，并在许多领域得到了广泛应用。

5.1.2 群智能概念

群(swarm)可以被定义为某种交互作用的组织或智能体(Agent)的结构集合。在群智能计算研究中，群的个体组织(如蚂蚁、鸟群等)在结构上是很简单的，而它们的集体行为却可能变得相当复杂。例如，在一个蚁群中，每只蚂蚁个体只能执行一组很简单任务中的一项，而在整体上蚂蚁的动作和行为却能够确保建造最佳的蚁巢结构、保护蚁后和幼蚁、清净蚁巢、发现最好的食物源，以及优化攻击策略等全局任务的实现。

社会组织的全局群行为是由群内个体行为以非线性方式产生的。因此，在个体行为和全局群行为之间存在某种紧密的联系，个体的集体行为构成群行为的基础。另一方面，群行为又决定了个体执行其作用的条件。这些作用可能会改变环境，同时也可能会改变这些个体自身的行为和地位。

群行为不能仅由独立于其他个体的个体行为所确定。个体间的交互作用在构建群行为中起到重要的作用。个体间的交互作用帮助改善对环境的经验知识，增强了达到优化的群进程。个体间的交互作用或合作是由遗传学或通过社会交互确定的。

群社会网络结构形成了该群存在的一个集合，它为个体间交换经验和知识搭建了通信通道。群社会网络结构带来的一个惊人的成果是，群体在建立最佳蚁巢结构、分配劳力，以及收集食物等方面表现出的组织能力。

群计算建模已在诸多领域取得成功的应用，例如功能优化、发现最佳路径、调度、结构优化以及图像和数据分析等。不同的群研究产生了多样化的应用。其中，对蚁群和鸟群的研究尤为引入注目。粒子群优化算法是通过模拟鸟群的社会行为发展而来的，而蚁群优化算法则是基于建立蚂蚁的轨迹跟踪行为模型形成的。

5.2　遗 传 算 法

遗传算法利用简单的编码技术和繁殖机制来表现复杂的现象，进而解决非常困难的问题。它具有显著优势，一方面它不受搜索空间的限制性假设的约束，无须连续性、导数存在和单峰等假设条件，因此能从离散的、多极值的、含有噪声的高维问题中以很大的概率找到全局最优解；另一方面，由于它固有的并行性，遗传算法非常适用于大规模并行计算。基于这些优势，目前，遗传算法在优化、机器学习和并行处理等领域的应用愈发广泛。

5.2.1　遗传算法的基本概念

遗传算法(Genetic Algorithms，GA)是人工智能的重要分支，基于达尔文进化论，在计算机上模拟生命进化机制而发展起来。它根据适者生存、优胜劣汰等自然进化规则来进行搜索计算和问题求解，对许多用传统数学难以解决或明显失效的复杂问题，特别是优化问题，GA 提供了一个行之有效的新途径，也为人工智能的研究带来了新的生机。GA 由美国 J.H.Holland 博士于 1975 年提出，当时并没有引起学术界的关注，因此发展比较缓慢。从 20 世纪 80 年代中期开始，随着人工智能的发展和计算机算力的提升，遗传算法逐步走向成熟，应用场景日益拓展，其不仅应用于人工智能领域(如机器学习和神经网络)，也开始在工业系统，如控制、机械、土木、电力工程等中得到成功应用，显示出了广阔的发展前景。

5.2.2　遗传算法的不同之处

遗传算法首先将搜索结构编码为字符串形式，每个字符串结构被称为个体。然后对一组字符串结构(称为一个群体)进行循环操作。每次循环被称作一代，包括一个保存字符串中较优结构的过程和一个有结构的、随机的字符串间的信息交换过程。类似于自然进化，遗传算法通过作用于染色体上的基因寻找好的染色体来求解问题。与自然界相似，遗传算法对求解问题的本身一无所知，它所需要的仅是对算法所产生的每个染色体进行评价，并基于适应值来选择染色体，使适应性好的染色体有更多的繁殖机会。在遗传算法中，位字符串扮演染色体的作用，单个位扮演了基因的作用，随机产生一个位字符串的初始群体，每个个体给予一个数值评价，称为适应度，取消低适应度的个体，选择高适应度的个体参加操作。常用的遗传算子有复制、杂交、变异和反转等。

与传统的优化算法相比，遗传算法主要有以下几个不同之处：

(1) 遗传算法不是直接作用在参数集上，而是利用参数集的某种编码进行编码；

(2) 遗传算法不是从单个点开始，而是在群体中从一个点开始搜索；

(3) 遗传算法利用适应值信息，无需导数或其他辅助信息；

(4) 遗传算法利用概率转移规则，而非确定性规则。

5.2.3 遗传算法的主要步骤

为了使用遗传算法来解决问题，准备工作可分为以下四步。

(1) 确定表示方案。

(2) 确定适应值的度量。

(3) 确定控制该算法的参数和变量。

(4) 确定如何指定结果及程序运行结束的标准。

在常规的遗传算法中，表示方案是把问题的搜索空间中的每个可能点表示为固定长度的字符串。表示方案的确定需要选择串长 l 和字母表规模 k，二进制位串是遗传算法中常用的表示方法。适应值度量为群体中每个可能的确定长度的特征串指定一个适应值，该适应值通常由问题本身所决定。控制遗传算法的主要参数有群体规模 N 和算法执行的最大代数 M，次要参数有复制概率 p_r、杂交概率 p_e、变异概率 p_m 等参数。停止执行的标准需根据具体问题来确定。一旦这些准备步骤完成，就能够使用遗传算法了。

基本的遗传算法

(1) 随机产生一个由固定长度字符串组成的初始群体。

(2) 对于字符串群体，迭代地执行下述步骤，直到选种标准被满足为止：

① 计算群体中每个个体字符串的适应值。

② 应用下述三种操作(至少前两种)来产生新的群体：

● 复制(把现有的个体字符串复制到新的群体中)；

● 杂交(通过遗传重组随机选择两个现有的子字符串，产生新的字符串)；

● 变异(将现有字符串中某一位的字符随机变异)。

(3) 将后代中适应值最高的个体字符串指定为遗传算法运行的结果，这一结果可以是问题的解(或近似解)。

基本遗传算法的流程图如图 5-1 所示，其中，变量 GEN 是当前进化代数。

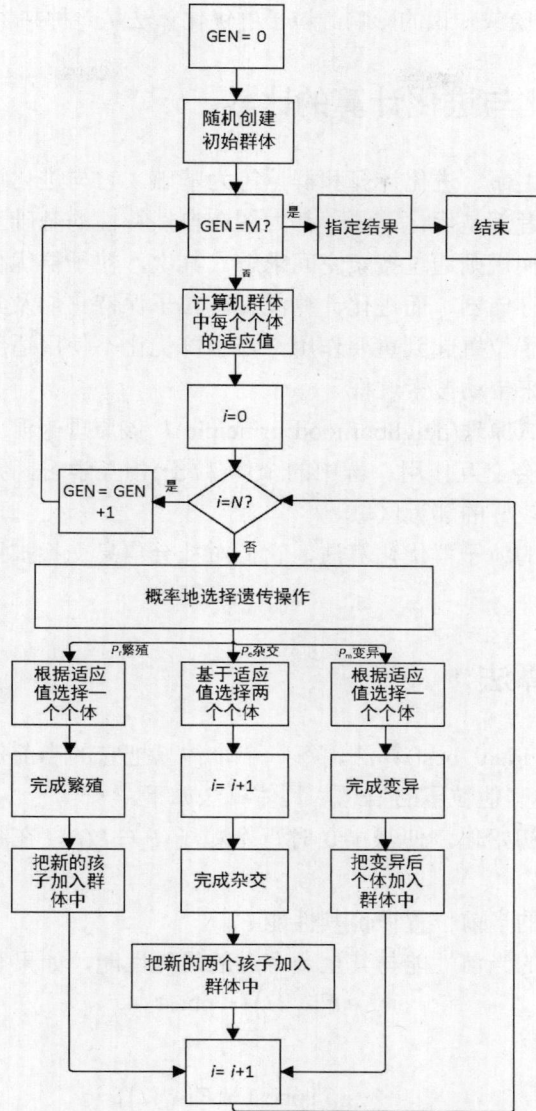

图 5-1　基本遗传算法的流程图

5.3　粒子群优化算法及其应用

粒子群优化(Particle Swarm Optimization，PSO)算法是一种基于群体搜索的算法，建立在模拟鸟群社会的基础上。粒子群概念的最初含义是通过图形来模拟鸟群优美且不可预测的舞蹈动作，发现鸟群能够同步飞行和以最佳队形突然改变飞行方向并重新编队的能力。这个概念已被包含在一个简单和有效的优化算法中。

在粒子群优化中，被称为粒子(particle)的个体在超维搜索空间"流动"。粒子在搜索空间中的位置变化基于个体成功地超过其他个体的社会心理意向。因此，群中粒子的变化受到其邻近粒子(个体)的经验或知识的影响。粒子群优化算法是一种共生合作算法。

5.3.1 粒子群优化与进化计算的比较

粒子群优化以人工生命、进化计算和群论等为基础。它与进化计算存在一些相似之处和不同之处。首先，两者都是优化算法，都力图在自然特性的基础上模拟个体种群的适应性，它们都采用概率变换规则通过搜索空间求解。其次，粒子群优化与进化计算也有重要的区别。粒子群优化有存储器，而进化计算没有。粒子保持它们及其邻域的最好解答，最好解答的历史对调整粒子位置起到重要作用。粒子群优化不使用适应度函数而是通过同等粒子间的社会交互作用来带动搜索过程。

粒子群优化基于邻域原理(neighborhood principle)，该原理来源于社会网络结构。驱动粒子群优化的特性是社会交互作用。群中的个体(粒子)相互学习，并且基于获得的知识移动到更相似于它们的、较好的邻近区域。

下面给出三种不同的粒子群优化算法，它们对社会信息交换扩展程度是不同，涵盖了初始的 PSO 算法。

5.3.2 个体最佳算法

对于个体最佳(individual best)算法，每一个个体只把它的当前位置与自己的最佳位置 pbest 相比较，而不使用其他粒子的信息，具体算法如下。

(1) 对粒子群 $P(t)$ 初始化，使得 $t=0$ 时每个粒子 $P_i \in P(t)$，在超空间中的位置 $x_i(t)$ 是随机的。

(2) 通过每个粒子的当前位置评价其性能 F。

(3) 比较每个个体的当前性能与其至今有过的最佳性能，如果

$$F(x_i(t)) < \text{pbest}_i$$

那么

$$\begin{cases} \text{pbest} = F(x_i(t)) \\ x_{\text{pbest}_i} = x_i(t) \end{cases}$$

(4) 改变每个粒子的速度向量

$$v_i(t) = v_i(t-1) + \rho(x_{\text{pbest}_i} - x_i(t))$$

其中，ρ 为一位置随机数。

每个粒子都移至新位置。

$$\begin{cases} x_i(t) = x_i(t-1) + v_i(t) \\ t = t+1 \end{cases}$$

其中，$v_i(t) = v_i \cdot \Delta t$，而 $\Delta t = 1$，所以 $v_i(t) \cdot \Delta t = v_i(t)$。

(5) 返回到第(2)步，重复上述过程直至收敛。

在上述算法中，粒子离开其先前发现的最佳解答越远，使其移回它的最佳解答所需要

的速度就越大。随机值ρ的上限为用户规定的系统参数。ρ的上限越大，粒子轨迹振荡就越大。较小的ρ值能够保证粒子的平滑轨迹。

5.3.3　全局最佳算法

对于全局最佳(global best)算法来说，粒子群的全局优化方案 gbest 呈现出一种名为星形的邻域拓扑结构。在这种结构中，每个粒子都能与其他粒子(个体)进行通信，形成一个全连接的社会网络，如图 5-2(a)所示。

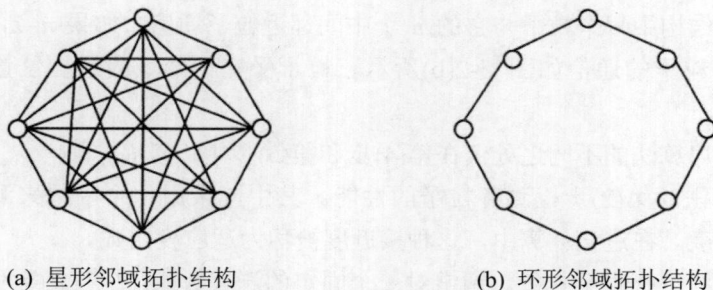

(a) 星形邻域拓扑结构　　　　　　(b) 环形邻域拓扑结构

图 5-2　粒子群优化的邻域拓扑结构

粒子群优化的全局最佳算法介绍如下：

(1) 对粒子群 $P(t)$ 初始化，使得 $t=0$ 时每个粒子 $P_i \in P(t)$，在超空间中的位置 $x_i(t)$ 是随机的；

(2) 通过每个粒子的当前位置来评价其性能 F；

(3) 比较每个个体的当前性能与其至今有过的最佳性能，如果

$$F\left(x_i(t)\right) < \text{pbest}_i$$

那么

$$\begin{cases} \text{pbest} = F\left(x_i(t)\right) \\ x_{\text{pbest}_i} = x_i(t) \end{cases}$$

(4) 把每个粒子的性能与全局最佳粒子的性能进行比较，如果

$$F\left(x_i(t)\right) < \text{gbest}_i$$

那么

$$\begin{cases} \text{gbest} = F\left(x_i(t)\right) \\ x_{\text{gbest}_i} = x_i(t) \end{cases}$$

改变粒子的速度向量

$$v_i(t) = v_i(t-1) + \rho_1\left(x_{\text{gbest}_i} - x_i(t)\right) + \rho_2\left(x_{\text{gbest}_i} - x_i(t)\right)$$

其中，ρ_1 和 ρ_2 为随机变量。上式中的第二项称为认知分量，而最后一项称为社会分量。

把每个粒子都移至新的位置

$$\begin{cases} x_i(t) = x_i(t-1) + v_i(t) \\ t = t+1 \end{cases}$$

(5) 返回到第(2)步,重复上述过程直至收敛。

对于全局最佳算法,粒子离开全局最佳位置和它自己的最佳解答越远,使该粒子回到它的最佳解答所需的速度变化也越大。随机值 ρ_1 和 ρ_2 确定为 $\rho_1 = r_1 c_1$, $\rho_2 = r_2 c_2$, 其中, r_1, $r_2 \in (0,1)$, 而 c_1 和 c_2 为正加速度常数。

5.3.4 局部最佳算法

局部最佳(local best)算法用粒子群优化的最佳方案 l_{best}, 反映出一种名为环形的邻域拓扑结构。在这种结构中每个粒子与它的 n 个中间邻近粒子通信。如果 $n=2$, 那么一个粒子与它的中间相邻粒子的通信如图 5-2(b)所示。粒子受它们邻域的最佳位置和自己过去经验的影响。

本算法与全局算法的不同之处仅在第(4)步和第(5)步中,以 l_{best} 取代 g_{best}。

以上各种算法的第(2)步检测各粒子的性能。其中,采用一个函数来测量相应解答与最佳解答的接近度。在进化计算中,这种接近度被称为适应度函数。

这些算法持续运行直至收敛。通常对一个固定的迭代数或适应度函数估计执行粒子群优化算法。此外,如果所有粒子的速度变化接近于 0,那么就中止粒子群优化算法。这时,粒子的位置将不再变化。标准的粒子群优化算法受问题维数、个体(粒子)数、ρ 的上限、最大速度上限、邻域规模和惯量这 6 个参数的影响。

5.4 蚁群算法

蚁群算法(Ant Colony Algorithm,ACA)是一种模拟进化算法。20 世纪 90 年代初期,意大利学者多里科(Dorigo)、马尼佐和科洛龙等人从生物进化和仿生学角度出发,研究蚂蚁寻找路径的自然行为,提出了蚁群算法,并用该方法求解旅行商问题(TSP)、二次分配问题,以及作业调度等问题,均取得较好结果。

5.4.1 蚁群算法基本原理

蚁群算法(又称人工蚁群算法)是受真实蚁群行为研究的启发而提出的。虽然单个蚂蚁的行为极其简单,但由单个简单的个体所组成的群体却表现出极其复杂的行为。仿生学家经过大量细致观察研究后发现,蚂蚁个体之间是通过一种被称为外激素的物质进行信息传递的。蚂蚁在运动过程中,能够在所经过的路径上留下该种物质,而且蚂蚁在运动过程中能够感知这种物质,从而指导自己的运动方向。因此,由大量蚂蚁组成的蚁群的集体行为便表现出一种信息正反馈现象:某一路径上走过的蚂蚁越多,则后来者选择该路径的概率就越大。蚂蚁个体之间就是通过这种信息的交流达到搜索食物的目的。

下面用多里科所举的例子,来说明蚁群系统的原理。如图 5-3 所示,设 A 是蚂蚁的巢穴，E 是食物源，HC 为一障碍物。由于存在障碍物，蚂蚁只能绕经 H 或 C 由 A 到达 E，或由 E 到达 A。各点之间的距离如图 5-3 所示。设每个时间单位有 30 只蚂蚁由 A 到达 B，又有 30 只蚂蚁由 E 到达 D。为便于讨论，设外激素停留的时间为 1。在初始时刻，由于路径 BH、BC、DH、DC 上均无信息存在，位于 B 和 D 的蚂蚁可以随机选择路径。从统计的角度来看，它们以相同的概率选择 BH、BC、DH、DC。经过一个时间单位后，在路径 BCD 上的信息量是路径 BHD 上的信息量的两倍。在 $t=1$ 时刻，将有 20 只蚂蚁由 B 和 D 到达 C，有 10 只蚂蚁由 B 和 D 到达 H。随着时间的推移，蚂蚁将会以越来越大的概率选择路径 BCD，最终完全选择路径 BCD 的操作，从而找到由蚁巢到食物源的最短路径。由此可见，蚂蚁个体之间的信息交换是一个正反馈过程。

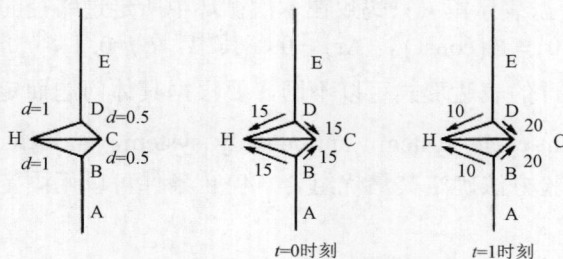

图 5-3 蚁群系统示意图

5.4.2 蚁群系统模型

本节以求解 n 个城市 TSP 问题为例来说明蚁群系统模型。为了模拟实际蚂蚁的行为，令 m 表示蚁群中蚂蚁的数量；$d_{ij}(i,j=1,2,\cdots,n)$ 表示城市 i 和城市 j 之间的距离，$b_i(t)$ 表示 t 时刻位于城市 i 的蚂蚁个数 $m=\sum_{i=1}^{n}b_i(t)$。$\tau_{ij}(t)$ 表示 t 时刻在 ij 连线上残留的信息量。在初始时刻，设 $\tau_{ij}(0)=C$（C 为常数），各条路径上信息量相等。蚂蚁 $k(k=1,2,\cdots,m)$ 在运动过程中，根据各条路径上的信息量决定转移方向。$P_{ij}^{k}(t)$ 表示在 t 时刻蚂蚁由位置 i 转移到位置 j 的概率，即

$$P_{ij}^{k}(t)=\begin{cases}\dfrac{\tau_{ij}^{\alpha}\eta_{ij}^{\beta}(t)}{\sum_{k\in \text{allowed}_k}\tau_{ij}^{\alpha}\eta_{ij}^{\beta}(t)},&j\in \text{allowed}_k\\0,&\text{其他}\end{cases}$$

其中，$\text{allowed}_k=\{0,1,\cdots,n-1\}$ 表示蚂蚁 k 下一步允许选择的城市；α,β 分别表示蚂蚁在运动过程中所积累的信息，以及启发式因子在蚂蚁路径选择中所起的不同作用；η_{ij} 表示由城市 i 转移到城市 j 的期望程度，可以根据某种启发式算法具体确定。

与真实蚁群系统不同的是，人工蚁群系统具有一定的记忆功能，用 $\text{tabu}_k=(1,2,\cdots,m)$ 来记录蚂蚁 k 目前已经走过的城市。随着时间的推移，以前留下的信息逐渐消逝，用参数 $(1-p)$ 表示信息消逝的程度，经过 n 个时刻，蚂蚁完成一次循环。各路径上的信息量要根据

下式调整：

$$\tau_{ij}(t+n) = \rho \cdot \tau_{ij}(t) + \Delta\tau_{ij}$$

$$\Delta\tau_{ij} = \sum_{k=1}^{m} \Delta\tau_{ij}^{k}$$

其中，$\Delta\tau_{ij}^{k}$ 表示 m 只蚂蚁在本次循环中留在路径 j 上的信息量之和；$\Delta\tau_{ij}^{k}$ 表示本次循环中留在路径 j 上的信息量，即

$$\Delta\tau_{ij}^{k} = \begin{cases} \dfrac{Q}{L_k}, & \text{第}k\text{只蚂蚁在本次循环中经过}ij \\ 0, & \text{其他} \end{cases}$$

其中，Q 为常数；L_k 表示第 k 只蚂蚁在本次循环中所走过路径的长度。

在初始时刻，$\tau_{ij}(0) = C(\text{const})$，$\Delta\tau_{ij} = 0$，其中，$i, j = 0, 1, \cdots, n\text{-}1$。根据具体算法的不同，$\tau_{ij}$、$\Delta\tau_{ij}$ 及 $P_{ij}^{k}(t)$ 的表达形式可以不同，要根据具体问题而定。多里科曾给出三种不同模型，分别称为 ant-cycle system，ant-quantity system，ant-density system。参数 Q、C、α、β、ρ 可以用实验方法确定其最优组合。停止条件可以用固定循环次数或当进化趋势不明显时便停止计算。

上述蚁群系统模型是一个递归过程，算法如下。

```
begin
初始化:
    ncycle =0;
    bestcyck =0;
    τij=C;
    △τij=0;
    tabuk =Φ ;
    while(未达到终止条件)
    {
        ncycle=ncycle+ 1;
        for( index=0;index<n; index++ )  //index 表示当前已经走过的城市个数
            { for(k=0;k<m;k+ +)
                {以概率 Pk[tabuk][index−1] 选择城市 j;
                //j∈{0,1,…,n- 1 } - tabuk;
                }
            将刚刚选择的城市 j 加到 tabuk 中;
            }
        计算 Δτjik(index),τij(index + n)
        确定本次循环中找到的最佳路径;
    }
输出最佳路径及最佳结果;
end}
```

图 5-4 给出了 ant-cycle 的算法框图。

高等院校计算机教育系列教材

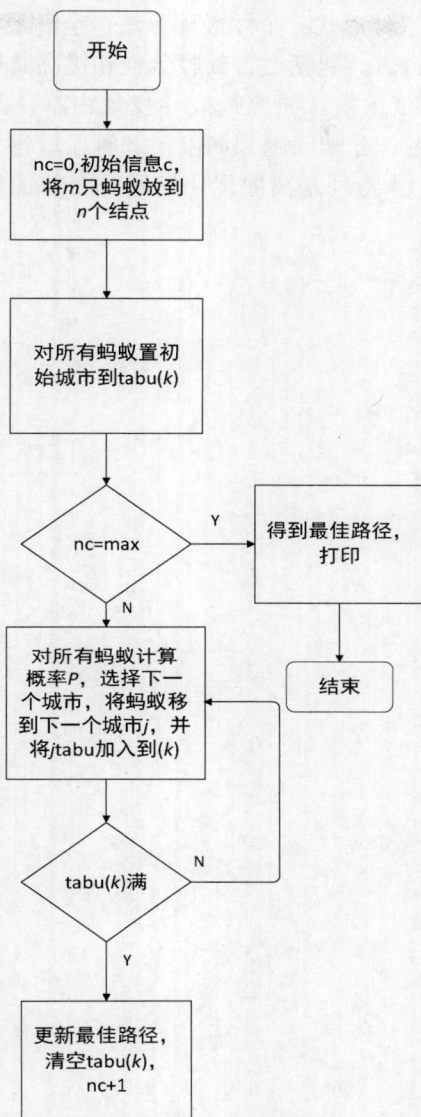

图 5-4　ant-cycle 算法框图

5.5　本 章 小 结

　　遗传算法是计算智能的典型代表，为了全面展示计算智能的研究成果，本章介绍了其计算智能的理论和方法。粒子群优化算法是一种基于群体搜索的算法，它建立在模拟鸟群社会的基础上。在粒子群优化中，被称为粒子的个体是通过超维搜索空间"流动"的。粒子在搜索空间中的位置变化是以个体成功地超过其他个体的社会心理意向为基础。一个粒子的搜索行为受到群中其他粒子的搜索行为的影响，粒子群优化是一种共生合作算法。建立这种社会行为模型的结果是：在搜索过程中，粒子随机地回到搜索空间中一个原先成功

的区域。粒子群优化算法有三种形式：个体最佳算法、全局最佳算法和局部最佳算法。近年来的研究使这些算法得以改进，包括改善其收敛性和提高其适应性。

从生物进化和仿生学角度出发，研究蚂蚁寻找食物路径的自然行为，提出了蚁群算法。用该方法求解 TSP 问题、分配问题和调度问题等，取得了较好的结果。蚁群算法已显示出它在求解复杂优化问题,特别是离散优化问题方面的优势，是一种很有发展前景的计算智能方法。

第 6 章
机 器 学 习

    机器学习(ML)作为计算机科学的一全子领域，同时也是人工智能的一个分支和实现方式。Tom Mitchel 指出，机器学习关注的是计算机程序如何随着经验积累自动提高性能，并形象描述：对于某类任务 T 和性能度量 P，若一个计算机程序在任务 T 上以性能度量 P 衡量的性能能够随着经验 E 而自我完善，那么就称这个计算机程序在从经验 E 学习。

    机器学习涉及计算机科学、心理学、脑科学和生理学等多个学科，是人工智能中的一个重要研究领域，研究和模拟人类的学习过程，赋予计算机学习能力，一直是人工智能的一个诱人课题。本章主要介绍机器学习的发展，以及监督学习、无监督学习和弱监督学习的一些基础概念和算法。

6.1　机器学习的发展

机器学习的发展历史跟人工智能的发展历史基本一样长，1959 年塞缪尔(Samuel) 在 IBM 公司研制了一个西洋跳棋程序，这个程序具有学习能力，可以不断地在对弈中改善自己的棋艺。4 年后，这个程序战胜了设计者本人。又过了 3 年，这个程序战胜了美国一个保持 8 年不败记录的冠军。这是对机器学习最早期的探索。

6.1.1　机器学习概述

机器学习的发展过程可分为如下 3 个阶段。

(1) 在 20 世纪 50 年代中叶到 60 年代中叶，属于热烈时期。这一时期出现了基于神经网络的"连接主义"(connectionism)学习。F. 罗森布拉特(F. Rosenblatt)提出了感知机(Perceptron)，但该感知机只能处理线性分类问题，处理不了"异或"逻辑。还有 B.威德罗(B. Widrow)提出的自适应线性神经元(Adaptive Linear Neuron)。

(2) 在 20 世纪 60 年代中叶至 70 年代，被称为冷静时期。本阶段的研究目标是模拟人类的概念学习过程，并采用逻辑结构或图结构作为机器内部描述。基于逻辑表示的"符号主义"(symbolism)学习技术蓬勃发展，也为统计学习理论奠基提供一定成果。本阶段的代表性工作有 P. Winston 的结构学习系统、R.S.米查尔斯基(R. S. Michalski)的基于逻辑的归纳学习系统，以及 E.B. 亨特(E. B. Hunt)的概念学习系统。虽然这类学习系统取得较大的成功，但只能学习单一概念，而且未能投入实际应用。

(3) 从 20 世纪 80 年代至 90 年代中叶，称为复兴时期。这一时期，人们从学习单个概念扩展到学习多个概念，探索不同的学习策略和各种学习方法。机器的学习过程一般都建立在大规模的知识库上，实现知识强化学习。本阶段开始把学习系统与各种应用结合起来，促进了机器学习的发展。这个时期的主流技术是从样例中学习，由前期的基于符号主义学习，到基于逻辑的学习，再到基于神经网络的连接主义学习。1983 年，J. J. 霍普菲尔德(J. J. Hopfield)利用神经网络求解"流动推销员问题"这个 NP 难题。1986 年，D. E. 鲁梅尔哈特(D. E. Rumelhart)等人重新发明了 BP 算法，BP 算法一直是被应用得最广泛的机器学习算法之一。20 世纪 80 年代是机器学习成为一个独立的学科领域，各种机器学习技术百花初绽的时期。

6.1.2　编程与机器学习

现代编程语言使我们能够构造出更好的程序结构，例如，可以使用多态性、模式匹配或事件驱动调用等手段来消除重复的编程语句，使程序更加简洁。然而，编程的核心概念并没有发生变化，我们要给计算机设定目标和程序，列出每个条件和定义每个行为。

这种方法十分有用，但是还有一些缺陷。首先，需要穷尽一切可能。例如，在设计一款电子游戏时，编程者要想得到电子游戏中数十或数百种的特殊情形。例如，敌人正在接近，但你和敌人之间有一个能量道具，这个能量道具能帮你抵御敌人的炮火，那该怎么办？人类玩家会迅速注意到这一点，并进行充分利用。但是程序的应对则需要看情况，只有在游戏设计的时候想到这种情形，程序才能够解决这种问题。我们知道，要涵盖所有特殊的情况是非常困难的，即使在结构域内也是如此。

即使能够列出所有的情况，也必须首先知道应该如何去解决所有这些情况下的问题。这就是编程的第二个缺陷，也是某些领域的巨大障碍。例如，在计算机视觉任务中，假设我们提出一个问题：在胸部扫描图片中识别肺炎。我们其实并不清楚人类放射科医生是如何识别肺炎的。我们会有一些笼统的概念，如"放射科医生查看不透明的区域"，然而我们并不知道放射科医生的大脑究竟是如何识别并评估不透明区域的。在某些情况下，专家自己可能都不知道究竟是如何得出诊断结论的，而只是根据非常模糊的理由"从经验可以判断肺炎不是这个样子的"。由于我们不知道这些决定是怎么做出的，因此不能命令计算机做出这些决定。这是所有典型的人类任务都存在的问题。

机器学习彻底颠覆了传统的编程方式：机器学习不是向计算机提供指令，而是向计算机提供数据，并要求它自己想出需要做些什么，如图 6-1 所示。

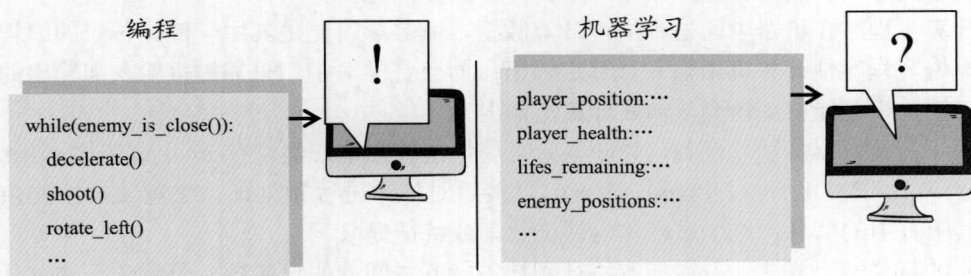

图 6-1　编程与机器学习

6.2　监　督　学　习

监督学习，也称有导师学习，是指输入数据中存在导师信号，以概率函数、代数函数或人工神经网络为基函数模型，采用迭代计算方法，学习结果为函数。

6.2.1　监督学习流程

监督学习的起点是一组样本数据，每个样本都配备有计算机可学习的标签。

如表 6-1 所示，样本形式多样，可以是数据、文本、声音、视频等。标签也分为数值和类型两种。数值标签仅是一个数值，例如温度与柠檬水营业额的对应关系；类型标签则表示预定义的集合中的某个类别，像犬种检测器中的不同品种。

表 6-1　样本数据

要构造什么？	每个样本可能是……	每个标签可能是……
通过狗的叫声识别品种的系统	狗叫的录音文件	狗的品种，如"灰狗"或"米格鲁猎犬"
诊断肺炎的系统	X 光扫描图片	布尔标志：1 代表有肺炎，0 代表没有肺炎
通过天气预测柠檬水摊位营业额的系统	过去每天的温度记录	同一天的收入记录
识别某人推文情绪的系统	推文	情绪状态，如"气愤""愤怒""气炸了"

基于已收集的标记样本，监督学习可分为两个阶段。

阶段 1：训练阶段

将带标签的样本输入用于发现模式的算法。以肺炎诊断为例，算法可能发现所有的肺炎扫描图片都存在某些共同的特征(如特定深色区域)，而这些特征在非肺炎扫描图片中缺失。此阶段算法反复审视样本数据，学习识别这些模式，故称为训练阶段。

阶段 2：预测阶段

算法经训练后，已知晓肺炎的特征表现，进入预测阶段。此时，向其展示未被标注的 X 光扫描图片，算法能够判断该图片是否具有肺炎特征。

计算机程序在机器学习过程中可计算数据，监督学习便是其中一例。传统的编程过程中，需编写程序使计算机由输入计算出输出；而监督学习中，只需提供输入和输出的样本数据，计算机便能自主学会从输入计算出输出。

针对具体的监督学习任务，先获取带有属性值的样本，假设有 m 个训练样本 $\{(X(1), Y(1)), (X(2), Y(2)), \cdots, (X(m), Y(m))\}$，接着对样本进行预处理，去除数据中的杂质，保留其中有用的信息，这个过程称为特征处理或特征提取。

通过监督学习算法，习得样本特征到样本标签之间的假设函数。监督学习通过从样本数据中习得假设函数，并用其对新的数据进行预测。如图 6-2 所示为监督学习流程的示意图。

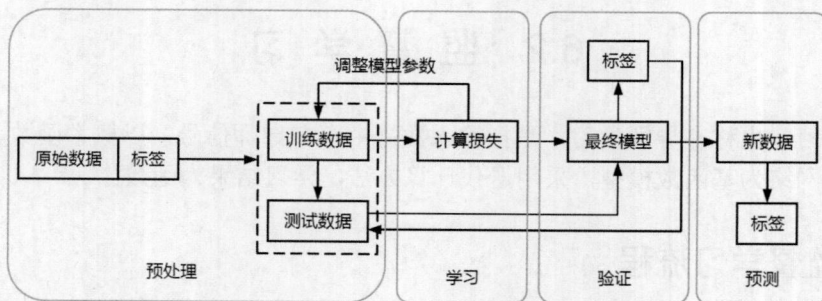

图 6-2　监督学习流程

6.2.2　监督学习算法

分类问题是指通过训练数据学习一个从观测样本到离散的标签的映射，分类问题是一个监督学习问题。典型的问题有：

① 垃圾邮件的分类(spam classification)：训练样本为邮件文本，标签是邮件是否为垃圾邮件(+1 表示是垃圾邮件，-1 表示不是垃圾邮件)，目标是预测新邮件是否是垃圾邮件。

② 点击率预测(click-through rate prediction)：训练样本包括用户、广告和广告主信息，标签为是否被点击(+1 表示点击，-1 表示未点击)。目标是预测用户是否会点击特定广告，这两种问题均为二分类问题。

③ 手写字识别，识别数字 0 至 9，属于多分类问题。

与分类问题不同，回归问题是指通过训练数据学习一个从观测样本到连续标签的映射，其中标签为一系列连续值。典型的回归问题有：

① 股票价格的预测，利用股票历史价格预测未来价格，如图 6-3 所示为利用线性回归预测股票价格图例。

② 房屋价格的预测，根据房屋的面积、位置等数据预测房屋价格。

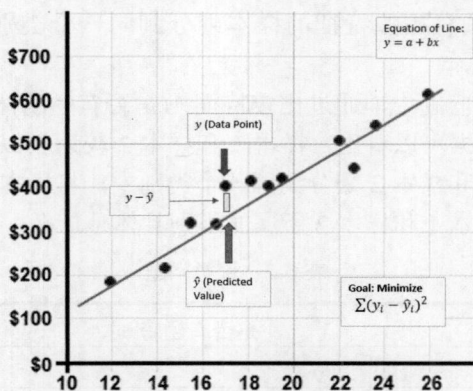

图 6-3　利用线性回归预测股票价格

6.3　无监督学习

无监督学习，又称为无导师学习，是一种自组织学习方式。此时，网络学习是自我调整的过程，不存在外部示教和反馈来指示期望输出或判断当前输出是否正确，因此也叫无教师学习。学习方式或规则虽有规定，但具体学习内容随系统所处环境或输入信号而定，系统可自动发现环境特征和规律。

输入数据中无导师信号，采用聚类方法，学习结果为类别。典型的无导师学习有发现学习、聚类学习、竞争学习等。

无监督学习广泛应用于分类任务中，即便目标分类对训练样本来说已知，采用无监督技术有时也非常有用，可审视训练样本按不同属性的分组情况。此外，在无可用目标分类时，无监督学习用于在训练样本中搜寻相似模式，如对传感器数据进行异常检测，传感器安装在机器(如直升机变速器)上，能及时发现机器故障，避免更大错误。

6.3.1　无监督学习流程

无监督学习流程的具体过程如图 6-4 所示。

对于具体的无监督学习任务，首先是获取带有特征值的样本，假设有 m 个训练数据 $\{X(1), X(2), \cdots, X(m)\}$，对这 m 个样本进行处理，得到样本中有用的信息，这个过程称为特征处理或者特征提取，最后是通过无监督学习算法处理这些样本，如利用聚类算法对这些样本进行聚类。

6.3.2　无监督学习算法

聚类算法是无监督学习算法中最典型的一种学习算法。该算法利用样本的特征，将具有相似特征的样本划分到同一个类别中，不关心类别具体名称。

在表 6-2 所示的聚类问题中，通过比较特征 1(是否有翅膀)和特征 2(是否有鳍)，对样本进行聚类。从表中的数据可以看出，样本 1 和样本 2 较为相似，样本 3 和样本 4 较为相似，因此，可以将样本 1 和样本 2 划分到同一个类别中，将样本 3 和样本 4 划分到另一个类别中，而不用去关心样本 1 和样本 2 所属的类别具体是什么。

表 6-2　聚类问题

	是否有翅膀	是否有鳍
样本 1(鲤鱼)	0	1
样本 2(鲫鱼)	0	1
样本 3(麻雀)	1	0
样本 4(喜鹊)	1	0

除聚类算法外，无监督学习中另外一类重要的算法是降维算法，数据降维的基本原理是将样本点从输入空间通过线性或非线性变换映射到一个低维空间，从而获得一个关于原数据集紧致的低维表示。

6.4　弱监督学习

弱监督通常分为三种类型：不完全监督、不确切监督、不准确监督。

1. 不完全监督

不完全监督是指训练数据中只有部分数据带有标签，而大量数据未被标注。这是由于标注成本过高，导致无法获得完全的强监督信号的常见情况。例如，聘请领域专家为大量数据添加标签成本高昂。在医学影像研究中构建大型数据集时，放射科医生不会因小恩小

图 6-4　无监督学习流程

惠就愿意标记数据，且由于医生对数据科学了解有限，许多数据标注结果(如病灶轮廓)无法使用，导致大量训练样本实际上缺少有效标记。该问题可以被形式化表达为：

> 在训练数据为 D = {(x_1, y_1), …, (x_l, y_l), x_{l+1}, …, x_m}，其中 l 个数据有标签、u=m-l 个数据无标签的情况下，训练得到 f：x->y。

在针对不完全监督环境开发的众多机器学习范式中，主动学习、半监督学习、迁移学习是三种最流行的学习范式。

1) 主动学习(active learning)

主动学习假设未标注数据的真值标签可以向人类专家查询，让专家为对模型最有价值的数据点打上标签。在仅以查询次数衡量标出成本的情况下，主动学习的目标是在尽可能少的查询次数下，使训练出的模型性能最佳。因此，主动学习需选择出最有价值的未标注数据来查询人类专家。

衡量查询样本价值时，最广泛使用的标准是信息量和代表性。信息量衡量的是一个未标注数据能够在多大程度上降低统计模型的不确定性，而代表性则衡量一个样本在多大程度上能代表模型的输入分布。这两种方法各有明显缺点。

基于信息量的衡量方法包括不确定性抽样和投票查询，其主要缺点是在建立选择查询样本所需的初始模型时，严重依赖于对数据的标注，而当表述样本量较小时，学习性能通常不稳定。基于代表性的方法，主要缺点在于其性能严重依赖于未标注数据控制的聚类结果。

目前，研究者尝试将这两种方法结合，互为补充。举例来说，我们可以选择处于当前模型决策边界附近的乳房 X 线照片，要求放射科医生仅给这些照片进行标记，如图 6-5 所示。也可仅对这些数据点进行较弱的监督，而此时主动学习是对弱监督学习的完美补充。

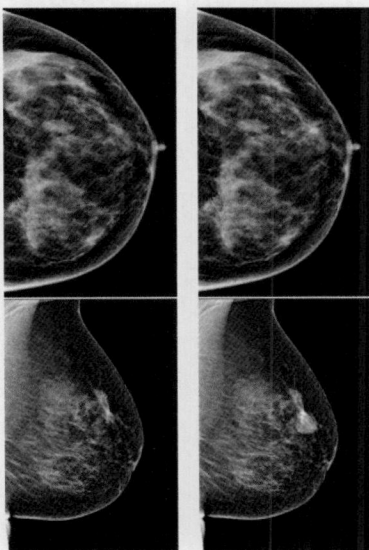

图 6-5　标记决策边界的 X 线照片

2) 半监督学习(semi-supervised learning)

与主动学习不同，半监督学习是一种在没有人类专家参与的情况下，对未标注数据加以分析和利用的学习范式。尽管未标注的样本没有明确的标签信息，但是其数据的分布特征与已标注样本的分布相关，这样的统计特性对于预测模型十分有用。半监督学习对于数据的分布有两种假设：聚类假设和流形假设。

聚类假设认为假设数据具有内在的聚类结构，同一个聚类的样本类别相同。流形假设认为假设数据分布在一个流形上，流形相近的样本具有相似的预测结果。可见，两个假设的本质都是相似的数据输入应该有相似的输出。因此，如何更好地衡量样本点之间的相似性，如何利用这种相似性帮助模型进行预测，是半监督学习的关键。半监督学习的方法主要包括：生成式方法、基于图的方法、低密度分割法、基于分歧的方法。

3）迁移学习(transfer learning)

迁移学习是近年来被广泛研究的学习范式，其内在思想是借鉴人类"举一反三"的能力，提高对数据的利用率。具体而言，迁移学习的定义为：有源域 Ds 和任务 Ts；目标域 Dt 和任务 Tt，迁移学习的目标是利用源域中的知识解决目标域中的预测函数 f，条件是源域和目标域不相同或者源域中的任务和目标域中的任务不相同。在迁移学习研究的早期，迁移学习被分类为"直推式迁移学习""归纳迁移学习"和"无监督迁移学习"。

2．不确切监督

不确切监督是指训练样本只有粗粒度的标签。例如，针对一幅图片，只有对整张图片的类别标注，而图片中的各个实体没有标注的监督信息。例如，在对一张肺部 X 光图片进行分类时，仅知道某张图片是肺炎患者的肺部图片，但是并不清楚具体图片中哪个部位的响应表明患者患有肺炎。该问题可形式化表示为：

学习任务为 f：X -> Y，其训练集为 D = {(X_1, y_1), …, (X_m, y_m)}，其中 X_i = {x_{I, 1}, …, x_{I, m_i}}，X_i 属于X，X_i 称为一个包，样本 x_{i, j}属于 X_i(j 属于{1, …, m_i})。m_i 是 X_i 中的样本个数，y_i 属于 Y = {Y, N}。当存在 x_{i, p}是正样本时，X_i 就是一个正包，其中 p 是未知的且 p 属于 {1, …, m_i}。模型的目标就是预测未知包的标签。

多示例学习已经成功应用于多种任务，例如：图像分类、检索、注释，文本分类，垃圾邮件检测，医疗诊断，人脸、目标检测，目标类别发现，目标跟踪等。

3．不准确监督

不准确监督是指给定的标签并不总是真值。出现这种情况的原因有很多，例如：标注人员自身水平有限、标注过程粗心、标注难度较大。在标签有噪声的条件下进行学习就是一个典型的不准确学习的情况。而近年来非常流行的利用众包模式收集训练数据的方式也成为不准确监督学习范式的一个重要的应用场所。

6.5 本章小结

自从有计算机以来，人们就希望计算机能够学习。如今，机器学习已经取得实质性进展，能够成功地解决一些实际问题。

对于许多问题，我们的前人和先行者已经知道如何求解。例如，欧几里得告诉我们可以用辗转相除法求两个整数的最大公约数；迪杰斯特拉(Dijkstra)告诉我们如何有效地求两点之间的最短路径；霍尔(Hoare)向我们展示了怎样将杂乱无章的对象快速排序……对于这些问题，我们清楚地知道求解步骤。因此，让计算机求解这些问题只需要设计算法和数据结构进行编程，而不需要让计算机学习。

还有一些事情，人们可以轻而易举地做好，但是却无法解释清楚我们是如何做的。例如，尽管桌子千差万别、用途各异，但是我们一眼就能看出某个物体是否是桌子；尽管不同的人手写的阿拉伯数字大小不一、笔画粗细不同，但是我们还是可以轻易识别一个数字是不是 8；尽管声音时大时小、有时可能还有点沙哑，但是我们还是可以不费力气地听出熟人的声音。诸如此类的例子不胜枚举。对于这些问题，我们不知道求解步骤。因此，让计算机来做这些事就需要让计算机学习。

我们知道桌子不是木材和各种材料的随机堆砌，手写数字不是像素的随机分布，熟人的声音也不是各种声波的随机混合。现实世界总是有规律的。机器学习正是从已知实例中自动发现规律，建立对未知实例的预测模型；根据经验不断提高，不断改进预测性能。

现在，关于学习的理论认识已开始逐步形成，已经建立起来的一些机器学习方法已经成功地解决了许多实际问题。我们能够从本章中学习机器学习，发现机器学习的新方法，不断提高对学习本质的认识。

第 7 章
人工神经网络与深度学习

      成年人的大脑中大约有千亿个神经元。神经网络的本质是通过众多参数以及激活函数，逼真地模拟输入与输出的函数关系，这是一种模拟生物的算法模型。近些年，深度学习成为人工智能技术领域的热门研究方向之一，其理论的通用性在各个业务领域都能较好地适应，吸引了众多研究者，包括在人工神经网络上也有所应用。

7.1 神经网络的发展历史

人工神经网络的研究可以追溯到 20 世纪 40 年代。从 1943 年美国生理学家麦卡洛克 (W. McCulloch)和数理逻辑学家皮茨(W. Pitts)创立脑模型——M-P 模型，至今，已有几十年的历史。在这几十年中，人工神经网络的研究经历了不少曲折，大致上可分为四个阶段。

(1) 产生时期。

20 世纪 50 年代中期之前可以看作人工神经网络研究的兴起时期。1943 年，麦卡洛克与皮茨发表了题为《神经活动中所蕴含思想的逻辑活动》的论文，在此文中他们提出了人类脑模型：M-P 模型，这是一种非常简单的神经元模型，从此开创了神经网络模型理论研究的新时代。1949 年，心理学家赫布(D. O. Hebb)在其著作《行为的组织》中提出了神经元之间连接强度变化的 Hebb 规则，为神经网络学习的研究奠定了基础。

(2) 高潮时期。

20 世纪 50 年代中期到 20 世纪 60 年代末期是神经网络研究的高潮期。1957 年，罗森勃拉特(F. Rosenblatt)在 M-P 模型的基础上提出了感知器模型，把神经网络研究从纯理论探讨发展到工程实现。1962 年，罗森勃拉特又给出了两层感知器的收敛定理。此外，还有许多人在神经计算的结构和实现思想方面做出了很大贡献。这些工作掀起了人工神经网络研究的高潮。

(3) 低潮时期。

这一阶段为 20 世纪 60 年代末到 20 世纪 80 年代初期。由于神经网络研究与当时占主导地位的符号人工智能的研究途径不同，因而引起了人们的广泛关注，同时也产生了很大的争议。当时在美国麻省理工学院的明斯基和裴伯特(SPapert)对感知器的功能及其局限性从数学上作了深入研究后，于 1969 年发表了著名的论著《感知器》(*Perceptrons*)，指出了双层感知器的局限性，对人工神经网络做出了悲观的结论。由于明斯基在人工智能界的威望和双层感知器本身的局限性，很多人都认为人工神经网络前途渺茫，从而使人工神经网络的研究落入低潮。值得庆幸的是，即使在这种极端艰难的条件下，仍有一部分学者在潜心钻研。20 世纪 70 年代末期，随着人工智能在模拟人的逻辑思维方面取得进展，智能计算机的研究受到重视，这使人们深切地感受到传统的人工智能系统与人类的智能相比存在着太大的差距，尤其在感知能力与形象思维等方面。人类具有自适应、自学习及创新能力，可以很容易地识别各种复杂事物，能从记忆的大量信息中快速地找到所需的信息，对外界的刺激也能够做出快速的反应。而这些都是当时以符号处理为主的传统人工智能所不能解决的。这时，人们又重新将目光转向了神经网络研究，希望通过对人脑神经系统的结构以及工作机理的研究，缩小以上差距。同时，学术界对复杂系统的研究以及脑科学与神经心理学的研究取得了很大的进展。正是由于这些原因，才为人工神经网络的再度复兴开辟了道路。

(4) 蓬勃发展时期。

进入 20 世纪 80 年代以后，神经网络进入了蓬勃发展的时期。1982 年，美国加州理工学院的生物物理学家霍普菲尔特(Hopfield)提出了一个用于联想记忆和优化计算的离散神经网络模型，并成功地求解了计算复杂度为 NP 完全型的旅行商问题。这一突破性的研究工作，使人工神经网络研究再度兴起，1984 年，他又提出了连续神经网络模型，并用电子线路实现了对神经网络的模拟，为神经网络计算机的研究奠定了基础。20 世纪 80 年代中期以后，包括中国在内的世界上许多国家都掀起了研究神经网络的热潮，使神经网络的研究进入了一个持续至今的蓬勃发展时期。

7.2　神经元与神经网络

从广义上讲，神经网络通常包括生物神经网络与人工神经网络两个方面。生物神经网络是指由动物的中枢神经系统(脑和脊髓)及周围神经系统(感觉神经、运动神经、交感神经、副交感神经等)所构成的错综复杂的神经网络，它负责对动物肌体各种活动的管理，其中最重要的是脑神经系统。而人工神经网络则是指模拟人脑神经系统的结构和功能，运用大量的软、硬件处理单元，经广泛并行互连，由人工方式建立起来的网络系统。

7.2.1　生物神经元的结构与功能特性

1. 生物神经元的结构

生物神经元就是通常说的神经细胞，是构成生物神经系统的最基本单元，简称神经元。神经元主要由三部分构成，包括细胞体、轴突和树突，其基本结构如图 7-1 所示。

(1) 细胞体。

细胞体由细胞核、细胞质与细胞膜等组成。一般直径为 5～100μm，大小不等。细胞体是神经元的主体，它是神经元的新陈代谢中心，同时还负责接收并处理从其他神经元传递过来的信息。细胞体的内部是细胞核，外部是细胞膜，细胞膜外是许多外延的纤维，细胞膜内外有电位差，称为膜电位，膜外为正，膜内为负。

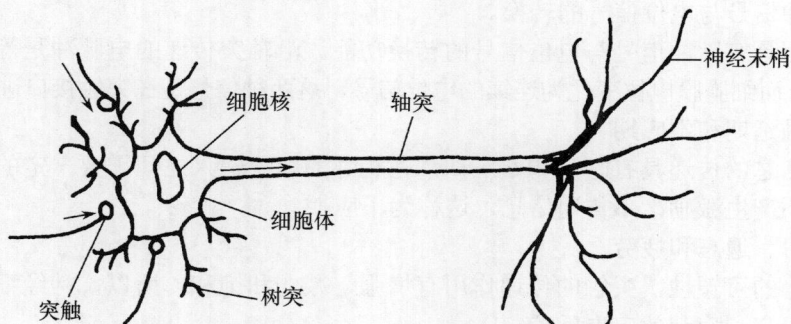

图 7-1　生物神经元结构

(2) 轴突。

轴突是由细胞体向外伸出的所有纤维中最长的一条分枝。每个神经元只有一个，长度最大可达 1 m，其作用相当于神经元的输出电缆，它通过尾部分出的许多神经末梢以及梢端的突触向其他神经元输出神经冲动。

(3) 树突。

树突是由细胞体向外伸出的除轴突外的其他分枝，长度一般均较短，但分枝很多。它相当于神经元的输入端，用于接收从四面八方传来的神经冲动。

突触是神经元之间相互连接的接口部分，即一个神经元的神经末梢与另一个神经元的树突相接触的交界面，位于神经元的神经末梢尾端，突触是轴突的终端。

2. 神经元的功能特性

从生物控制论的观点来看，作为控制和信息处理基本单元的神经元，具有下列一些功能与特性。

(1) 时空整合功能。

神经元对于不同时间通过同一突触传入的信息，具有时间整合功能；对于同一时间通过不同突触传入的信息，具有空间整合功能。两种功能相互结合，使生物神经元具有时空整合的输入信息处理功能。

(2) 神经元的动态极化性。

在每一种神经元中，信息都是以预知的确定方向流动的，即从神经元的接收信息部分(细胞体、树突)传到轴突的起始部分，再传到轴突终端的突触，最后再传给另一神经元。尽管不同的神经元在形状及功能上有明显的不同，但大多数神经元都是按这一方向进行信息流动的。

(3) 兴奋状态与抑制状态。

神经元具有两种常规工作状态，即兴奋状态与抑制状态。所谓兴奋状态是指神经元对输入信息经整合后使细胞膜电位升高，且超过了动作电位的阈值，此时产生神经冲动并由轴突输出。所谓抑制状态是指对输入信息整合后，膜电位下降值低于动作电位的阈值，从而导致无神经冲动输出。

(4) 结构的可塑性。

突触传递信息的特性是可变的，随着神经冲动传递方式的变化，其传递作用可强可弱，所以神经元之间的连接是柔性的，这称为结构的可塑性。

(5) 脉冲信号与电位信号的转换。

突触界面具有脉冲信号与电位信号的转换功能。沿轴突传递的电脉冲是等幅的、离散的脉冲信号，而细胞膜电位变化为连续的电位信号，这两种信号是在突触接口进行变换的。

(6) 突触延期和不应期。

突触对信息的传递具有时延和不应期，在相邻的两次输入之间需要一定的时间间隔，在此期间，不产生激励，不传递信息，这称为不应期。

(7) 学习、遗忘和疲劳。

由于结构的可塑性，突触的传递作用有增强、减弱和饱和，所以，神经细胞也具有相应的学习、遗忘和疲劳效应(饱和效应)。

7.2.2 人工神经网络的组成与结构

1. 人工神经网络的组成

人工神经网络(Artificial Neural Nets，ANN)是由大量处理单元经广泛互连而组成的人工网络，用来模拟脑神经系统的结构和功能。这些处理单元被称为人工神经元。人工神经网络(ANN)可以看成是以人工神经元为结点，通过有向加权弧连接起来的有向图。在此有向图中，人工神经元就是对生物神经元的模拟，而有向弧则是轴突—突触—树突对的模拟。有向弧的权值表示相互连接的两个人工神经元间相互作用的强弱。如图 7-2 所示为人工神经网络(ANN)的组成略图，它由多个人工神经元相互连接组成。人工神经元是对生物神经元的抽象与模拟，图 7-3 就是生理学家麦卡洛克与数理逻辑学家皮茨根据生物神经元的功能和结构提出的一个简单神经元模型，即 M-P 模型。图中，圆表示神经元的细胞体；x 表示该神经元的外部输入，对应于生物神经元的树突；w 为该神经元分别与各输入间的连接强度，称为连接权值；θ 表示神经元的阈值；y 表示神经元的输出，它对应于生物神经元的轴突。对 ANN 中的某个人工神经元来说，来自其他神经元的输入乘以权值，然后相加。把所有总和与阈值电平比较，当总和高于阈值电平时，其输出为 1；否则，输出为 0。大的正权对应于兴奋性突触连接，小的负权对应于弱的抑制性突触连接。

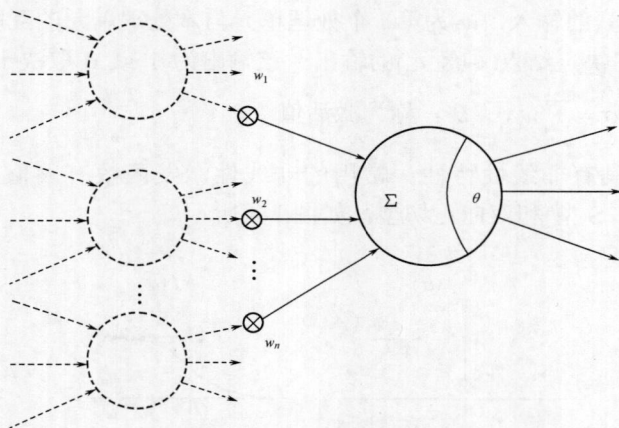

图 7-2　人工神经网络的组成

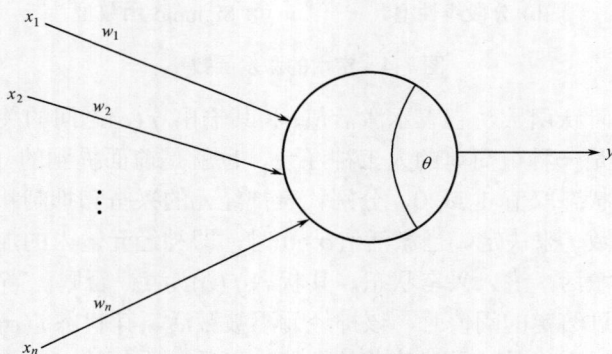

图 7-3　M - P 神经元模型

　　在简单的人工神经网络中，用权和乘法器模拟突触特性，用加法器模拟树突的互联作用，通过与阈值比较来模拟细胞体内电化学作用产生的开关特性。

2. 人工神经元的工作过程

对于人工神经网络系统中的每个神经元(处理单元)来说，它可以接受一组来自系统中其他神经元的输入信号，每个输入对应一个权，所有输入的加权和决定该神经元的激活状态。这里，每个权就相当于突触的"连接强度"。

对于某个处理单元(神经元)来说，假设来自其他处理单元(神经元)i 的信息为 x_i，它们与本处理单元的互相作用强度即连接权值为 w_i, $i=0, 1, \cdots, n-1$，处理单元的内部阈值为 θ。那么本处理单元(神经元)的输入为

$$\sum_{i=0}^{n-1} w_i x \tag{7.1}$$

而处理单元的输出为

$$y = f(\sum_{i=0}^{n-1} w_i x_i - \theta) \tag{7.2}$$

式中，x 为第 i 个元素的输入，w_i 为第 i 个处理单元与本处理单元的互联权重。f 称为激发函数或作用函数，它决定结点(神经元)的输出。该输出为 1 或 0 取决于其输入之和大于或小于内部阈值 θ。令 $\sigma = \sum_{i=0}^{n-1} w_i x_i - \theta_1$，称为激活值。

激发函数一般具有非线性特性。常用的非线性激发函数有阈值型、分段线性型、Sigmoid 函数型(简称 S 型)和双曲正切型，如图 7-4 所示。

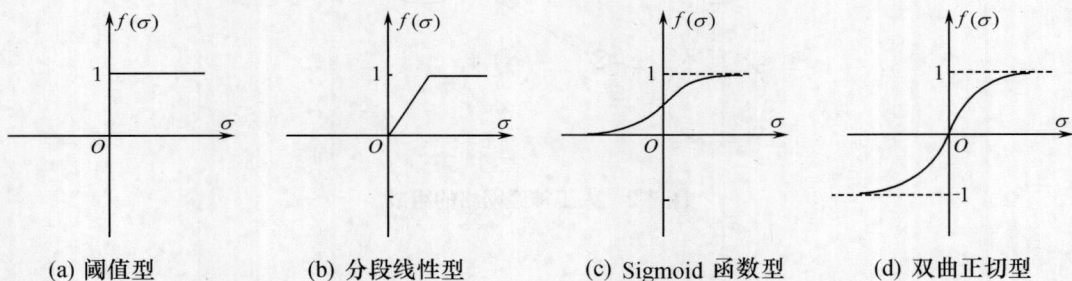

| (a) 阈值型 | (b) 分段线性型 | (c) Sigmoid 函数型 | (d) 双曲正切型 |

图 7-4　常用的激发函数

阈值型函数又称阶跃函数，它表示激活值 σ 和其输出 $f(\sigma)$ 之间的关系。以阈值型函数为激发函数的神经元是一种最简单的人工神经元，也就是前面提到的 M-P 模型。这种二值型神经元，其输出状态取值 1 或 0，分别代表神经元的兴奋和抑制状态。某一时刻，神经元的状态由激发函数 f 来决定。当激活值 $\sigma>0$ 时，即神经元输入的加权总和超过给定的阈值时，该神经元被激活，进入兴奋状态，其状态 $f(\sigma)$ 为 1；否则，当 $\sigma<0$ 时，即神经元输入的加权总和不超过给定的阈值时，该神经元不被激活，其状态 $f(\sigma)$ 为 0。

分段线性函数可以看作是一种最简单的非线性函数，它的特点是将函数的值域限制在一定的范围内，其输入、输出之间在一定范围内满足线性关系，一直延续到输出为最大域值为止。但当达到最大值后，输出就不再增大。这个最大值称作饱和值。

S 型函数是一个有最大输出值的非线性函数，其输出值是在某个范围内连续取值的，以它为激发函数的神经元也具有饱和特性。

双曲正切型函数实际只是一种特殊的 S 型函数，其饱和值是−1 和 1。

3．人工神经网络的结构

人工神经网络中，各神经元的连接方式一般有很多种，不同的连接方式就构成了网络的不同连接模型。常见的连接模型有前向网络、从输入层到输出层有反馈的网络、层内有互联的网络和网络内任意两个神经元都可以互联的互联网络。在前向网络中，神经元被分层排列，包括输入层、中间层(又称隐层，可有多层)和输出层，每一层神经元只接受来自前一层神经元的输入；从输入层到输出层有反馈的网络与前向网络的区别在于，输出层上的某些输出信息又作为输入信息送到输入层的神经元上。层内有互联的网络是指，除了像前两种网络一样接受来自前一层神经元的信息外，网络中同一层上的神经元还可以互相作用；而互联网络则是指网络中的任意两个神经元间都可以有连接。

4．人工神经网络的分类及其主要特征

近几十年来，人工神经网络是人工智能领域的研究热门，研究开发出了几十种神经网络模型，从不同的角度进行划分，可以得到不同的分类结果。例如，若按网络的性能划分，可分为连续型和离散型网络，又可分为确定型和随机型网络；若按网络的拓扑结构划分，则可分为有反馈网络和无反馈网络；若按网络的学习方法划分，则可分为有教师的学习网络和无教师的学习网络；若按连接突触的性质划分，则可分为一阶线性关联网络和高阶非线性关联网络。

人工神经网络具有以下主要特征：①能较好地模拟人的形象思维；②具有大规模并行协同处理能力；③具有较强的学习能力；④具有较强的容错能力和联想能力；⑤是一个大规模自组织、自适应的非线性动力系统。

7.3　BP 神经网络及其学习算法

7.3.1　概述

反向传播神经网络(Back Propagation Neural Network)也被称为多层感知器，是目前应用较为广泛的神经网络之一。

多层感知器相对于单层感知器网络增加了隐藏层。隐藏层数量的选择目前还不具备理论支持。在多层感知器中，确定的是输入层和输出层的结点数量，隐藏层结点数量是不确定的，隐藏层结点的数量对神经网络的性能有影响，经验公式可以确定隐藏层结点的数量，如下：

$$h = \sqrt{m+n} + a$$

其中，h 是隐藏层结点的数量，m 为输入结点个数，n 是输出结点个数，a 是 1～10 个常数之间的可调节常数。

对于无隐藏层的单层感知器，它的决策区域则为一个超平面划分的两个区域；而对于单隐藏层的感知器，它的决策区域则为一个开凸区域或者闭凸区域；对于多隐藏层的感知器，其决策区域相对比较任意，甚至可以模拟任意形状的划分。

7.3.2 反向传播算法

前馈型神经网络的训练事实上是不断调整网络中权值和偏置两类参数。前馈型神经网络的训练过程一般采用反向传播算法，反向传播算法可以分为正向传输和反向反馈两部分。正向传输负责逐层传输计算输出值，反向反馈则是根据输出值反向逐层调整网络的权值和偏置。对于一个如图 7-5 所示的多层感知器，它可以利用反向传播算法进行模型的训练。

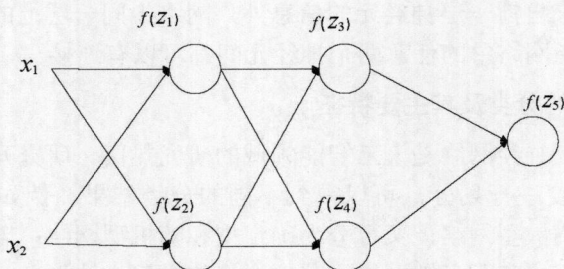

图 7-5　简单的多层感知器示例

其中 x_1 和 x_2 为输入层神经元，$f(z_1)$、$f(z_2)$、$f(z_3)$、$f(z_4)$ 为隐藏层神经元，$f(z_5)$ 为输出层神经元。z_1 表示神经元上层的输入，定义 $y_i = f(z_i)$，表示神经元的输出值。

1. 正向传输

在训练网络之前，需要随机初始化权值和偏置，初始化权值为随机的 $(-1,1]$ 区间实数，初始化偏置为随机的 $[0,1]$ 区间实数，然后开始向前传输。正向传输是从输入层 x_1 和 x_2 的神经元不断向输出层计算的过程。

对于 $f(z_1)$ 的神经元，在不考虑偏置的情况下可以计算为

$$y_1 = f(z_1) = f(w_{(x_1)1} \times x_1 + w_{(x_2)1} \times x_2)$$

$w_{(x_1)1}$ 表示 x_1 到 y_1 的权值，$w_{(x_2)1}$ 表示 x_2 到 y_1 的权值，如图 7-6 所示。

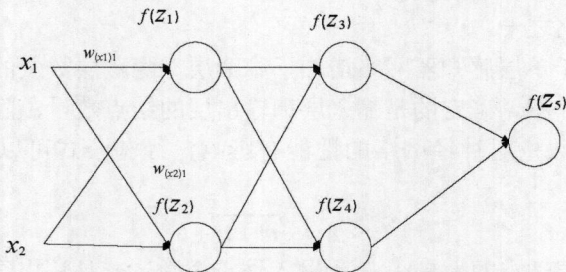

图 7-6　多层感知器中的权值参数示例

同理，可以计算：

$$y_2 = f(z_2) = f(w_{(x_1)2} \times x_1 + w_{(x_2)2} \times x_2)$$
$$y_3 = f(z_3) = f(w_{(y_1)1} \times y_1 + w_{(y_2)1} \times y_2)$$

$$y_4 = f(z_4) = f(w_{(y_1)2} \times y_1 + w_{(y_2)2} \times y_2)$$
$$y_5 = f(z_5) = f(w_{(y_3)1} \times y_3 + w_{(y_4)1} \times y_4)$$

通过正向传播，可以计算出每一个神经元结点的输出值，最终的输出值 y_s 即为当前正向传播模型的实际输出。

2. 反向反馈

反向反馈则是从神经网络的输出层，向前推导调整权值的过程。在正向传输过程中，已经获得模型的实际输出值 y_s，假定训练数据的期望输出值为 t，则实际输出值和期望输出值之间存在误差 δ，定义 $\delta = t - y_s$，误差定义的方式可以根据实际情况定义。假定每一个神经元均存在误差，且定义每一个神经元的误差为 δ_i，如 y_4 神经元的误差为 δ_4。在反向传播过程中很重要的两个任务即为计算误差和调整权值，对于误差的表示，如图 7-7 所示。

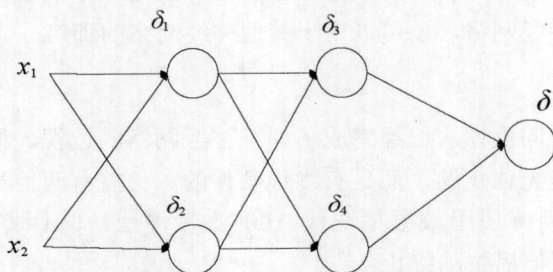

图 7-7　神经网络中的误差表示示例

在反向传播过程中计算 δ_i 时，权值复用正向传输的权值，对于误差 $\delta_3 = w_{(y3)}\delta$，同理 $\delta_4 = w_{(y4)}\delta$。而对于 δ_1 和 δ_2 的计算方式如下：

$$\delta_1 = w_{(y_1)1}\delta_3 + w_{(y_1)2}\delta_4$$
$$\delta_2 = w_{(y_2)1}\delta_3 + w_{(y_2)2}\delta_4$$

通过上述计算，即可获得 δ_1、δ_2、δ_3、δ_4 的值。反向传播的最终目的还是计算神经元之间的权值变化，误差是调整权值中非常重要的参数，对于权值调整的变化量可以定义为

$$\Delta w_i = \eta \delta_i \frac{\mathrm{d}f(z_i)}{\mathrm{d}z_i} x_i$$

其中 η 为学习速率，因此对于 $w_{(x1)1}$ 权值的调整，可以参照如下公式：

$$w'_{(x_1)1} = w_{(x_1)1} + \eta \delta_1 \frac{\mathrm{d}f(z_1)}{\mathrm{d}z_1} x_1$$

同理，对于 $w_{(x_2)1}$ 权值的调整为

$$w'_{(x_2)1} = w_{(x_2)1} + \eta \delta_1 \frac{\mathrm{d}f(z_1)}{\mathrm{d}z_1} x_2$$

每一个权值按照上述公式，即可完成对权值的更新，神经元之间的权值更新完毕之后，则反向传播算法结束。反向传播算法的过程是完成样本对模型的调参，不断地重复正向传输和反向反馈过程，误差会越来越小，权值也会越来越稳定，模型的准确率也会越来

越高。

上述即为神经网络每个结点误差的计算和权值更新的方法。从中可以看出计算一个结点的误差值，首先需要计算每个神经元及与其相连的下一层结点的误差值，因此误差值的计算顺序必须是从输出层开始计算，然后反向依次计算每个隐藏层神经元的误差值，直到第一个隐藏层，反向传播算法的含义即为如此。

随着神经网络的发展，更新权值的方式已经比较简单和成熟，归纳起来就是求梯度和梯度下降，梯度的方向指明了误差扩大的方向，因此在更新权值时需要对其取反，从而减少权值导致的误差。在实际应用中，权值也会根据实际情况调整更新策略。

倘若一个神经网络是一个分类模型，则最后的输出层应当可以描述数据记录的类型。例如，对于二分类问题，可以使用一个神经元作为输出层，如果输出层神经元的输出概率值大于阈值，则可以认为该数据记录属于某个类别，反之则不属于该类别。反向传播算法不仅可以用于前馈型神经网络，还可以用于其他神经网络的训练。

3. 终止条件

通过正向传输和反向反馈，已经完成了训练神经网络的过程，然后不断训练模型并完善，但训练的过程不是无休止的，而是有终止条件的。目前有两种类型的终止条件：①设置最大迭代次数，如训练使用数据集迭代 100 次后停止；②计算训练集对网络预测精度，在训练达到一定阈值后主动终止。

反向传播算法是感知器训练的重要方法，一般将采用反向传播算法进行训练的多层感知器称作"BP 神经网络"，即 BP 神经网络是一种基于反向传播算法的多层前馈网络。

7.3.3　异或问题的解决

当激活函数选择阶跃函数时，激活函数表示为 sgn，它的输出判定规则为：当 $x>0$ 时，最终结果输出 1，反之则输出 0，设定偏置值分别为-1.5、-0.5、-0.5。神经元与神经元之间的权值如图 7-8 所示。

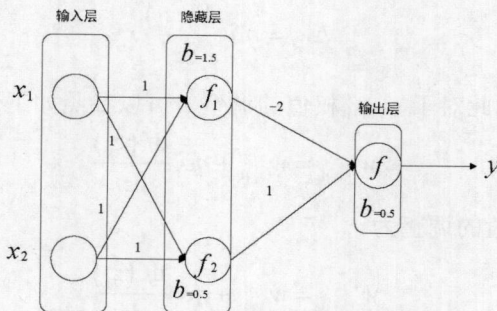

图 7-8　异或问题的解决示例

因此对输入的 x_1 和 x_2 的情况，当 $x_1=1$，$x_2=1$ 时，有：

$$f_1 = \text{sgn}(x_1 \times 1 + x_2 \times 1 + b_1)$$
$$= \text{sgn}(1 \times 1 + 1 \times 1 - 1.5)$$
$$= \text{sgn}(0.5)$$
$$= 1$$
$$f_2 = \text{sgn}(x_1 \times 1 + x_2 \times 1 + b_2)$$
$$= \text{sgn}(1 \times 1 + 1 \times 1 - 0.5)$$
$$= \text{sgn}(1.5)$$
$$= 1$$
$$f = \text{sgn}(f_1 \times (-2) + f_2 \times 1 + b_3)$$
$$= \text{sgn}(1 \times (-2) + 1 \times 1 - 0.5)$$
$$= \text{sgn}(-1.5)$$
$$= 0$$

同理，当 $x_1=1$，$x_2=0$ 时，有：

$$f_1 = \text{sgn}(x_1 \times 1 + x_2 \times 1 + b_1)$$
$$= \text{sgn}(1 \times 1 + 0 \times 1 - 1.5)$$
$$= \text{sgn}(-0.5)$$
$$= 0$$
$$f_2 = \text{sgn}(x_1 \times 1 + x_2 \times 1 + b_2)$$
$$= \text{sgn}(1 \times 1 + 0 \times 1 - 0.5)$$
$$= \text{sgn}(0.5)$$
$$= 1$$
$$f = \text{sgn}(f_1 \times (-2) + f_2 \times 1 + b_3)$$
$$= \text{sgn}(0 \times (-2) + 1 \times 1 - 0.5)$$
$$= \text{sgn}(0.5)$$
$$= 1$$

同理，对 x_1 和 x_2 的其他情况也按照上述方式进行计算。因此，最终得到的异或值如表 7-1 所示。

表 7-1　两个变量的异或值对应表

输入 x_1	输入 x_2	异或结果
1	0	1
1	1	0
0	0	0
0	1	1

按照异或运算符，即为：0×OR0=0、0×OR1=1、1×OR0=1、1×OR1=0，这样的异或运算也可以理解为异或问题的分类，如图 7-9 所示。

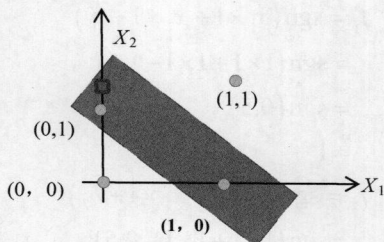

图 7-9 异或问题的分类

7.3.4 避免病态结果

一般情况下，神经网络能够较好地训练样本数据，相反的情况则是神经网络无法有效地训练样本数据，这通常是由神经网络的病态问题导致的。在多层感知器的训练过程中，神经网络的病态问题一般与训练样本数据、神经网络结构以及神经网络的初始权值有一定关系。常见的原因是输入训练样本数据过大、神经网络层结构大小不一、初始权值赋值不合理(过大或过小)。

病态问题是计算的结果通用性或兼容性不够强，很容易因参数的变化导致结果发生较大变化。

以病态方程组为例，病态方程组是指因系数的很小改变而导致解改变很大的方程组，称相应的系数矩阵为病态矩阵。由于根据实际问题建立的方程组的系数矩阵或者常数向量的元素本身会存在一定的误差，而这些初始数据的误差在计算过程中就会向前传输，从而影响方程组的解。病态方程组对任何算法都将产生数值不稳定性。对病态方程组可以采用高精度的算术运算、预处理的方式以及采用特殊的数值解法来解决病态问题。

例如对于如下两组方程：

$$\begin{cases} x+y=2 \\ x+1.001y=2 \end{cases} \qquad \begin{cases} x+y=2 \\ x+1.001y=2.001 \end{cases}$$

从方程的形式上看，两组方程组的第一个方程相同，不同的是第二个方程的右边值，分别为 2 和 2.001。两组方程本身在系数上并没有较大的改动，但是通过计算，左边的方程组的解为 $x=2$、$y=0$，而右边的解为 $x=1$、$y=1$。两组方程本身因为系数的极小变化，导致了解的完全不同且相差较大。

对于另外三组方程组：

$$\begin{cases} x+y=2 \\ 1.001x+y=1 \end{cases} \qquad \begin{cases} x+y=2 \\ 0.999y=0.998 \end{cases} \qquad \begin{cases} x+y=2 \\ y=1.00 \end{cases}$$

对上面三组方程组进行求解，可以发现三组方程得到相对准确的 $x=1$ 以及 $y=1$ 的解，方程组存在一定的差异，求得的解的差异也较小，这样的方程会使得系统相对稳定。

上述类似的病态问题应当尽量避免，否则在神经网络的训练过程中，迭代训练的效果会受到较大的影响，甚至在模型预测过程中也会导致很大的差异，一个可靠稳定的神经网络模型对于商业化应用非常重要。

7.4 卷积神经网络

卷积神经网络(Convolutional Neural Network，CNN)是一种前馈型神经网络，其在大型图像处理方面有出色表现，目前已经被大范围应用到图像分类、定位等领域中。相比其他神经网络结构，卷积神经网络需要的参数相对更少，使得其能够广泛应用。

7.4.1 基本概念

卷积神经网络中有三个基本的概念：局部感受野(Local Recepive Fields)、共享权值(Shared Weights)、池化(Pooling)。

(1) 局部感受野。对于一般的深度神经网络，往往会把图像的每一个像素点连接到全连接层的每一个神经元中，而卷积神经网络则是把每一个隐藏结点只连接到图像的某个局部区域，从而减少参数训练的数量。例如，一张 1024×720 像素的图像，使用 9×9 的感受野，则只需要 81 个权值参数。对于一般的视觉也是如此，当观看一张图像时，更多的时候关注的是局部。

(2) 共享权值。在卷积神经网络的卷积层中，神经元对应的权值是相同的，由于权值相同，因此可以减少训练的参数量。共享的权值和偏置也被称作卷积核或滤波器。

(3) 池化。由于待处理的图像往往都比较大，而在实际过程中，没有必要对原图进行分析，能够有效获得图像的特征才是最主要的，因此可以采用类似于图像压缩的思想，对图像进行卷积之后，通过一个下采样过程，来调整图像的大小。

7.4.2 基本网络结构

一个简单的卷积神经网络结构如图 7-10 所示。

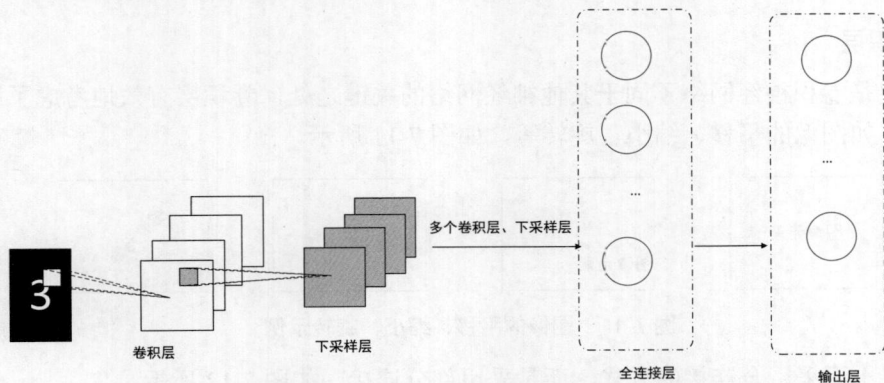

图 7-10 一个简单的卷积神经网络结构示例

基于图 7-10，一般的卷积神经网络包括卷积层、下采样层以及全连接层，其中卷积层和下采样层可以有更多层结构，并且卷积层和下采样层并不是一对一的关系，可以在多个

卷积层的后面，连接一个下采样层，即 N 个卷积层相互之间叠加，然后再叠加一个下采样层，重复上述的结构 M 次。

从上述结构来看，与传统的全连接神经网络相比，卷积神经网络在输入层、卷积层、下采样层的结构上存在差异。理论上，全连接的前馈型神经网络具有丰富的特征表达能力，借助它可以很好地用于图形图像分析，但在实际使用过程中存在以下几方面问题。

(1) 难以适应图像的变化。对于图像而言，它拥有自己的局部不变性特征。例如，图像中有辆自行车，则该自行车出现在图像中的任意位置，甚至放大、缩小、旋转都不应该影响视觉对自行车的识别。而对于全连接的前馈型神经网络，则很难提取到这类特征，并且没有充分利用像素与像素之间的位置关系，这会导致识别率相对降低。若要提升识别率，则需要提升计算能力。

(2) 计算量的复杂性。众所周知，图像是由像素点组成的，而图像一般有 3 个颜色通道，倘若对于一个 512×512 像素的图像采用全连接的前馈型神经网络进行分析，则输入层需要 786432(512×512×3) 个输入单元，而全连接的前馈型神经网络层与层之间完全关联，再考虑到需要一定的神经网络深度，因此整个过程的计算量将会非常大。同时，全连接神经网络虽然深度越深表达能力越强，但是通过地图下降的方式训练全连接神经网络非常困难。若是一个浅层的全连接网络，则会导致整个全连接神经网络的训练效果大大降低，几乎不能使用。

卷积神经网络从局部连接、权值共享、下采样等方面有效解决了全连接遇到的问题。局部连接使得每一个神经元并不是和上一层的每一个神经元相连，局部连接有效减少了训练过程中的参数量。权值共享可以使得一组连接共享权值，从而减少了参数量，加快了训练速度。下采样使用池化的方式，减少每一个训练过程中的样本数量，并且提升了模型的鲁棒性。对于图像处理相关的任务而言，卷积神经网络通过保留特征参数，以及减少不必要的参数，提升了训练速度，并保证了处理效果。

7.4.3 卷积神经网络中各层工作原理

1. 卷积层

卷积层是卷积神经网络不同于其他神经网络的关键之处，卷积层有效地考虑了图像的变化情况，如图像的平移、缩小、旋转等，如图 7-11 所示。

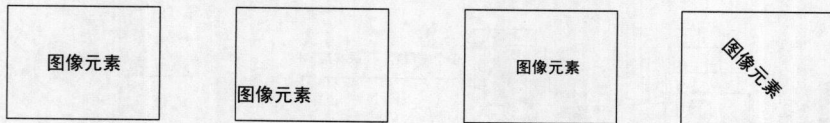

图 7-11 图像的平移、缩小、旋转示例

卷积层不再采用全连接的方式，而是采用部分连接，如图 7-12 所示。

图 7-12 中下层的神经元不再是每一个神经元与上层的每一个神经元相连，而是与相关的神经元关联，除此之外，图 7-12 中相同样式的边对应的权值也是相同的，这是卷积层的一个特性：权值共享。

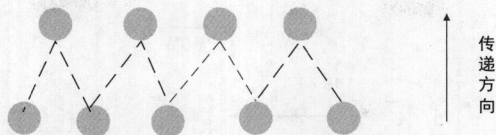

图 7-12　卷积层的部分连接示例

2. 下层采样

卷积层通过非全连接的方式显著减少了神经元的连接，从而减少了计算量，但是神经元的数量并没有显著减少，对于后续计算的维度依然比较高，并且容易出现过拟合问题。为解决此问题，在卷积神经网络的卷积层之后，会有一个池化层(Pooling)，用于池化操作，也被称作子采样层(Subsampling)，子采样层可以大大降低特征的维度，减少计算量，同时可以避免过拟合问题。下采样层的操作过程示例如图 7-13 所示。

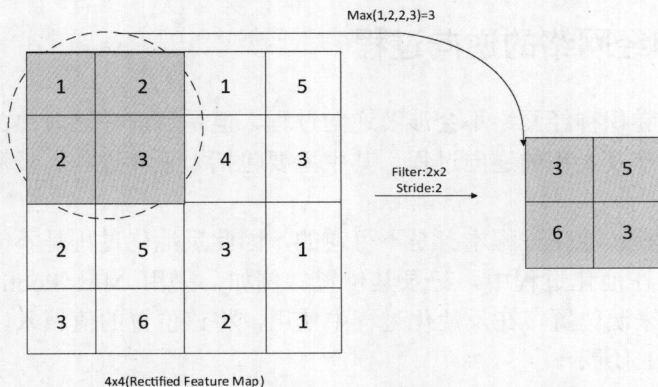

图 7-13　下采样的操作过程示例

以图 7-13 为例，对于一个 1024×1024 像素的特征图进行 2×2 的池化操作，即从每 4个元素中取最大的一个元素作为输出，最终得到的是 512×512 像素的特征图，规模减少了四分之一。

3. Softmax 函数

Softmax 函数是概率论中常见的归一化函数，它能够将 K 维的向量 $\boldsymbol{x}$ 映射到另外一个 K 维向量 $\boldsymbol{p}(\boldsymbol{x})$ 中，并使得新的 K 维向量的每一个元素取值在(0，1)区间，且所有 K 维向量之和为 1。公式如下所示：

$$p\left(x_i\right)=\frac{\mathrm{e}^{x_i}}{\sum_{j=0}^{k}\mathrm{e}^{x_j}}\quad i=1,2,\cdots,k$$

例如，输入三维向量[5.0，2.0，3.0]，通过 Softmax 函数得到的三维向量为[0.844，0.042,0.114]。计算过程如图 7-14 所示。

作为一种归一化函数，与其他的归一化方法相比，Softmax 函数有着其独特的作用，尤其在多分类问题中，均有广泛应用，如朴素贝叶斯分类器以及神经网络中。它的特点是，在对向量的归一化处理过程中，尽可能凸显较大值的权值，抑制较小值的影响，因此在分类应用中可以更加凸显分类权值较高的类别。

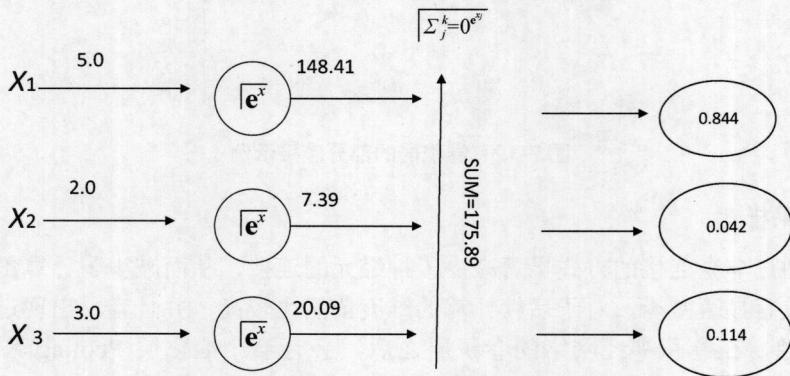

图 7-14　Softmax 函数的计算示例

7.4.4　卷积神经网络的逆向过程

一般情况下，卷积神经网络不会涉及逆向过程，但是目前在比较热门的研究领域，如图像自动生成中会涉及卷积的逆向过程，其中主要包括上采样过程、反激活过程和反卷积过程。

(1) 上采样过程。池化过程本身是不可逆的，因此反池化过程是不能够还原图像本身内容的，但是可以在池化过程中，记录其位置。例如，采用 Max Pooling 时，可以记录 Max Pooling 的值来源位置，在反池化过程中使用，将该位置的值填入，其余的位置的值为 0 即可，如图 7-15 所示。

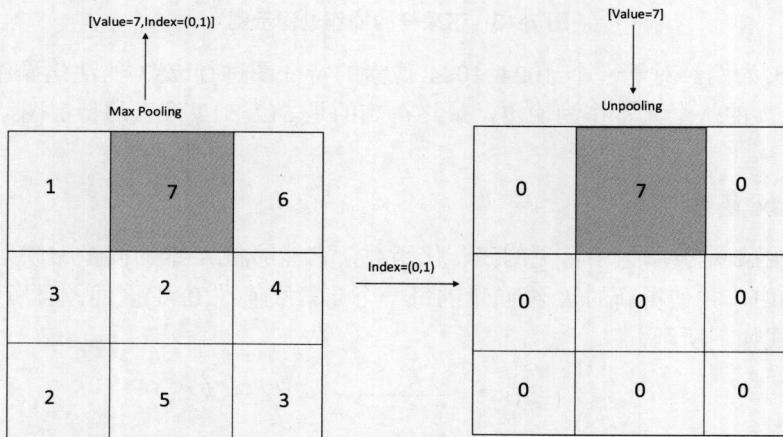

图 7-15　反池化过程示例

图 7-15 中的左侧部分是 Max Pooling 过程，右侧部分是 Unpooling 过程，池化过程的块大小为 3×3，通过最大池化过程之后，获得的最大值为 7，并记录其索引位置为(0,1)，即最大池化将一个 3×3 的块变为了一个 1×1 的块，且块的值为 7，来源于原始块的(0，1)位置。反池化过程恰好相反，是将一个 1×1 的块变为一个 3×3 的块，此时则需要借

助在池化过程中记录的原始块的位置，将 1×1 块的内容填充到原始记录的位置，其余全部置为 0，如图 7-16 所示，即得到图 7-15 的右侧部分。

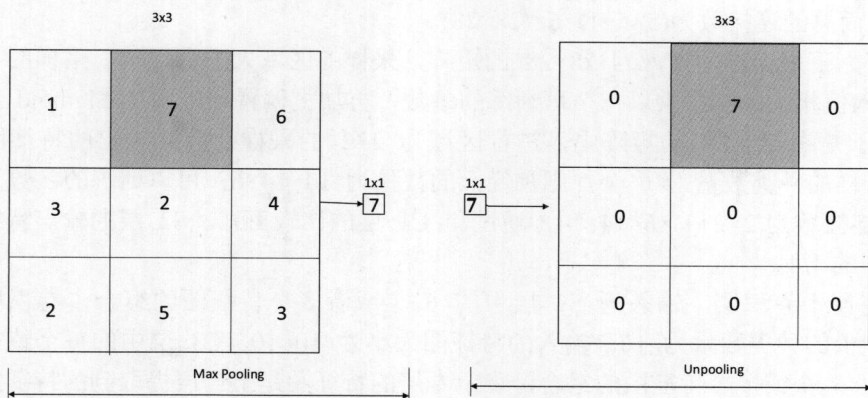

图 7-16　池化过程和反池化过程对比示例

（2）反激活过程。在激活过程中采用的是 ReLU 函数及其衍生函数，对于反激活的过程也是需要保证所有值都为正数，因此反激活过程依然可以采用 ReLU 函数及其衍生函数。

（3）反卷积过程。反卷积的特征是可视化，反卷积主要用于可视化一个已经训练好的卷积网络模型，这个过程不会涉及模型的训练。反卷积计算过程与卷积过程类似，只不过采用的滤波器有所改变，是对卷积过程中的滤波器进行了转置。

7.4.5　常见卷积神经网络结构

1. LeNet-5

LeNet-5 是一种典型的卷积神经网络，它主要用于手写字和印刷字识别，它由 Yann LeCun 等人在 1998 年发表的论文 *Gradient-Based Learning Applied to Document Recognition* 中呈现，其结构如图 7-17 所示。

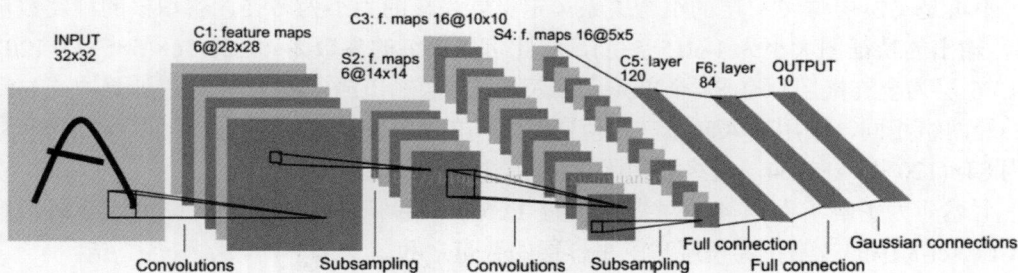

图 7-17　LeNet-5 的结构

在图 7-17 中，INPUT 表示一个输入层，定义的输入图像大小为 32×32 像素，卷积核大小为 5×5，卷积核的种类个数为 6 个，C1 表示经过卷积操作之后的特征图，卷积输出的特征图为 28×28，计算方式为 28=32-5+ 1。

在 LeNet-5 中定义了 6 个不同的卷积核种类，因此神经元的数量为 28×28×6，对于每一个卷积核可以训练的参数为(5×5+1)(其中 1 为偏置项)，因此一共可以训练的参数为(5×5+1)×6，从而总的连接数为(5×5+1)×6×(28×28)。

S2 层为下采样层，输入为 28×28 的矩阵，采样的区域大小为 2×2，采样的方式为采用四个输入值相加，然后乘以一个可训练的参数，再加上偏置项，通过 Sigmoid 函数进行激活。由于是在 28×28 的矩阵中，进行区域为 2×2 的采样，因此输出的特征图大小为 14×14。采样的种类数量为 6 个，则神经元的数量为 14×14×6，可以训练的参数为 2×6，因此总的连接数为(2×2+1)×6×14×14，通过和 C1 层的比较可知，S2 层的输出特征图大小只有 C1 层的 1/4。

C3 层属于卷积层，输入为 S2 层中的 6 个或者多个特征图的组合，卷积核大小为 5×5，卷积核的种类数量为 16，输入的特征图大小为 10×10。C3 层中的每个特征图都是 S2 层中的 6 个或多个特征图的组合，表示本层的特征图是上一层提取到的特征图的不同组合。

训练方式可以采用 C3 层的前 6 个特征图和 S2 层的 3 个相邻的特征图子集作为输入；之后 6 个特征图采用 S2 层的 4 个相邻的特征图子集作为输入，后面 3 个则采用不相邻的四个特征图子集作为输入，最后一个则采用 S2 层的所有特征图作为输入，因此可以训练的参数数量为

$$6×(3×25+1)+ 6×(4×25 + 1) + 3×(4×25 + 1)+1×(6*25+1)=1516$$

因此，连接数量为 1516×(10×10)=151600。

S4 是一个下采样层，输入是 10×10 的矩阵，采样区域为 2×2，采样方式同 S2 层一样是四个输入相加，然后乘以一个可以训练的参数，再加上偏置，激活函数采用 Sigmoid 函数。

根据输入矩阵大小和采样区域，可知输出的特征图大小为 5×5，采样种类的数量设定为 16，因此神经元的数量为 5×5×16-400，可以训练的参数为 32(2×16)，总的连接数为 2000(16×(2×2+1)×5×5)。从这个过程中也可以看出，S4 层输出的特征图是 C3 层输出特征图大小的 1/4。

C5 是最后一个卷积层，C5 层的输入是 S4 层的输出特征图，并与 S4 层是全连接关系，不再是 S2 层与 C3 层的组合关系。定义卷积核的大小为 5×5，卷积核的种类数量为 120，输出的特征图大小为 1×1(5-5+1)，因此可以训练的参数为 48120(16×(5×5+1)×120)。

F6 层为全连接层，有 84 个单元，输入是 C5 层输出的 120 维向量，计算方式与经典的神经网络相同，采用输入向量与权值向量之间的点积，再加上偏置，可以训练的参数数量为 84×(120+1) =10164，最终激活函数采用 Sigmoid 函数。

上述即为影响了卷积神经网络发展的 LeNet-5 卷积神经网络，通过上述介绍不难发现，LeNet-5 中的 5 是指卷积层与下采样层的数量之和。

2. AlexNet

AlexNet 于 2012 年出现在 ImageNet 的图像分类比赛中，并取得了 2012 年的冠军，从此卷积神经网络开始受到人们的强烈关注。AlexNet 是深度卷积神经网络研究热潮的开端，也是研究热点从传统视觉方法到卷积神经网络的标志性网络结构。

AlexNet 模型一共有八层，包含五个卷积层和三个全连接层，对于每一个卷积层，均包含了 ReLU 激活函数和局部响应归一化处理，接着进行了下采样操作。AlexNet 的模型结构如图 7-18 所示。

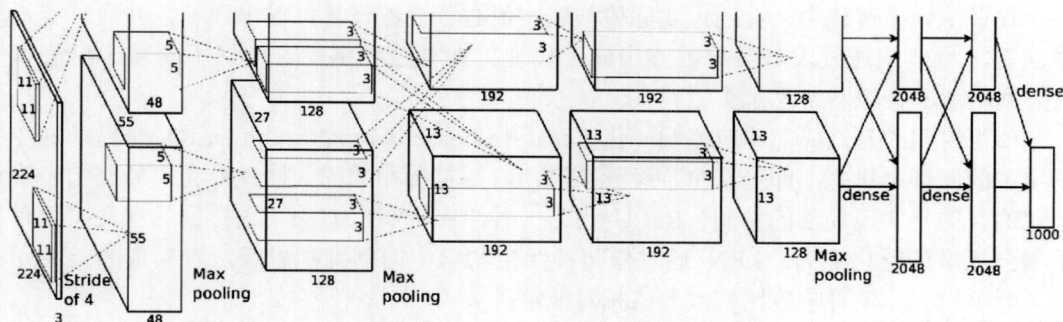

图 7-18　AlexNet 的模型结构

(1) 从图 7-18 中可以发现，输入的图像大小为 224×224 像素，但是考虑到图像是由 RGB 组成的三通道，因此输入图像的规则是 224×224×3(在 AlexNet 模型的实际处理过程中会通过预处理，图像的输入规则是 227×227×3)

(2) 在 AlexNet 模型中，一共有 96 个 11×11 的卷积核进行特征提取，考虑到图像为 RGB 图像，则存在三个通道，因此这 96 个滤波器实际使用过程中也是 11×11×3，即原始图像是彩色图像，那么提取的特征也是具有彩色的特质。特征图大小的计算方式采用如下公式：

$$特征图大小 = \frac{(图像大小 - 卷积核大小)}{stride} + 1$$

其中 stride 表示步长，决定了卷积核滑动的大小。因此第一层卷积层生成的特征图大小为(227−11)/4+1=55，第一层卷积层得到的特征图一共是 96 个，每一个特征图的大小是 55×55，且带 RGB 三通道。

(3) AlexNet 模型使用 ReLU 函数作为激活函数，使得特征图中特征值的取值范围在合理范围内。

(4) AlexNet 模型中使用了局部区域归一化处理的方式。比如内核是 3×3 的矩阵，则该过程是对 3×3 区域的数据进行处理，通过下采样处理可以得到(55−3)/2+1=27，得到 96 个 27×27 的特征图，这 96 个特征图将会作为第二层卷积层操作的输入。

第二层卷积层的输入是第一层卷积层输出的 96×27×27 的特征图，采用的是 256 个 5×5 大小的卷积核，利用卷积核对输入的特征图进行处理，处理方式与第一层卷积层的处理方式略有不同。过滤器是对 96 个特征图中的某几个特征图中相应的区域乘以相应的权值，然后加上偏置之后对所得区域进行卷积，第二层卷积层计算完毕之后，得到的是 256 个 13×13((27−3)/2+1=13)的特征图。

后续的操作类似，第三层卷积层没有采用下采样操作，得到的是 384 个 13×13 的新特征图；第四层依然没有进行下采样操作，因此得到的依然是 384 个 13×13 的特征图，第五层得到的是 256 个 6×6 的特征图。

对于第六层的全连接层，使用 4096 个神经元，并对第五层输出的 256 个 6×6 的特征

图进行全连接；第七层的全连接层与上一层全连接层类似；第八层全连接层采用了 1000
个神经元，对第七层的 4096 个神经元进行全连接，通过高斯滤波器，可以得到各项预测
的可能性。

在训练模型过程中，会通过实际值与期望值进行误差计算，求出残差，并通过链式求
导法则，将残差通过求解偏导数逐步向上传递，在神经网络的各个层不断修改权值和偏
置，和一般的神经网络思想类似。

值得说明的是，局部响应值归一化(Local Response Normalization，LRN)是借助神经生
物学中的侧抑制思想，即当某个神经元被激活时，抑制相邻的其他神经元。局部响应值归
一化的目的是实现局部的抑制，ReLU 也是一种"侧抑制"方法。这样做的意义在于有利
于增强模型的泛化能力。LRN 通过模仿神经生物学中的侧抑制思想，对局部的神经元实
现了竞争机制，使得响应比较大的值相对能够扩大。

7.5　生成对抗网络

早在 19 世纪中叶，达尔文就在生物进化论中提出"物竞天择，适者生存"的对抗理
念。人类有着强大的类比学习能力，正如我们参照飞翔的鸟类发明了飞机、参考鱼的外形
发明了潜艇。如果将对抗引入机器学习，势必也会引起积极的连锁反应。

生成对抗网络，顾名思义是一种通过对抗、竞争的方式生成数据的网络结构。不同于
早期的机器学习模型，生成对抗网络首次将对抗的思想引入机器学习领域。Yann LeCun
认为对抗训练是最酷的事情："Adversarial training is the coolest thing since sliced bread。"
由此可见，生成对抗网络是一种充满发展前景的深度学习神经网络。

7.5.1　背景概要

普通神经网络可以分为"生成模型"和"判别模型"两大类。判别模型试图在输入的
特征之间建立一个近似关系，以达到对输入进行分类的目的。生成模型则用于模拟训练样
本的概率分布，并试图生成与训练样本具有相同概率分布或相似特征的新样本。生成模型
可用于图像清晰度提升、破损或遮挡图像的修复、样本数据生成等场景。

近几年深度学习取得的成就和影响力大多集中在判别模型，生成模型的进展和突破则
相对缓慢。这主要是因为传统的生成模型，如高斯混合模型、隐马尔可夫链模型等需要估
计真实样本的概率分布，通过参数拟合出真实样本的概率分布后，再对分布随机采样，进
而生成新样本。这其中最大的难点在于如何估计真实样本的概率分布。鉴于此，Ian
Goodfellow 等人在 2014 年提出了生成对抗网络(Generative Adversarial Network，GAN)。

生成对抗网络主要解决的问题是：如何生成出符合真实样本概率分布的新样本。当输
入的样本为图像时，生成对抗网络则生成与真实样本具有相似概率分布的图像；当输入的
样本为文本时，生成对抗网络则生成与真实样本具有相似概率分布的文本；当输入的样本
为语音时，GAN 则生成与真实样本具有相似概率分布的语音。

自生成对抗网络提出后，它就受到了广泛的关注。图 7-19 以时间为轴列举了几篇目

前在生成对抗网络技术领域较具代表性的论文，这些论文几乎影响了生成对抗网络的发展趋势。

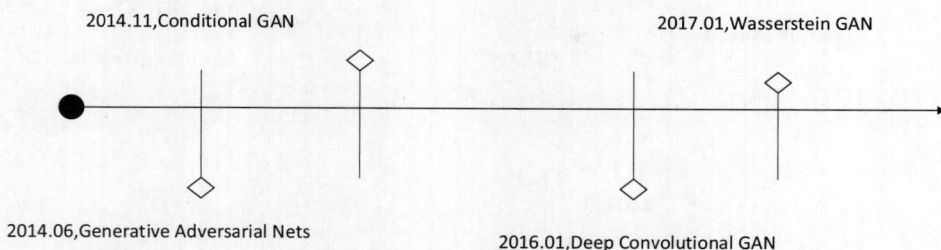

图 7-19　生成对抗网络的发展简要

(1) 2014 年 6 月，Ian Goodfellow 发表了一篇名为 *Generative Adversarial Nets* 的论文，该文章第一次提出并描述了生成对抗网络。

(2) 2014 年 11 月，Mehdi Mirza 将约束条件引入生成对抗网络，发表了论文 *Conditional Generative Adversarial Nets*，该文章通过给生成对抗网络加上约束条件，使得生成的新样本符合预期。

(3) 2016 年 1 月，Facebook AI 团队发表了论文 *Unsuperised Representation Learning with Deep Convolutional Generative Adversarial Networks*，该文章将深度卷积神经网络引入生成对抗网络，提出深度卷积生成对抗网络的概念。引入卷积神经网络后，不仅能够加快生成对抗网络的训练过程，而且还使得训练过程更加稳定。

(4) 2017 年 1 月，Martin Arjovsky 发表了论文 *Wasserstein GAN*，该文章使用瓦瑟斯坦距离(Wasserstein 距离)取代 Jensen-Shannon 距离(JS 距离)来衡量生成样本和真实样本概率分布之间的距离，WGAN 能够生成具有多样性的新样本，基本解决了 GAN 存在的模型崩塌问题。

自 2016 年起，GAN 相关的研究论文和成果呈指数增长趋势，GAN 已然成为深度学习的下一个热门方向。

7.5.2　核心思想

生成对抗网络是一种包含无监督学习领域的人工智能算法，通过无监督的方式对真实样本的学习，模拟其数据分布的情况，以产生相似的样本数据为目的，其网络结构如图 7-20 所示。

根据图 7-20，GAN 由生成模型 G 和判别模型 D 两个子模型组成，生成模型的目的是使生成的新样本与真实样本尽可能相似，而判别模型的目的则是尽量准确无误地区分真实样本和生成样本。在 GAN 提出之前，生成模型的主要思想是：模拟真实样本的概率分布。在获取真实样本概率分布的前提下，通过对其随机采样生成新的样本。鉴于获取真实样本的概率分布难度通常较大，GAN 提出一种新的思想：通过学习一组随机变量到真实样本的映射关系，进而获取一个由多层神经网络组成的模型。GAN 不直接估计真实样本的概率分布，而是通过模型学习的方式生成与真实样本具有相同概率分布的新样本。

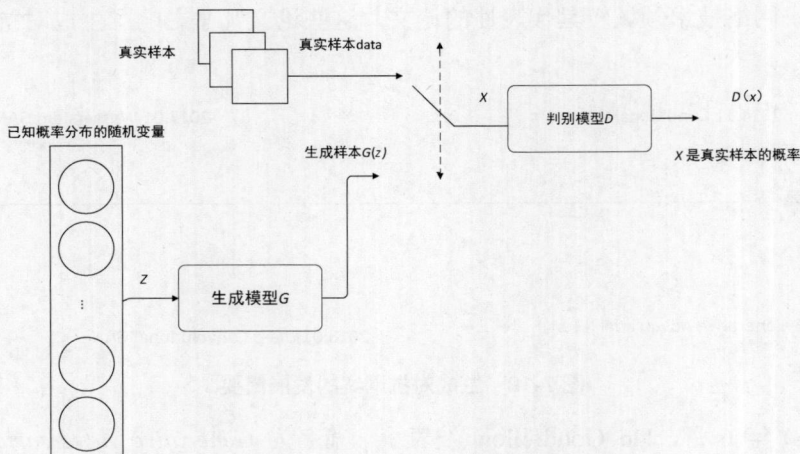

图 7-20　生成对抗网络基本结构

7.5.3　朴素生成对抗网络

简单生成对抗网络的生成模型和判别模型可通过全连接神经网络实现，称为朴素生成对抗网络。对于朴素生成对抗网络，判别模型、生成模型和损失函数是其重要的组成部分。

1. 判别模型

基于简单的神经网络作为判别模型的结构大致如图 7-21 所示。

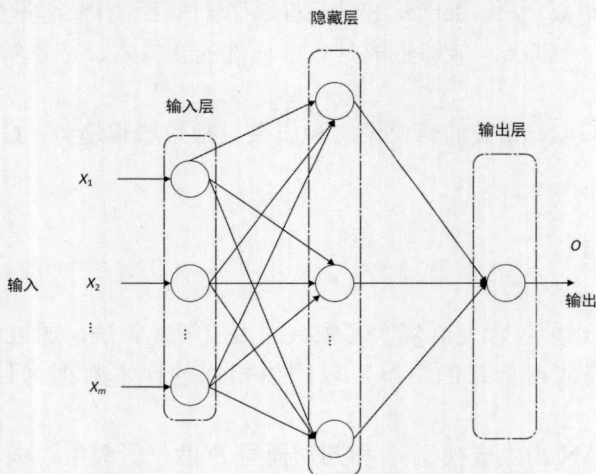

图 7-21　一个简单的神经网络作为判别模型示例

判别模型是由输入层、隐藏层、输出层组成的三层神经网络。该网络的输入是真实样本或生成样本，而其输出则是衡量当前样本属于真实样本而非生成样本的概率。我们使用以下符号来描述与判别模型相对应的神经网络：D_L 表示神经网络的层数，D_{n_l} 表示第 l 层的神经元数量，D_{σ_l} 表示第 l 层神经元的激活函数，D_{w_l} 表示第 l-1 层到第 l 层的权值矩阵，D_{b_l} 表示第 l 层的神经元偏置量，D_{x_l} 表示第 l 层神经元的输入，D_{y_l} 表示第 l 层神经元

高等院校计算机教育系列教材

的输出。

2. 生成模型

基于简单的神经网络作为生成模型的结构大致如图 7-22 所示。

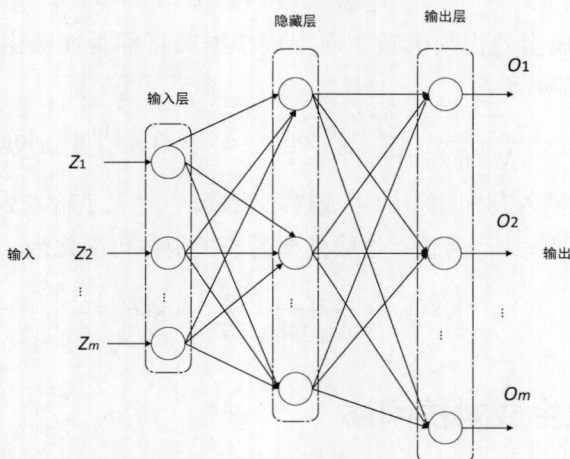

图 7-22 一个简单的神经网络作为生成模型的示例

生成模型与判别模型类似，也是由输入层、隐藏层、输出层组成的三层神经网络，不同的是，生成模型神经网络输入的是 n 维服从某一已知概率分布的随机数，如服从均匀分布或正态分布的随机噪声；输出为生成样本。采用记号描述生成模型对应的神经网络：G_L 表示神经网络的层数，G_{n_l} 表示第 l 层神经元的数量，$G_{\sigma_l}()$ 表示第 l 层神经元的激活函数，G_{W_L} 表示第 $l-1$ 层到第 l 层神经元的权值矩阵，G_b_l 表示第 l 层神经元的偏置量，G_{x_l} 表示第 l 层神经元的输入，G_{y_l} 表示第 l 层神经元的输出。

3. 损失函数

判别模型和生成模型都有其各自的损失函数。判别模型的目标是准确地将输入的真实样本标记为真，将输入的生成样本标记为假。因此，判别模型存在两种损失：将输入的真实样本标记为假，以及将输入的生成样本标记为真的损失，其损失函数可定义如下：

$$\text{loss}_D = \text{loss}_D^{\text{real}} + \text{loss}_D^{\text{fake}}$$

其中，$\text{loss}_D^{\text{real}}$ 表示输入为真实样本时判别模型的损失，$\text{loss}_D^{\text{fake}}$ 表示输入为生成样本时判别模型的损失：

$$\text{loss}_D^{\text{real}} = -\frac{1}{N\_\text{real}} \sum_{i=1}^{N\_\text{real}} \left[y^{(i)} \log D\_a^{L^{(i)}} + (1-y^{(i)})(1-\log D\_a^{L^{(i)}}) \right]$$

$$\text{loss}_D^{\text{fake}} = -\frac{1}{N\_\text{fake}} \sum_{i=1}^{N\_\text{fake}} \left[y^{(i)} \log D\_a^{L^{(i)}} + (1-y^{(i)})(1-\log D\_a^{L^{(i)}}) \right]$$

其中，N_real 表示输出输入判别模型的真实样本数量，N_fake 表示输入判别模型的生成样本数量，$N\_\text{real} = N\_\text{fake}$，$y^{(i)}$ 表示样本 i 输入判别模型时的期望输出：

$$y^{(i)} = \begin{cases} 1 & i \text{为真实样本} \\ 0 & i \text{为生成样本} \end{cases}$$

因此，判别模型的损失函数可简化为：

$$\text{loss}_D = \text{loss}_D^{\text{real}} + \text{loss}_D^{\text{fake}}$$

$$= -\frac{1}{N\_\text{real}}\sum_{i=1}^{N\_\text{real}}\left[\log D\_a^{L^{(i)}}\right] - \frac{1}{N\_\text{fake}}\sum_{i=1}^{N\_\text{fake}}\left[1 - \log D\_a^{L^{(i)}}\right]$$

上面讨论了判别模型的损失函数，而生成模型的目标是能够生成欺骗判别模型的样本，因此损失函数可以定义为：

$$\text{loss}_G = -\frac{1}{N\_\text{fake}}\sum_{i=1}^{N\_\text{fake}}\left[y^{(i)}\log D\_a^{L^{(i)}} + (1 - y^{(i)})(1 - \log D\_a^{L^{(i)}})\right]$$

其中，N_fake 为输入判别模型的生成样本数量。$y^{(i)}$ 表示输入为生成样本时，判别模型的期望输出，此处 $y^{(i)} = 1$。因此，生成模型的损失函数可简化为

$$\text{loss}_G = -\frac{1}{N\_\text{fake}}\sum_{i=1}^{N\_\text{fake}}\left[\log D\_a^{L^{(i)}}\right]$$

7.5.4 深度卷积生成对抗网络

1. 产生背景

朴素生成对抗网络通过对抗训练能够较好地学习到真实样本的特征，而不必依赖特定的损失函数。然而，朴素生成对抗网络的训练过程十分不稳定，生成模型较大概率会生成无意义的输出，如模式崩塌时生成单一特征的样本。基于此，Alec Radford 等人将深度卷积引入朴素生成对抗网络，同时找到一组较好的网络拓扑结构，形成深度卷积生成对抗网络(Deep Convolution Generative Adversarial Networks，DCGAN)。自带深度卷积的生成对抗网络提出后，DCGAN 就广泛应用于图像处理相关领域。

一方面，在图像应用领域，理论和实践都已经证明：深度卷积神经网络是目前处理图像的最有效手段，广泛应用于图像分类、图像理解等；另一方面，生成对抗网络中的判别模型可以理解为一个二元分类器。

鉴于上述两点，DCGAN 将深度卷积神经网络引入到判别模型。判别模型将输入的图像信息经过深度卷积神经网络后，提取图像特征，逐层减小图像尺寸，进而输出原始图像信息的抽象表达，最后达到图像分类的目的。

DCGAN 中生成模型的处理流程可近似看作判别模型的逆向过程，其目标是生成图像，将一组特征值逐层恢复成图像。生成模型将输入的一维随机变量，经过深度反卷积神经网络(可理解为深度卷积神经网络的逆向过程)，通过上采样，逐层放大原始信息的特征，最终排列成新的图像，生成新的样本。

2. 模型改进

除了在朴素生成对抗网络中引入卷积层外，深度卷积生成对抗网络对模型结构的优化还包括增加正则化、取代池化层、选择特定激活函数等。

(1) 增加正则化。在判别模型和生成模型中都采用正则化，这样可以防止生成模型将所有新生成的样本都收敛到同一个点，造成生成样本多样性的匮乏；还可以将梯度传播到每一层，加快训练。但是正则化方法不能应用到判别模型的输入层和生成模型的输出层，

这是因为如果将正则化应用到判别模型和生成模型的所有层会影响模型的稳定性。

(2) 取代池化层。在判别模型中使用有步长的卷积核代替池化层，学习降采样；在生成模型中使用反卷积，学习升采样。这是因为卷积神经网络中池化层的目的主要是加速训练，而 DCGAN 使用了正则化和带步长的卷积核，训练速度已经有所提升，因此池化层没有存在的必要。

(3) 选择特定激活函数。判别模型的所有层都使用 Leaky ReLU 作为激活函数；生成模型除输出层外都使用 ReLU 作为激活函数，而输出层采用 Tanh 作为激活函数。

作个形象类比，判别模型可比作图像理解，生成模型可比作图像绘画。图像理解的流程是：逐层剥离细节信息，最终获取图像的基本特征。而图像绘画的流程则是：构思结构、勾画轮廓、绘制细节、填充色彩，逐步丰富细节信息。

3. 网络结构

深度卷积生成对抗网络和朴素生成对抗网络一样，也包括判别模型和生成模型，其中目标函数同朴素生成对抗网络，此处不再赘述。

(1) 判别模型。

深度卷积生成对抗网络中的判别模型，如图 7-23 所示。

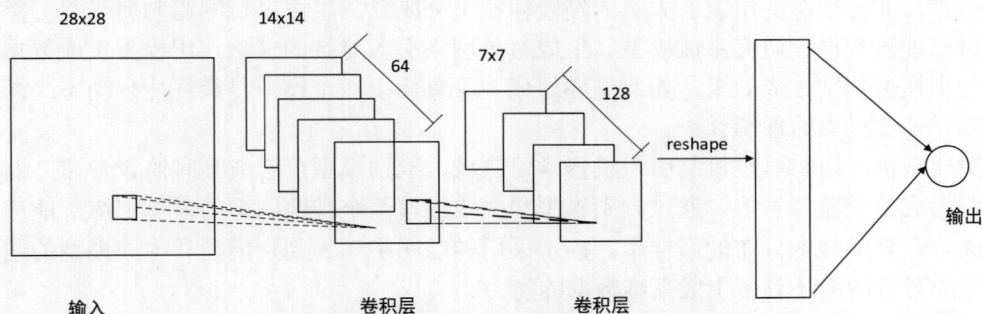

图 7-23　深度卷积生成对抗网络中的判别模型

判别模型是由输入层、两个隐藏层和输出层组成的四层神经网络，其中，两个隐藏层都是卷积层。与朴素 GAN 相似，输入 DCGAN 判别模型的是真实样本或生成样本，输出的是当前样本为真实样本而非生成样本的概率。

(2) 生成模型。

深度卷积生成对抗网络中的生成模型如图 7-24 所示。

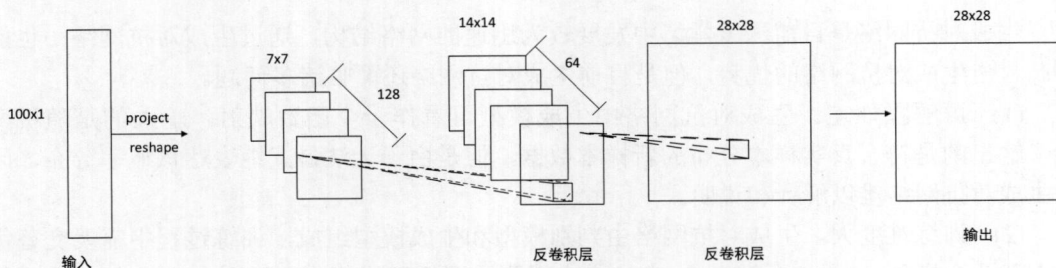

图 7-24　深度卷积生成对抗网络中的生成模型

生成模型与判别模型类似，也是由输入层、两个隐藏层和输出层组成的四层神经网络，其中两个隐藏层都是反卷积层。不同于判别模型的是，生成模型神经网络输入的是服从某一已知概率分布的随机数，如服从均匀分布或正态分布的随机噪声；输出为生成样本。

7.5.5　生成对抗网络的探索

1. 价值与意义

人工智能从某种意义上讲可以分为两类：一类是让机器变得像人一样去思考问题、分析问题，进而解决问题；另一类是让机器自己拥有思考问题、分析问题、解决问题的能力，而不局限于人类的经验和智慧。

在生成对抗网络出现之前，研究生成模型的方法可归属为第一类，其一般思路是：首先根据经验假设真实样本符合某一分布，如正态分布；然后通过抽样拟合，计算假设分布的参数。上述生成模型的输出结果严重依赖第一步假设的分布，而假设的部分很大程度上取决于做出假设的人及其经验。

但是，面对浩瀚的宇宙，人类的经验往往十分匮乏。生成对抗网络归属于第二类，让机器自己理解数据、研究生成模型。生成对抗网络引入对抗的理念，用模型生成数据，再用另一个模型判别生成效果，如此循环迭代、反复修正两个模型，最终达到动态平衡，达到机器对真实样本的理解。

生成对抗网络将对抗机制引入机器学习领域，判别模型可看成是有监督学习，而生成模型可看成是无监督学习。通过判别模型和生成模型两个神经网络的对抗训练，能够有效地生成符合真实样本分布的新样本。由于采用神经网络作为判别模型和生成模型的结构，因此生成对抗网络还具备生成高维数据的能力。

在模型训练过程中，生成对抗网络通过反向传播训练模型参数，其训练过程既不依赖马尔可夫链的反复采样，也不需要近似推理。生成模型借助判别模型反向传递的梯度来训练、优化参数，而非直接使用真实样本数据进行参数调优。正如上述章节所介绍，生成对抗网络中判别模型 D 和生成模型 G 仅要求是可微函数，由此可见，任何一个可微函数都能够用于生成对抗网络。因此生成对抗网络可以和其他神经网络相结合，从而赋予生成对抗网络的多种优点。

2. 面临的问题

生成对抗网络是目前深度学习中发展较为迅速的网络结构，通过生成对抗网络，也能够凸显出生成对抗网络的优势，但是目前生成对抗网络还面临诸多问题。

(1) 可解释性差。生成对抗网络中生成模型可看作一个函数映射，输入的是随机变量，输出的是符合真实样本分布的新样本数据，但是由于无法显式地表达该概率分布，因此生成对抗网络难以解释和说明。

(2) 训练难度大。生成对抗网络由判别模型和生成模型组成，训练过程中需要交替优化上述两个模型，Ian Goodfellow 在论文中提到需要循环优化判别模型 k 次，接着才优化生成模型 1 次，这主要是为了让判别模型保持一定的判别准确度。判别模型训练得越好，生成模型的梯度消失就越严重。由此可见，设置参数 k 以及生成对抗网络中的其他超参数都需要大量的实践，因此生成对抗网络训练比较困难。

(3) 训练难以收敛。优化函数存在全局最优解，而生成对抗网络可看作判别模型和生成模型双方的博弈，其优化函数往往并非凸函数。目前，理论上还无法判断模型的收敛性，关于如何训练生成对抗网络以达到全局最优点尚没有相关研究结论。

(4) 模式崩塌问题。生成对抗网络可建模为极小极大问题，判别模型和生成模型有各自的损失函数，因此在训练过程中难以判断当前网络处于的优化状态。在生成模型的训练过程中，生成模型可能会捕捉到判别模型的某些缺陷，从而大量甚至全部生成能欺骗判别模型的特征，导致生成模型退化，此时生成模型学习到的特征仅集中在全部特征的几个地方，生成的新样本在人类看来也几乎相似。可尝试通过小批量生成对抗网络(Minibatch GAN)来解决模式崩塌的问题，小批量生成对抗网络将真实数据分为多个批量，同时保证每个批量的样本足够多样。

(5) 缺少科学的评估标准来衡量生成对抗网络效果。以生成图像为例，人类能够借助主观能动性，通过图像内容、清晰度、颜色等多维度判别一张图像的真伪，但是机器却无法量化和评价生成图像的质量。只有建立完善、公认、客观的衡量图像质量的标准，才能在此基础上科学优化地生成对抗网络。

3. 未来探索

生成对抗网络的核心思想及其看待问题的角度，已经给机器学习领域注入了新的能量，也必定会对机器学习领域带来深远的影响。未来生成对抗网络将极有可能与下列领域碰撞出火花。

(1) 虚拟现实(Virtual Reality，VR)。使用生成对抗网络实现 VR 场景和真实物体的3D 建模，解决了现阶段 3D 建模成本高、难度大等难题。

(2) 无人驾驶。将生成对抗网络用于无人驾驶中的无监督学习或半监督学习，利用生成对抗网络生成与真实交通场景一致的多种多样的道路情况，辅助无人驾驶模型的训练和优化。

(3) 信息安全。设计生成对抗网络，并利用对抗学习的机制实现信息加密的自学习，在模型训练过程中不断修改加密算法，进而生成复杂的密码。

(4) 训练样本自动标注。标注是一项耗时而枯燥的工作，但是准确标注过的训练样本却对模型的训练效果起着关键作用。为了解决上述问题，可以利用生成对抗网络，将不带标注的样本和标注通过合成的方式生成带有标注的样本。以图像标注为例，当需要在图像中标注出小狗时，传统做法是：人工使用标注工具，标注出小狗在图像中的位置。而借助生成对抗网络，可以将一张草坪图像和一张小狗图像输入生成对抗网络，接着生成对抗网络会合并两幅图像，从而生成带有小狗标注的符合自然现象的真实图像。

生成对抗网络为创建无监督学习模型提供了强有力的算法框架，未来生成对抗网络将会更多地应用于无监督学习领域。与此同时，生成对抗网络与特征学习、强化学习的结合研究，也是未来的发展趋势之一。

7.6 深度学习应用简介

深度学习(Deep Learning)，是近年来人工智能领域的核心研究方向。其主要任务在于构建深度卷积神经网络(Deep Convolutional Neural Network)并利用大量样本数据作为输入，以期最终获得一个具备卓越分析与识别能力的模型，该模型蕴含了深度卷积神经网络的关键参数，以便应用于实际工作场景。

鉴于深度学习依赖一个参数量庞大且高度非线性的框架，其研究充满了挑战性。然而，近年的研究与应用进展表明，深度学习已在图像与语音识别等领域取得显著成就，逐渐取代许多传统技术。尽管如此，深度学习的发展尚未成熟，仍需研究者进行深入的理论分析与实践应用。

1. 深度学习的历史

探讨深度学习的发展历程，我们会发现它经历了一段波动曲折的历史。深度学习并非近期才出现的概念，而是由于社交媒体的广泛传播，让它再次受到公众的关注。例如，2016 年 AlphaGo 与李世石的围棋对决，让深度学习受到了前所未有的瞩目。

最早的神经网络源于 1943 年提出的 MCP 人工神经元模型，该模型在 1958 年被应用于感知器算法，用于机器学习的分类任务。然而，由于其结构简单，分类能力有限，神经网络研究陷入了长达十几年的低迷期。

直到 1986 年，Hinton 提出了 BP 算法，才为神经网络的发展带来了转机。这一算法通过信号的正向传播与误差的反向传播两个阶段，解决了非线性分类学习的问题。具体而言，在正向传播阶段将输入样本传递至网络，若输出值与期望值不符，则进行误差的反向传播，逐层修正神经元的权重，以获得一个误差最小化的权重模型，适用于实际任务。

真正的卷积神经网络方面，LeNet 堪称现代深度学习的基石。其结构由 LeCun 于 1989 年提出，在数字识别任务中表现出色。但可惜的是，这一方法并未引起广泛关注。可能是由于科技发展与理论实践不匹配，加之神经网络缺乏严格的数学理论支撑，导致其研究进展受阻。

尽管深度学习研究再次陷入低谷，但相关研究并未停滞不前。1997 年，长短期记忆网络(LSTM)的提出，解决了传统循环神经网络(RNN)的长期依赖问题。作为非线性模型，LSTM 被广泛用于构建大型深度神经网络(DNN)，在语音识别等领域发挥重要作用。如今，我们可利用多种深度学习框架实现 LSTM，这对当年提出该架构的研究者而言，也算是一种慰藉。

在深度学习兴起之前，统计学习方法占据主导地位。从 1986 年的决策树到 2001 年的随机森林，从 1995 年的线性 SVM 到 2000 年的非线性 KernelSVM，以及 HMM、朴素贝叶斯等方法，它们推动了人工智能领域的发展，并且与深度学习互为补充。至今，我们仍可将 DNN 与 SVM、CRF 等方法结合进行分类任务，统计学习方法中的一些指标也被用作评估网络设计的合理性的依据。

2006 年，Hinton 提出了解决 DNN 训练中梯度消失问题的方法，现今的研究者依然遵循这一方法，包括无监督预训练初始化权值和有监督参数微调。值得一提的是，为了优化训练过程，预训练模型及优化器如 SGD 和 ADAM 得到了广泛应用，这也证明了该方法论的有效性。

自 2012 年 AlexNet 在 ImageNet 图像分类比赛中胜过 SVM 起，深度学习重新引起了广泛关注。与此同时，随着计算机编程语言的进步，一些著名的深度学习框架如 Caffe、TensorFlow、Pytorch、Keras、MXNet 等相继问世，Python 语言对其提供了支持，这也是 Python 近年来流行的原因之一。此外，显卡技术的快速发展，提升了其在高效计算方面的并行处理能力，这不仅扩大了游戏和影视行业的影响力，也使越来越多的企业关注深度学习研究(高效训练，大规模集群)。

随着研究的深入，ResNet 和 DenseNet 的提出为构建更深层次的网络奠定了基础。由此，越来越多的网络结构和理论研究得以设计和实现，越来越多的应用和产品被推向市场。

2. 深度学习的开发平台

针对非 IT 行业人士和不熟悉 IDE 的用户，由于他们缺乏相关经验且需要适应时间，如何利用深度学习解决问题成了一大挑战。因此，设计一个端到端的一站式平台就显得尤为重要。例如，华为推出的 ModelArts 平台，其自动学习技术能够基于用户提供的标注数据，自动进行模型设计、参数调优、模型训练、模型压缩和模型部署。全流程无须编写代码或具备模型开发经验，零基础即可构建 AI 开发模型，满足智能化场景的实际需求。所谓"无须代码编写"意味着用户无须配置环境和学习编程语言来搭建网络，仅需手动标注数据，无需自行进行数据预处理；同样，模型训练和参数调优也由 ModelArts 自动完成，极大地降低了 AI 研究的入门门槛。

此外，ModelArts 平台支持图片分类、物体检测、预测分析和声音分类等四大特定应用场景，可应用于电商图片审核、生产线物体检测等场合，这正是深度学习商业化的体现。由于并非所有人都精通深度学习，而且大多数人在学习 AI 之初只希望能够通过选择样本和训练获得良好结果，因此像 ModelArts 这样的 AI 平台就成为大众的理想选择，它能自动化生成模型，高效并有序。

7.7　本　章　小　结

深度学习算法是一类机器学习算法，它基于生物学对人脑的进一步认识，将神经—中枢—大脑的工作原理设计成一个不断迭代、不断抽象的过程，以便得到最优的数据特征；该算法的基本框架是从原始信号开始，先进行低级抽象，然后逐渐向高级抽象迭代。

随着机器学习的不断深入发展和计算机技术的进步，已经设计出不少具有优良性能的机器学习系统，并投入到实际应用。这些应用领域涉及图像处理、模式识别、机器人动力学与控制、自动控制、自然语言理解、语音识别、信号处理和专家系统等。与此同时，各种改进型学习算法也得以开发，显著地改善了机器学习网络和系统的性能。

机器学习的发展趋势表明，机器学习作为人工智能的应用来考虑，其技术水平和应用领域将可能超过专家系统，为人工智能的发展做出贡献。

今后机器学习将在理论概念、计算机管理、综合技术和推广应用等方面开展新的研究工作。其中，对结构模型、计算理论、算法和混合学习的开发尤为重要。在这些方面，有许多任务需要完成，有许多新问题需要人们去解决。

第8章
专 家 系 统

    专家系统是人工智能应用研究的主要领域之一。正如专家系统的先驱费根鲍姆(Feigenbaum)所说："专家系统的力量是从它处理的知识中产生的。"这正符合一句名言：知识就是力量。

    专家系统实质上是一个计算机程序，它能够以人类专家的水平完成特别困难的某一专业领域的任务。在设计专家系统时，知识工程师的任务就是使计算机尽可能模拟人类专家解决某些实际问题的决策和工作过程，即模仿人类专家如何运用他们的知识和经验来解决所面临问题的方法、技巧和步骤。专家系统是在产生式系统的基础上发展起来的。

8.1 专家系统概述

专家系统(Expert System，ES)是在 20 世纪 60 年代初期产生的一门新兴的人工智能的应用学科，而且正随着计算机技术的不断发展而日臻完备和成熟，是目前人工智能领域中得到最广泛应用的一个重要方面。

8.1.1 专家系统的由来

自从电子计算机问世以来，人们开始把大量复杂的数字计算和数据处理的工作通过编写程序的方法输入计算机，让计算机按照程序员事先编制的步骤进行求解和处理，输出确定的运算结果或控制信号。这种基于算法的程序设计方法，一般被称为传统的程序设计方法，由此而求解的问题则称为确定性问题，对这类问题来说，其算法是通用的、确定的，并且是有效的，同一类型中的任何具体问题都可用同一算法经过有限个步骤的处理而得到全部精确的解答。例如，只要输入方程的各项系数就可以应用龙格—库塔法求出此方程的任意精度的解。

遗憾的是，在现实世界中，还存在着大量的问题，对这些问题，我们找不到有效的算法，因此也无法编制出能解决这些问题的程序供计算机处理，这些大量的不存在确定算法的问题，被称为非确定性问题。对于这类问题，则只能依赖人类在实践中积累的经验或是专门知识去解决。在人工智能领域中，由计算机来模仿人类对问题的求解能力是一项最重要和最基本的任务。在早期的研究中，由于取得了某些成果而使人们欢欣鼓舞。例如，美国的纽厄尔(A.Newell)和西蒙(H. A. Simon)等人组成的心理学小组设计的逻辑理论机 LT(the Logic Theory Machine)模仿人类用数理逻辑证明定理的思路，采用分解、代入、替换等规则，证明了《数学原理》中的 38 条定理；又如 IBM 公司的塞缪尔(A.L. Samuel)利用对策论和启发式搜索技术研制的跳棋程序，可以像一位优秀的棋手那样根据预测和判断来下棋，并且还具有自学习、自组织和自适应的能力，能在下棋的过程中逐渐积累经验，不断提高其自身的棋艺，这个模拟人类思维活动的下棋程序在战胜了设计者本人以后，还击败了美国的一个州的下棋冠军。另外，人工智能在化工、探矿和医药等领域也都有所成就，麦卡锡在此基础上发明了表处理语言 LISP，为人工智能实用系统的设计及理论研究提供了强有力的工具，该语言的特点是程序和数据在形式上的一致，既可以把要使用的数据结构看成是程序，也可以把待修改的程序当作数据，因此是一种功能很强的符号处理语言。

初步的成功使人们作出了过于乐观的预言，他们认为计算机的智能(人工智能)将以比人类智能发展速度更快的速度发展，到 21 世纪以后，计算机的智能就可以超过人类。在这种观点的指导下，纽厄尔和西蒙等人企图通过心理学实验，探索和发现人类在解决问题时思维过程的普遍规律，并在这些普遍规律的基础上编制出一种不依赖于具体领域的通用问题求解程序 GPS(General Problem Solver)，最终建立起一个通用的、万能的符号逻辑运算体系，并以此来取代人的思维。

但随着研究的不断深入，人们逐步积累了很多经验和教训，更深切地体会到现实世界的复杂性和具体问题的多样性，发现通用问题求解程序并不能普遍通用，而如果只能解决一些诸如梵塔问题、传教士与野人问题、猴子摘香蕉问题等相当简单的问题则此类求解并无实用价值，失败和挫折教育了 AI 的研究者，使他们认识到企图用一种普遍适用的模式去解决现实世界中的所有问题是不可能的，于是，在 20 世纪 60 年代中后期，人工智能开始从研究通用问题基于推理的模型转向研究专门问题基于知识的模型，由追求万能和通用的一般研究转入特定的具体研究，从探索广泛普遍的思维规律转变为研究以专门知识为核心解决具体问题的方法，把通用的解题策略同特定领域的专业知识和专家的实际经验相结合，解决应用领域中专家级水平的问题，产生了以专家系统为代表的基于知识的各类人工智能系统，使人工智能的研究开始逐步走向社会，走向实际的应用。

专家系统与通用问题求解程序的不同在于，专家系统并不试图去发现通用的、强有力的问题求解方法，而只把研究范围缩小在一个特定的相对狭小的专业领域中。专家系统可以拥有解决某个特定领域中的问题的大量专门知识，包括各种有用的经验和诀窍，就像一个在这方面的人类专家一样。因此，专家系统实际上是一种能像人类专家那样解决有关领域中的专门问题的计算机程序，是在计算机上对某个具体领域的专家的模拟实现。

美国斯坦福大学费根鲍姆教授(Feigenbaum)，在 1965 年开始研制的 DENDRAL 系统，是世界公认的最早和最成功的专家系统，该系统能模拟化学家的工作过程，能对未知有机化合物的质谱实验数据进行解释，并推断出未知有机化合物的分子结构。DENDRAL 系统，是一个启发式系统，由于它包含了大量的专业知识和专家的经验，既具有质谱测定法的知识，又具有合理的问题求解策略，所以把它应用到控制搜索的规则中，就可以迅速排除不可能为真的分子结构，避免了搜索次数的指数级膨胀，通过产生全部可能为真的分子结构，DENDRAL 系统甚至可以找出那些连人类专家都可能会遗漏的分子结构，目前这个系统的产品已经在世界各地的许多实验室里得到应用，成为化学工作者和科研人员的有力助手，DENDRAL 系统的成功使人工智能开始转向强调知识的观点，并使专家系统的开发在短时间内得到了迅猛的发展。各式各样的专家系统如雨后春笋，遍及各类专家领域，如物理、化学、地质、气象、医学、农业、法律、教育、交通运输、机械、艺术，以及计算机科学本身，甚至渗透到政治、经济、军事等重大决策部门，从分析到诊断，从控制到决策，可以说应有尽有，专家系统的迅猛发展是与其广泛的实用价值分不开的。在许多领域中，解决问题时需用到大量的数据、文献和各种有关信息，任何人类专家都难以掌握如此多的数据和信息，而专家系统借助于计算机可以快速地、准确地存储和查询这些信息资料，并利用它们来进行判断和推理，使人们有在更广泛的领域中研制和应用专家系统的愿望。

对人类专家的培养需要经过漫长的时间过程，消耗大量的时间和金钱，而且随着时间的消逝，专家会衰老和死亡，他们的知识和经验能否得到很好的继承，也是一个需要重视的方面，而专家系统可以通过计算机保存专家的知识、经验和工作方法，模拟专家的工作过程，协助甚至代替专家工作，解决专家不足和知识失传的问题，从而使人类最宝贵的知识财富能长期服务并造福于人类。

专家系统的出现也减轻了领域专家的工作负担，使他们从烦琐的事务性工作和大量的重复劳动中解放出来，去从事更有创造性意义的劳动。专家系统还可以集中若干专家的经验组成知识处理系统，以多专家会诊的方式工作，从而克服专家经验中的局限性，使解决问题的能力和效率超过任何一个人类专家。专家系统的出现也为培养和训练专门领域中的新手提供了新的途径，利用系统中的专家知识可以为各个相关领域培养大批的人才。

随着专家系统的日趋丰富和成熟，人工智能的研究工作也在不断地向深度和广度发展。人工智能的许多理论、方法和技术都可以在专家系统的研制和使用过程中得到验证。这样也就为推动专家系统的进一步发展打下坚实的理论基础。

8.1.2　专家系统的定义

专家系统从本质上讲是一组计算机程序，但它是一种像人类专家那样有能力解决相关领域中专业问题的计算机程序，所以它又与传统意义上的程序有所区别，它需要解决的是不确定性的问题。对于专家系统这个术语可以说目前尚无公认的确切的定义，从字面意思上而言，我们可以认为专家系统是一类基于知识的计算机程序系统。例如，费根鲍姆是这样定义的："专家系统是一种智能的计算机程序，它运用知识和推理步骤来解决只有专家才能解决的复杂问题。"

专家系统作为一类特殊的计算机程序，与传统程序有如下区别：

(1) 专家系统处理的对象是知识，主要是对知识库进行操作即运用知识库所提供的知识进行推理来获得结论或证明假设的真伪，其本质是面向符号处理；而传统程序处理的对象是数据，主要是对数据库的操作通过查找或计算来求得解答，基本上是面向数值计算或数据处理。

(2) 专家系统解决的是不确定性问题，使用的是专门知识，专门知识具有启发性、专有性和不稳定性。启发性知识缺乏理论上的严谨性，不能保证普遍正确，但在一定条件下，能简捷有效地解决问题。专门知识相对于逻辑性知识是不稳定的，专家随情况的变化，可能会修改已有的知识或归纳出新的知识，因而要求专家系统具有灵活性，便于修改和扩充，而传统程序解决的是确定性问题，有成熟的算法，只要数据完整准确，就可以得到确定的结果，因而也就缺乏易于修改或扩充的灵活性。

(3) 专家系统求解问题的基本模式是启发式方法，即采用启发性知识和回溯策略，从给定条件出发，在问题域进行启发式搜索，力求找到达到目标的较好路径，但具体选哪条路径则无法事先确定，仅依赖于问题求解过程中所提供的信息。而传统程序采用算法加数据的模型，程序是对数据结构及算法的描述，解决问题所使用的知识则隐含在程序中，因此要求被处理的问题必须有完整、准确的数据和成熟的解法。

(4) 专家系统在运行的过程中具有高度的交互性，操作者可以在系统工作的任何阶段要求系统改变求解问题的过程或给出某种解释，而传统程序则通常必须自始至终地运行一遍，才能获得预期结果，在程序的运行过程中，人们也不能要求程序对自身的工作情况作出解释。

(5) 专家系统需要有领域专家领衔进行开发，专家是系统开发组织的主要成员，须自始至终参与专家系统的开发工作，其系统的维护工作也须由专家本人的参与，而传统程序则往往由程序开发人员独立进行设计和编制，也不需要专家参与程序的维护工作。

总之，专家系统是使用某个领域的实际专家的知识来求解问题，而其解决问题的能力的大小则取决于系统所拥有的知识，这种基于知识的计算机程序系统，必须事先将有关专家的知识和经验总结出来，形成一系列规则，并将它们以适当的形式存入计算机，建立起相应的知识库，然后采用合适的控制策略，按输入的原始数据选择一定的规则进行推理、演绎，从而作出判断和决策。因此，专家系统比较适合于完成那些没有公认的理论和方法、数据不精确、信息不完整、人类专家短缺或专门知识十分昂贵的诊断、监控、预测、规划和设计等任务。

从专家系统的结构角度出发，可以给专家系统作如下的定义：

$$ES = (P, S, L, K)$$

即一个专家系统由一个四元组组成，其中 P 是要解决的问题，S 是系统的推理控制策略，L 是学习机制，K 是知识库。因此，我们也可以认为一个专家系统就是一个能采用一定的推理控制策略，具备相当丰富和权威性的知识，且具有学习能力，能对知识库进行改进，以增强解题能力，解决具有专家级水平的问题的计算机系统。

推理控制策略是专家系统中一个必不可少的重要组成部分，当用户把数据、事实和要求输入专家系统后，推理机制在一定的控制策略下，搜索知识库中的规则、事实和语义网络，并按某种推理控制方式(如正向推理、逆向推理等)进行推理和判断，最后得到推理结果，并可以指出此推理结果的可信度值，作为用户决策的依据。

专家系统的知识库 K 一般由规则 RB、事实库 FB 和语义网络 SN 组成，即可表示成如下三元组：

$$K = (RB, FB, SN)$$

规则库中存放启发性知识，是知识表述的主要形式；事实库存放应用领域所需的数据、信息和事实；语义网络用于表述领域的概念、事实、实体以及它们之间的关系。知识库可以由规则互不相交的若干个知识块组成，每个知识块包含有限个数的规则组、事实组和语义网络组。知识块是有多个输入端且只有一个输出端的基本构造单位，而每条规则则是知识库的原子，因此，用这种方式表示的知识库是可以按一定的方式分块的。

学习机制 L 表示了对知识库的规则进行评价、修正或补充的能力，一方面通过学习机器能够发现并修正系统知识库中的错误和缺陷；另一方面，通过机器学习系统有可能发现新的知识，如新的规则、定理、概念等，达到知识自动增长、扩充现有知识库的目的。

西蒙(Simon)给出了一个机器学习系统的简单模型，如图 8-1 所示。

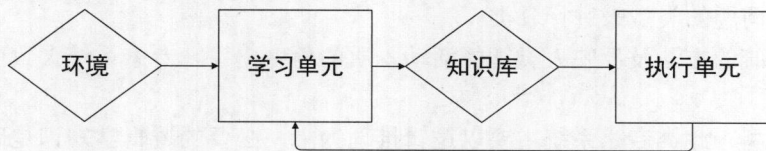

图 8-1　机器学习系统的简单模型

其中菱形框内表示陈述信息体，矩形框内表示过程，箭头表示学习系统的主要信息流。

影响学习系统的最重要因素是提供系统信息的环境，特别是有关信息的数量和质量。环境向学习单元提供初始信息，它既可以是人，也可以是其他信息处理系统。学习单元利用这些信息通过特定的学习机制，对其进行分类、分析、综合、总结、演绎、归纳和类比等操作获得对信息的进一步理解和认识，并以此对知识库进行求精、完善和扩充，执行单元则利用知识库中的知识执行求解问题的任务，对知识库进行测试，并将在执行任务的过程中获得的信息反馈给学习单元，对系统知识库进一步求精，从而不断提高系统求解问题的能力。

因此，我们可以把专家系统看成是人类专家和专家系统用户之间的媒介，人类专家在专家系统的知识获取状态下，负责对专家系统的知识库进行增加、修改和删减等操作并对其工作情况进行监督；而用户则在专家系统的咨询状态下同专家系统进行联系，并提出问题要求专家系统解答。

专家系统求解问题的能力，完全取决于它所包含的知识的数量和质量。衡量一个专家系统求解问题的能力，包括两方面的含义：其一是高质量，无论一个专家系统执行任务的速度有多快，如果它给出的结果不可靠或不精确，那么就很难令人满意；其二是高速度，因为即使专家系统能给出一个正确的结论或决策，但所花的时间已经超过了人们所能容忍的极限，那也是没有意义的。

综上所述，专家系统是一类具有明显特殊性的计算机程序，它既与一般的计算机应用程序有显著的区别，也与人工智能系统中的其他领域有所不同，在一般的人工智能程序中，大多采用的是与领域无关的控制问题求解的启发式方法(弱方法)，去探索一般应用问题的通用解答和人类思维的普遍机理，而专家系统由于其实用性、透明性和任务的专用性，必须采用由领域知识控制问题求解的启发式方法(强方法)，去寻求实用的、高水平的专业领域中的解决方案。

8.1.3 专家系统的分类

不同的专家系统可以解决不同的问题，有些专家系统之间虽然解决的问题领域相近，但系统的结构和方法，甚至连知识库的组织形式都相差很远，而有些系统解决的问题领域虽然看上去毫不相干，但它们却具有非常类似的结构和知识表示方法，这里面究竟有没有一些内在的规律可循？这使人们感到有必要对专家系统进行分类研究。

由于专家系统涉及的专业领域门类繁多，不同的专家系统的设计、实施方法和实施技术各不相同，很难制定一个比较单一的分类标准，现在采用较多的是按照实现专家系统的方法和所解决问题的类型来进行分类。

从专家系统的方法及反映人类智能活动本质的角度出发，专家系统大致可分为以下七大类：

(1) 演绎型。此类专家系统主要以逻辑推理为主，必要的逻辑学知识是研制此类系统的工具，演绎型专家系统模拟专家如何进行思考，如何减少搜索定义和定理的时间，减少不必要的推理步骤，修改公理系统和猜测定理的正确性等。这类专家系统一般采用逆向推理策略，结合归结原理进行推理，并通过人机对话的方式来减少知识搜索，删除不感兴趣的推理分支，这类系统一般具有数学公式及算法知识库，在推理、回溯等命令方面做深入的研究。

(2) 经验型。此类专家系统多数采用似然推理的策略，如概率推理、模糊推理等，并采用一定的可信度计算和传递方式，因此要求系统具有便于认识和使用的输入输出手段。

领域专家的经验是此类专家系统的基础，所以如何获得专家在实践中积累的经验，如何将专家的经验通过有效的知识表示方式进行描述、保存和检索，是设计此类专家系统的关键。

(3) 工程型。工程型专家系统应用在工程技术和工艺过程方面，可以发挥不同的风格并具有不同侧重点，如 CAD、CAM 等，这类专家系统在实际应用中的比例较大，因为此类专家系统有可能与现成的应用软件相结合，利用现有的与工程技术有关的实用程序，所以此类系统具有实用意义，可能会大大提高相关领域中的工作效率。

(4) 操作型。此类专家系统是与物理世界直接作用的系统，可以交换信息或有接口关系，将能量和信号直接作用于外界的运动，大部分机器人中的控制系统即属于这个范畴，操作型专家系统研究机器人学中的启发式规则及其实现的机理，是机器人中的核心部分。

(5) 探索型。探索型专家系统的主要任务是总结人们在发现规律时所应用的启发式规则，其中也包括科学方法论和科学研究中的美学原则等，在启发式规则总结得相当丰富的情况下，就可能会利用专家系统发现人们目前尚未发现的定律、定理和规则。

(6) 工具型。提供研制专家系统和知识处理系统工具的一类专家系统称为工具型专家系统，其主要任务有编写别的专家系统；将若干个专家系统组成一个更大的专家系统或知识处理系统并描述这些专家系统之间的关系；描述专家系统语言，选择知识表示、控制策略、学习机制和知识库等。

(7) 咨询型。此类专家系统与智能数据库相类似，但具有推理功能，可以应用于科研、军事、管理和法律等许多领域。

8.2　推　理　方　法

所谓推理是指从已知事实出发，运用已掌握的知识，推导出其中蕴含的事实性结论或归纳出某些新的结论的过程。其中，推理所用的事实可分为两种情况，一种是与求解问题有关的初始证据；另一种是推理过程中所得到的中间结论，这些中间结论可以作为进一步推理的已知事实或证据。

一般来说，人工智能系统中的智能推理过程是由一些程序来完成的，这些程序在人工智能系统中称为推理机。除了推理机以外，一个智能系统通常还包括综合数据库和知识库，综合数据库中存放有用于推理的事实或证据，而知识库中则存放有用于推理所必需的知识。当进行推理时，推理机根据综合数据库中的已有事实，到知识库中去发现与之匹配的知识，并从所有的匹配知识中选择一条适当的知识(称为启用知识)进行推理，如果得到的是一些中间结论，还需要把它们作为已知事实或证据放入综合数据库中，并继续寻找可以匹配的知识，如此反复进行，直到推出最终结论为止。这种推理过程实际上也就是一个问题求解过程。

8.2.1　推理的方法及其分类

就像人类智能活动有多种思维方式一样，人工智能中的推理方式也有多种。下面分别按照推理的逻辑基础、所用知识的确定性、推理过程的单调性等来对推理方式进行分类，并对其分别进行讨论。

1. 按照推理的逻辑基础进行分类

按照推理的逻辑基础进行分类，常用的推理方法可分为演绎推理、归纳推理和默认推理。

(1) 演绎推理。

演绎推理是从已知的一般性知识出发，推理出适合于某种个别情况的结论的过程。它是一种由一般到个别的推理方法。

最常用的演绎推理形式是三段论式，包括大前提、小前提和结论 3 个部分。其中，大前提是已知的一般性知识或推理过程得到的判断；小前提是关于某种具体情况或某个具体实例的判断；结论是由大前提推出的并且适合于小前提的判断。例如，有如下 3 个判断：

① 音乐系的学生至少会弹奏一种乐器；(大前提)

② 李聪是音乐系的一名学生；(小前提)

③ 李聪至少会弹奏一种乐器。(结论)

这就是一个典型的三段论推理。利用大前提(一般性知识)和小前提(某个具体实例的判断)经过推理得到结论，这种推理方式就是演绎推理。

演绎推理的一个典型特征是，在任何情况下，由演绎推理所推导出的结论总是蕴含在大前提所给出的一般性知识之中。由于假设大前提中的一般性知识是正确的，因此，只要小前提中的判断正确，则由它们推出的结论也必然正确。

(2) 归纳推理。

归纳推理是从大量特殊事例出发，归纳出一般性结论的推理过程，是一种由个别到一般的推理方法。其基本思想是：首先从已知事实中猜测出一个结论，然后对这个结论的正确性加以证明确认，数学归纳法就是归纳推理的一种典型例子。如果从归纳时对所选择的特殊事例的考察范围来看，可把归纳推理分为完全归纳推理和不完全归纳推理。如果从推理所使用的方法来看，可把归纳推理分为枚举归纳推理、类比归纳推理等。

所谓完全归纳推理是指在进行归纳时，对所选择事物的全部事例或对象进行考察，并根据这些事例或对象是否都具有某种属性，来推出该类事物是否具有此属性。例如，如果要对某公司生产的计算机产品进行质量检查，当对该公司生产的每台机器都进行了质量检验，并且都合格，则可推出结论"该公司生产的计算机质量合格"，这就是一个完全归纳推理。所谓不完全归纳推理是指在进行归纳时，只考察了所选择事物的部分事例或对象，就得出了关于该事物所具有的属性的结论。例如，在对某公司生产的计算机进行质量检验时，为了简便，只是随机地抽查了其中的部分机器，就根据对这些机器的考察结果得出该公司所生产的机器是否合格的结论，这便是不完全归纳推理。

所谓枚举归纳推理是指在进行归纳时，如果已知某类事物的有限数个具体事物都具有某种属性，则可推出该类事物都具有此种属性。例如，设 $a_1, a_2, \cdots, a_n$ 是某类事物 A 中的 n 个具体事物，若 $a_1, a_2, \cdots, a_n$ 都具有某种属性 B，并没有发现反例，那么当 n 足够大时，就可得出"A 中的所有事物都具有属性 B"这一结论。所谓类比推理是指在两个或两类事物有许多属性都相同或相似的基础上，推出它们在其他属性上也相同或相似的一种归纳推理。例如，设 A、B 分别是两类事物的集合：

$$A = \{a_1, a_2, \cdots\}$$
$$B = \{b_1, b_2, \cdots\}$$

并设 a_i 与 b_i 总是成对出现，且当 a_i 有属性 P 时，b_i 就有属性 Q 与之对应，即

$$P(a_i) \rightarrow Q(b_i) \qquad i = 1, 2, \cdots, n$$

则当 A 与 B 中有一新的元素对 (a', b') 出现时，若已知 a' 有属性 P，则可推理出 b' 有属性 Q，即

$$P(a') \rightarrow Q(b')$$

类比推理的基础是相似原理，其可靠程度取决于两个或两类事物的相似程度，以及这两个或两类事物的相同属性与推出的那个属性之间的相关程度。

(3)　默认推理。

默认推理又称缺省推理，是在知识不完全的情况下假设某些条件已经具备所进行的推理。也就是说，在进行推理时，如果对某些证据不能证明其不成立的情况下，先假设它是成立的，并将它作为推理的依据进行推理，但在推理过程中，当由于新知识的加入或由于所推出的中间结论与已有知识发生矛盾时，就说明前面的有关证据的假设是不正确的，这时就要撤销原来的假设以及由此假设所推出的所有结论，重新按新情况进行推理。尽管默认推理过程中，可能会出现一些无效推理，但由于默认推理允许在推理过程中假设某些条件的合理性，这就摆脱了必须要知道全部有关事实才能进行推理的要求，解决了在一个不完备的知识集中进行推理的问题。

演绎推理与归纳推理是两种完全不同的推理方法。演绎推理是在已知领域内的一般性知识的前提下，通过演绎求解一个具体问题或者证明一个结论的正确性。它所得出的结论实际上早已蕴含在一般性知识的前提中，演绎推理只不过是将已有事实揭示出来，因此它不能增殖新的知识。而归纳推理所推出的结论并没有包含在前提内容中，它是一个由个别事物或现象推出一般性知识的过程，这种过程能够导致新知识的产生。所以，从人工智能的知识获取要从这一角度看，归纳推理应当比演绎推理重要。

2. 按所用知识的确定性进行分类

如果按推理时所用知识的确定性来划分，推理可分为确定性推理和不确定性推理。所谓确定性推理是指推理所使用的证据、知识以及推出的结论都是可以精确表示的，其值要么为真，要么为假，不会有第三种情况出现；所谓不确定性推理是指推理时所用的证据、知识不都是确定的，推出的结论也不完全是确定的，其值会位于真与假之间。由于现实世界中的大多数事物都具有一定程度的不确定性，并且这些事物是很难用精确的数学模型来进行表示与处理的，因此，不确定性推理也就成了人工智能的一个重要研究课题。

3. 按推理过程的单调性进行分类

如果按照推理过程中所推出的结论是否单调地增加，或者说按照推理过程所得到的结论是否越来越接近最终目标来分类，推理可分为单调推理与非单调推理。

所谓单调推理是指在推理过程中，由于新知识的加入和使用，使推理所得到的结论会越来越接近于最终目标，而不会出现反复的情况，即不会由于新知识的加入而否定了前面推出的结论，从而使推理过程又退回到前面的某一步；而非单调推理则是指在推理过程

中，当某些新知识加入后，不但没有加强已经推出的结论，反而会否定原来已推出的结论，使推理过程要退回到先前的某一步，重新进行推理。非单调推理往往是在知识不完全的情况下发生的，因为在知识不完全的情况下，为使推理能够进行，就先做某些假设，并在这些假设的基础上进行推理，但在后来的推理过程中，由于新的知识加入，发现原来的假设并不正确，这时就需要撤销原来的假设，以及以此假设为基础推出的所有结论，运用加入的新知识重新进行推理。由于人类知识的不完全性，所以，日常生活中有很多情况所进行的决策都是非单调推理的结果。例如，经常发生在道路工程或立交桥设计过程中，由于原先对车流甚至人流的数量、走向等考虑不足(或者说假设错误)，所设计出的道路或桥梁不能满足要求，需拆掉重修的现象。前面所说的默认推理其实就是一种非单调推理。

8.2.2　推理的控制策略

　　智能系统的推理过程其实就是问题求解的过程，它不仅依赖于所用的推理方法，同时也依赖于推理的控制策略。推理的控制策略包括推理方向、搜索策略、冲突消解策略、求解策略、限制策略；而推理方法则是指在推理控制策略确定之后，在进行具体推理时所要采取的匹配方法或不确定性传递算法等方法。

　　推理方向用来确定推理的驱动方式，即数据(证据)驱动或是目标驱动。所谓数据驱动即指推理过程从初始证据开始直到目标结束；而目标驱动则是指推理过程从目标开始进行反向推理，直到出现与初始证据相吻合的结果。按照对推理方向的控制，推理可分为正向推理、反向推理、混合推理及双向推理四种情况。无论采用哪一种推理方式，智能系统都应该有一个知识库用于存放知识、一个综合数据库用于存放初始证据及中间结果和一个推理机用于推理求解。推理的限制策略是为了防止无穷的推理过程，或者说为了防止推理过程太长导致时间及空间的复杂性增加，而对推理的深度、宽度、时间、空间等进行限制；推理的求解策略是指在利用推理求解问题时，求多少个解以及求什么样的解。例如，是求所有的解？还是求一个解或者是最优解？冲突消解策略则是指当推理过程中有多条知识或规则与推理输入的条件或假设匹配时，如何从这多条匹配知识或规则中选出一条知识或规则作为启用知识或规则用于推理。下面按照推理方向来对各种推理方式进行讨论。

1．正向推理

　　正向推理是一种从已知事实出发，正向使用推理规则的推理方式，它是一种数据(或证据)驱动的推理方式，又称前向链推理或自底向上推理。正向使用推理规则是指用综合数据库中的已知事实与知识库中知识的前提条件(或规则前件)进行匹配来选择知识(或规则)。正向推理的基本思想是：用户事先提供一组初始证据，并将其放入综合数据库。推理开始后，推理机根据综合数据库中的已有事实，到知识库中寻找当前匹配知识，形成一个当前匹配知识集，然后按照冲突消解策略，从该知识集中选择一条知识作为启用知识进行推理，并将新推出的事实加入综合数据库，作为后面继续推理时可用的已知事实，如此重复这一过程，直到求出所需要的解或者知识库中再无可用知识为止。

　　正向推理过程可用如下算法描述：

　　(1)　把用户提供的初始证据或已知事实放入综合数据库。

(2)　检查综合数据库中是否包含了问题的解，若有，则求解结束，并成功退出；否则执行(3)。

(3)　检查知识库中是否有与综合数据库中已有事实相匹配的知识，若有，则将所有的匹配知识构成当前匹配知识集，转(4)；否则转(5)。

(4)　按照某种冲突消解策略，从当前匹配知识集中选出一条知识作为启用知识用来进行推理，并将得出的新事实或证据加入综合数据库中，然后转(2)。

(5)　询问用户是否可以进一步补充新的事实或证据，若可补充，则将补充的新事实或证据加入综合数据库中，然后转(3)；否则表示无解，失败退出。

正向推理的算法表面上看好像比较简单，但实际上推理的每一步都还有许多工作要做。例如，如何根据综合数据库中的已有事实从知识库中选出那些匹配的知识；当知识库中有多条知识与综合数据库中的已有事实匹配时，应该选择哪一条知识作为进行推理的启用知识？这涉及知识的匹配方法和冲突消解策略，将在后面讨论。

正向推理的优点是比较直观，允许用户主动提供有用的事实信息，适合于诊断、设计、预测、监控等领域的问题求解，其主要缺点是推理无明确目标，求解问题时可能会执行许多与求解无关的操作，导致推理效率较低。

2. 反向推理

反向推理是一种以某个假设目标为出发点，反向运用推理规则的推理方式，它是一种目标驱动的推理方式，又称反向链推理或自顶向下推理。所谓反向运用推理规则，就是在进行推理时，用事实数据库中的已知事实(实际就是假设的目标或推理出的子目标)与知识库中知识的结论部分(或规则后件)进行匹配，选择可用的知识或规则。反向推理的基本思想是：首先根据问题求解的要求，将要求证的目标(称为假设)构成一个假设集，然后从假设集中取出一个假设对其进行验证，检查综合数据库中是否有支持该假设的证据，若有，则说明该假设成立；若没有，则检查知识库中是否有结论与该假设相匹配的知识，并利用冲突消解策略，从所有可匹配的知识中选出一条作为启用知识用于推理，即将该启用知识前提条件中的所有子条件都作为新的假设放入假设集。对假设集中的所有假设重复上述过程，直到成功退出为止。在对假设进行验证时，若综合数据库中没有与该假设相匹配的证据，询问用户是否可把该假设当作证据，若可以当作证据，则认为该假设成立，并把它加入综合数据库；若不能把该假设当作证据，则说明对该假设的验证失败，再从假设集中取出下一个假设重复上面的验证，直到假设集中的假设验证完为止。

反向推理过程可用如下算法描述：

(1)　将要求证的目标(称为假设)构成一个假设集。

(2)　从假设集中选出一个假设，检查综合数据库中是否有该假设，若有，则认为该假设成立，此时，若假设集为空，则成功退出，若假设集不为空，则选出下一个假设，执行(2)；若综合数据库中没有该假设，则执行(3)。

(3)　检查知识库中是否有结论与所选出的假设相匹配的知识。若没有相匹配的知识，则询问用户该假设是否为可由用户证实的原始事实，若是，该假设成立，并将其放入综合数据库，再重新选择一个新的假设，若不是，则转(5)；若有相匹配的知识，则执行(4)。

(4) 将知识库中所有与假设相匹配的知识组成一个匹配知识集。

(5) 检查匹配知识集是否为空,若空,失败退出;否则执行(6)。

(6) 利用冲突消解策略从匹配知识集中选取一条知识作为启用知识,继续执行(7)。

(7) 将启用知识前提条件中的每个子条件都作为新的假设放入假设集,转(2)。

反向推理显然要比正向推理复杂一些,这里给出的算法只是对反向推理的一个框架性描述,在具体实现时仍还有许多问题需要考虑。例如,在算法开始时,初始目标(假设)的选择直接影响着推理机的效率,如果目标选择准确,则推理的效率就会较高。初始目标的选取一般有两种方法,一种是由用户指定目标,另一种是智能系统自主选择。前者虽然简单,但自动化程度差,而后者虽然自动化程度较高,但盲目性却比较大。另外,当一个假设所匹配的知识的前提条件是多个子条件的逻辑组合时,这些子条件间的关系可能是"与"的关系,也可能是"或"的关系。如何将这些子条件放入综合数据库并排定它们参加推理的顺序,以提高推理的效率,也需要认真考虑;再比如,在对一个子条件进行验证时,需要把它作为新的假设,并在知识库中查找与此新假设匹配的知识,这就又会产生一组新的子条件,推理过程如此不断地进行下去,就会产生处于不同层次上的多组子条件,形成一种树状结构。当推理到达一个叶结点(即综合数据库中的某个事实)时,又会逐层向上返回,并且在返回过程中,又可能需要再次向下。如此多次上下反复,才会证明初始目标是否成立,由此可以看出,反向推理实际是一个十分复杂的过程。

反向推理的主要优点是推理过程的目标明确,不必寻找和使用那些与假设目标无关的信息和知识,同时也有利于向用户提供解释,在诊断性专家系统中较为有效。其主要缺点是当用户对解的情况认识不清时,由智能系统自主选择假设目标的盲目性比较大,若选择不好,可能需要多次提出假设,导致智能系统的推理效率降低。

3. 混合推理

正如以上所述,正向推理和反向推理都有各自的优缺点,对于一个比较复杂的问题,应用它们中的任何一种都不会有很高的推理效率。为了更好地发挥这两种推理方式的长处,避免各自的短处,互相取长补短,可以将它们结合起来使用。这种把正向推理和反向推理结合所进行的推理称为混合推理。

(1) 混合推理的实现方法。

将正向推理和反向推理结合实现混合推理的具体方法有多种。例如,在推理过程中,可以采用先正向后反向,两种推理方式交替应用的方法;也可以采用先反向后正向,两种推理方式交替应用的方法。下面只简单对这两种情况进行讨论。

① 先正向后反向的混合推理。

该方法首先进行正向推理,从已知事实出发得出部分结果,然后再用反向推理对这些结果进行验证。

② 先反向后正向的混合推理。

该方法首先进行反向推理,从假设目标出发得出一些中间假设,然后再用正向推理对这些中间假设进行证实。

(2)　混合推理的适用场合。

在用推理方法求解问题时，当遇到以下几种情况，则适宜采用混合推理方法。

①　已知事实不够充分。

在利用正向推理进行问题求解时，当综合数据库中的已知事实或证据不够充分时，就可能会出现这样的情况：知识库中没有一条知识的前提条件可以和综合数据库中的已知事实或证据相匹配。这就会使正向推理的推理过程无法进行下去。这时，如果把那些前提条件中只有部分子条件不能与事实相匹配(即不完全匹配)的知识都找出来，并把这些知识的结论作为假设进行反向推理，则由于在反向推理中可以向用户询问有关证据，从而获得正向推理所需的新的事实或证据，使推理过程有可能再进行下去。这种情况就是先利用正向推理找到一些可能会匹配的知识，并将这些知识的结论作为假设，然后通过反向推理去对所得到的假设进行验证，从而实现问题的求解。

②　由正向推理得出的结论可信度不高。

在有些情况下，虽然采用正向推理可以得出问题的结论，但所得结论的可信度较低。为了解决这一问题，可选择几个可信度相对较高的结论作为假设或目标，从它们出发利用反向推理方式进行推理。在推理过程中，系统可以交互地向用户进一步询问证据，在获得较可靠的证据之后，再反过来进行正向推理。由于利用反向推理获得的证据可靠性较高，所以这时正向推理就可能会推出可信度较高的结论。

在反向推理中，智能系统可以通过与用户的交互对话，有针对性地向用户提出一些问题，从而获得一些原来未知的事实或证据。智能系统利用这些事实证据，不仅可用来验证需要证明的假设，而且还可能推出一些其他的结论。也就是说，在用反向推理证实了一些假设之后，就可以将这些假设当作新的证据，通过正向推理，去得出另外一些结论。

4. 双向混合推理

所谓双向混合推理是指正向推理和反向推理同时进行，使推理过程在中间的某一步骤相汇合而结束的一种推理方法。其基本思想是：依据某种选择，先根据问题的已知事实进行正向推理，或从假设目标出发进行反向推理。在整个推理过程中，两种推理算法依据一定的控制策略交替执行。正向推理时不期望从初始证据一直推到最终目标，反向推理时也不期望从某个假设一直推到原始事实，而是期望推理过程在中间的某处汇合。这种汇合表明了正向推理所得到的中间结果恰好满足了反向推理所要求的证据，这表明推理成功结束，反向推理时所做的假设就是推理的结论。如果在推理过程中的某一步，正向推理的结论与反向推理中的某个子假设相互矛盾，就说明反向推理中这个子假设是错误的，从而可放弃这个子假设，这就会减少反向推理时目标(假设)选择的盲目性，从而提高问题求解的推理效率。

8.2.3　推理的冲突消解策略

在利用推理求解问题的过程中，如果综合数据库中的已知事实(证据)与知识库中的多条知识相匹配，或者有多个已知事实(证据)都可与知识库中的某一条知识相匹配，或者有多个已知事实与知识库中的多条知识相匹配，则称这种情况为知识(或规则)冲突。此时，需要按照某种策略从这多条匹配的知识中选择一条最佳知识用于推理，这种解决冲突的过程称为冲突消解。冲突消解所用的策略则称为冲突消解策略。下面以产生式系统为例来讨论冲突消解策略。

在利用产生式系统中的规则进行正向推理时，如果有多条产生式规则的前件都与综合数据库中的事实匹配成功，或者综合数据库中有多组事实都与同一产生式规则的前件匹配成功，或者综合数据库中有多个已知事实与知识库中的多条产生式规则的前件匹配成功，则称发生了规则冲突。同样，在利用产生式系统进行反向推理时，如果多条产生式规则的后件都和同一假设匹配成功，或者有多条产生式规则的后件可与多个假设匹配成功，也称发生了规则冲突。

冲突消解的任务就是解决冲突，从多条匹配规则中选出一条规则作为启用规则，将它用于当前的推理，对于正向推理来说，就是得出产生式规则后件所指出的结论或执行规则后件所给定的操作；对于反向推理而言，就是将匹配规则的前件当作新的假设，放入综合数据库，以便继续进行推理。目前已有的多种冲突消解策略的基本思想都是对匹配的知识或规则进行排序，以决定匹配规则的优先级别，优先级高的规则将作为启用规则。常用排序方法有如下几种。

(1) 按就近原则排序。

这种策略把知识最近是否被使用过作为知识排序的依据，把最近使用过的知识赋予较高的优先级，排在优先的位置。这符合人类的行为规范，如果某一知识或经验最近经常被使用，则人们往往会优先考虑这一知识。

(2) 按知识特殊性排序。

这种策略把知识的特殊性作为知识排序的依据，具有特殊性的知识排列在前面，赋予较高的优先级。在当前匹配知识中，特殊性知识一般是要求前提条件更多的知识，特殊性知识比一般性知识具有针对性更强、结论更接近于目标的特点。优先选择特殊性知识，会提高推理效率，缩短推理过程。

(3) 按上下文限制排序。

这种策略把知识的上下文作为知识的排序依据，即把知识库中的知识按照其所描述的上下文分成若干组，在推理过程中，根据当前数据库中事实或证据与上下文的匹配情况(距离)，决定从哪一组知识中选择启用知识，距离小或者说匹配情况好的知识组具有较高的优先级。

(4) 按知识的新鲜性排序。

这种策略把知识的新鲜性作为知识排序的依据，认为新鲜知识是对老知识的更新和改进，比旧知识更有效，所以，赋予新鲜知识更高的优先级。知识的新鲜性是根据该知识(或规则)前提条件中所用事实或证据的新鲜性来确定的，而事实或证据的新鲜性则是根据其加入综合数据库的先后来确定的，这种思想有些像深度优先搜索策略。通常情况下，人们假设后加入综合数据库中的事实或证据比先加入的事实或证据具有更大的新鲜性。

(5) 按知识的差异性排序。

这种策略把知识的差异性作为知识排序的依据，给予上一次使用过的知识差别大的知识赋予更高的优先级。这样，可以避免重复执行那些相近知识，防止系统在某个问题附近进行低效的、重复性的推理。

(6) 按领域问题的特点排序。

这种策略把领域问题的特点作为知识排序的依据，即根据领域问题的特点把知识排成一定顺序，排在前面的知识具有更高的优先级。

(7) 按规则的次序排序。

这种策略就是以知识库中已有的规则排列顺序作为知识排序的依据，排在前面的规则具有较高优先级。

(8) 按前提条件的规模排序。

这种策略把知识的前提条件的规模(或个数)作为知识排序的依据，在结论相同的多个知识中，前提条件少的知识具有更高优先级。原因是前提条件少的知识在与综合数据库中的知识匹配时容易实现，所花的时间也较少。

除了上面所讨论的几种知识排序策略以外，在系统实现过程中，根据实际情况还有许多策略可以采用。例如，在不确定性推理中按知识的匹配度对知识进行排序等。当然，也可以将上述的一些策略组合起来对知识进行排序，形成更为有效的冲突消解策略。

8.3 一个简单的专家系统

MYCIN 是美国斯坦福大学研制的对细菌感染的疾病诊断和治疗提供咨询的专家系统，它基本完成于 1974 年，后又进行了多次改进。

细菌感染疾病专家在对病人诊断和处方时一般需要按照如下四个步骤来进行：

①   确定病人是否有重要的病菌感染需要治疗，其方法是从病人身上提取一些培养物(如血液、唾液、粪便等)送到化验室并放进培养液中培养出各种细菌；

②   确定疾病可能是由哪种细菌引起的；

③   判断哪些药物能够抑制或杀死这种致病的细菌；

④   根据病人情况，选择最适合的药物。

MYCIN 系统试图通过产生式规则系统来表达医生的临床经验和判断，模拟专家的诊断推理过程。

1. MYCIN 系统的结构

如图 8-2 所示，MYCIN 系统由三个子系统组成：咨询子系统、解释子系统和知识获取子系统；系统所有信息存放在两个库中：数据库存放关于病人的信息以及系统在咨询过程中询问的问题和推出的结论等，知识库存放咨询过程中用到的各种诊断和治疗疾病的规则知识。

图 8-2 中单线箭头表示信息流，双线箭头表示控制流。系统开始时，首先进入咨询子系统，系统通过人—机对话，从医生或病人那里取得有关病人症状的初步数据，然后进行推理；当系统根据已知的信息无法推出结论时，就向医生询问进一步的信息；如果医生对询问的某些问题不清楚或有疑问时，可暂停咨询而向系统提出问题；这时系统会给予必要的解释，说明询问进一步信息的原因，并示范系统期望的回答示例；然后又重新返回到咨询过程中。

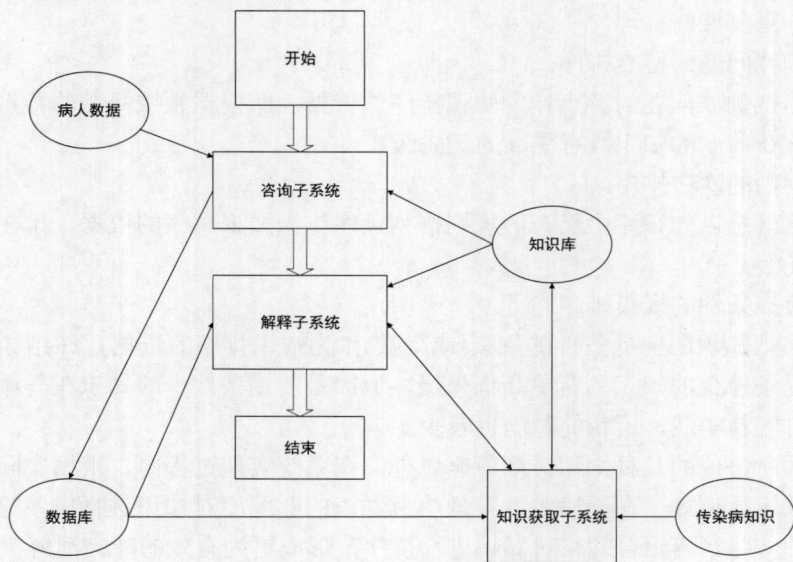

图 8-2　MYCIN 系统结构

当咨询过程结束时，系统自动进入解释子系统，回答用户的问题，解释推理过程，以使用户理解和接受系统得出的结论。

知识获取子系统从传染病专家和知识工程师那里获取有关传染病的领域知识，并且当发现知识不完善或有遗漏时，通过与知识工程师的对话进行增删。

2. 上下文及上下文树

MYCIN 系统在咨询过程中，为得出最终结论需要建立一系列的信息，这些信息包括病人的一般情况、培养物、从培养物中分离出的细菌，以及病人以前曾服用过的药物等。这些信息分别归属于不同的对象，如培养物、细菌等，称为上下文。MYCIN 中共有十种不同的上下文，具体如下。

```
PERSON              病人
CURCULS             当前取得的培养物
PRIORCULS           以前取得的培养物
CURORGS             从当前培养物中分离出的细菌
PRIORORGS           从以前培养物中分离出的细菌
OPERS               病人正在接受的治疗
OPDRGS              治疗期间病人服用的抗菌药物
CURDRGS             病人当前服用的抗菌药物
PRIORDRGS           病人以前服用过的抗菌药物
POSSTHER            正在考虑的处方 (治疗方案)
```

在咨询过程中，MYCIN 将病人的具体情况填入不同类型的上下文中，称为上下文的个体或例示，结果得到一个层次结构的上下文树。

3. 知识库组织

MYCIN 系统的知识库存放着丰富的医学知识，用于诊断和治疗感染性疾病，这些知识用产生式规则来表示，此外还包括其他咨询过程中所需要的各种信息，如上下文、参数和其他静态知识。

1) 规则及其特性

规则的基本形式是：IF(条件或前提)THEN(操作或结论)，每条规则都带有一个确定性因子 CF，用来表示规则的可信程度，由医学专家给出或通过计算获得。规则具有内部形式和外部形式，其内部形式中前提与操作部分均以 LISP 语言中的表结构存放，其外部形式为自然语言表示。例如：

规则 047

内部形式

```
PREMISE:( $AND CSAME CNTXT SITE BLOOD)
        (NOTDEFINITE CNTXT IDENT)
        (SAME CNTXT STAIN GRAMNEG)
        (SAME CNTXT MORPH ROD)
        (SAME CNTXT BURN T)
ACTION: (CONCLUDE CNTXT IDENT PSEUDOMONAS TALLY 0.4)
```

外部形式

如果	培养物的部位是血液
	细菌的类别确定不知道
	细菌的染色是革兰氏阴性
	细菌的外形是杆状
	病人被严重烧伤
那么	
	以不太充分的证据(可信度 0.4)
	说明细菌的类别是假单菌

每条规则在知识库中用如下四个特性来描述：

① PREMISE 规则的前提部分；

② ACTION 规则的操作部分；

③ CATEGORY 规则按上下文进行分类，每条规则属于且只属于其中一类，以便于调用；

④ SELFREE 规则是否自我引用，取值为 1 或 0。

每条规则都可用两个(<对象><属性><值>)三元组的形式存储起来，并用 LISP 语言中的特性表来实现。第一个三元组为(<规则名>PREMISE<前提>)，第二个三元组为(<规则名>ACTION<操作>)。

规则的前提和操作中都可包含有谓词，用函数来表示，这些函数分为三类，分别为前提函数、操作函数、专用函数。

(1) 前提函数。

这类函数用在规则的前提部分中，对数据库中关于病人的数据进行求值，并回答一个真值。

(2) 操作函数。

这类函数用在规则的操作部分中，其中最常用的是 CONCLUDE，它有 5 个变量，其中前三个是对象—属性—值，第四个总是 TALLY，用于保存前提的确定性因子，第五个变量是规则的确定性因子，该函数的作用是将 TALLY 与第五个变量相乘得到对象—属性—值的确定性因子。

(3) 专用函数。

专用函数可以用来查找知识库中的知识表，建立可被规则前提或操作中其他函数利用的临时数据结构。知识表中存放着临床参数在各种情况下取值的综合信息。

MYCIN 中常用的一些专用函数包括用于前提部分的 SAME2、NOTSAME2、SAME3、NOTSAME3、GRID，以及用于操作部分的 CONCLIST、TRANLIST 等。

2) 参数及其属性

每种类型的上下文都有一组有关的临床参数，这些参数可用于这种类型的所有上下文，但上下文类型不同其相应参数亦不同。例如，PROP-PT 类参数用于 PERSON 上下文类型，描述病人的特征，包括 NAME、AGE 和 SEX；用于 CURCULS 上下文类型的参数组为 PROP-CUL，描述培养物的特征，包括参数 SITE，即取得培养物的部位；用于 CURORGS 上下文类型的参数组为 PROP-ORG，描述细菌的特征，包括参数 IDENT，即细菌类别；此外，还有其他三种类型的参数是 PROP-DRG、PROP-OP 和 PROP-THER 等。

对每个参数，MYCIN 系统在知识库中各存有一组属性(或称特性)，以便被咨询和解释程序调用。

3) 上下文特性

MYCIN 中每个上下文类型都储存有下列特性中的一部分特性，当产生上下文例示时就要用到这些特性，来检验一条规则是否可用于某个上下文。

ASSOCWITH：指出上下文在上下文树中的词根，如 CURORGS 的 TYPE 特性是"细菌"，其后缀一个数字表示一个具体名称。

PROPTYPE：指出用于该类上下文的参数类型。

SUBJECT：指出用于该类上下文的规则类型。

MAINPROPS：是一参数表，指出当此类上下文被例示时需要立即跟踪的参数。

TRANS：此类上下文的自然语言说明。

SYN：用于在参数的 PROMPT(或 PROMPT1)属性值中代替"*"，构成完整的询问句。

PROMPT1：用于向用户询问是否有该类上下文要加入上下文树。

PROMPT2：当上下文树中已有该类上下文时，向用户询问是否还有其他该类上下文需加入上下文树。

PROMPT3：如果对该类上下文来说必须至少有另一个上下文与之对应，则就用 PROMPT3 代替 PROMPT1。

一般来说，每个上下文类型都必须具有除 PROMPT1 和 PROMPT3 之外的所有其他特性，以及 PROMPT1 和 PROMPT3 中的一个。

4) 其他知识及其组织

MYCIN 系统知识库中除含有规则、上下文和参数外，还包含其他一些静态知识，这些知识以图表的形式组织起来，可被规则所引用。例如，MYCIN 已知的所有细菌类别表、无菌部位表、非无菌部位表，以及细菌的染色特性、外形和需氧性表等，这些图表一方面可避免冗余的数据存储，另一方面也可减少规则的条数，提高推理效率。

4. 数据库组织

数据库中的数据是动态变化的，在每次咨询时，都要重新建立一次。数据均以(<对象><属性><值>)三元组的形式组织，包括如下几种类型。

1)　病人数据

这类数据是由医生提供的或由系统推论得到的参数值，描述关于病人的一些情况，其三元组中的<对象>为上下文，属性为具体参数(而不是参数类型)，值为一个表后跟两个整数。

2)　动态数据

这类数据主要用于解释子系统，记录有关数据的获取信息，以便向用户解释系统的推理过程。如果参数值是通过询问用户得到的，则记录用户的回答以及提问的次序。如果参数值是推理得到的，则保存推出该参数值的规则。

3)　上下文的过程

在例示上下文的过程中需要用到 PROMPT1(或 PROMPT3)和 PROMPT2，因此需要记录 PROMPT1(或 PROMPT3)是否已用过或用户是否已表示没有更多的这种类型的上下文。在数据库中设有两个标志 ASKABLE 和 PASKED，用以表示上述信息。例如，当 ASKABLE 为 1 而 PASKED 为 0 时表示这种类型的上下文尚未被例示过；用过 PROMPT1(或 PROMPT3)之后，PASKED 就置为 1。当这两个标志都为 1 时，表示应使用 PROMPT2 去询问是否有另一个这种类型的上下文。

4)　关于正在建立的上下文树的特性

当在咨询过程中建立上下文时，关于上下文树连接的信息保存在数据库中，每种上下文都存有下述三种特性的值：

CTTYPE　　　　　　　相应的上下文类型

PARENT　　　　　　　父结点名，若为根结点，则空

DESCENDANTSOF　　 子结点名表

5. 咨询子系统

MYCIN 咨询过程就是一个推理过程，该过程的目的是寻找跟踪参数 REGIMEN 的值，因为该参数表示对病人建议的处方(治疗方案)，属于描述上下文 PERSON 的参数类型 PROP-PT。

MYCIN 采用反向推理和深度优先搜索的方法跟踪参数 REGIMEN 的值，为此系统首先引用目标规则 092，因为该规则是系统中唯一在其操作部分涉及 REGIMEN 参数的规则，它属于 PATRULES 类，可用作 PERSON 类型的上下文。该规则体现了传染病专家诊断和处方过程的四个步骤，其形式如下：

规则 092

如果　　存在一种需要治疗的病菌，
　　　　已经考虑了其他可能需要治疗的病菌，即使这些病菌尚未从当前培养物中分离出来。
那么　　根据病菌对药物的敏感情况编制能有效地抑制该病菌的处方表，从处方表中选择最佳处方。
否则　　病人无须治疗。

1)　推理过程

在咨询开始时，MYCIN 系统首先例示上下文树中的根结点，它属于 PERSON 类型的上下文，这个过程包括三个步骤：

①　赋予该上下文一个名称；

②　把该上下文加到上下文树中；

③　立即跟踪这类上下文的 MAINPROPS 表示的参数。

PERSON 类型上下文的参数 MAINPROPS 的特性有 NAME、AGE、SEX 和 REGIMEN，因此 MYCIN 按次序跟踪这四个参数，一旦四个参数值获得，则咨询过程结束。由于 NAME、AGE 和 SEX 都是 LABDATA 类参数，所以系统通过向用户询问而得到它们的值，并保存在数据库中，最后跟踪 REGIMEN 参数，并由此引出对规则 092 的调用。

规则 092 的前提引用到两个参数 TREATFOR 和 COVERFOR，这两个参数都是 PROPPT 类的，且是"是否"型参数。对这两个参数的求值，又导致一系列的规则调用。

MYCIN 系统的推理过程由一个负责选择和调用规则的 MONITOR 程序(见图 8-3)和一个负责查找数据的 FINDOUT 程序(见图 8-4)的相互作用来实现。MONITOR 判定一条规则是否成立，如果前提的可信度(CF 值)大于 0.2，则调用该规则结论中的函数，并把推出的数据存入数据库中；如果前提可信度小于等于 0.2，则放弃该规则；如果因某些参数值未获得而无法确定前提是否成立，则调用 FINDOUT 试图去获得这些参数的值。FINDOUT 获得数据的途径有两种，一是询问用户；二是调用其他规则进行推论。但一般来说，对于 LABDATA 类参数，先询问用户后调用规则，而对于其他参数，是先调用规则后询问用户。调用规则跟踪参数的过程也是反向推理的方法。

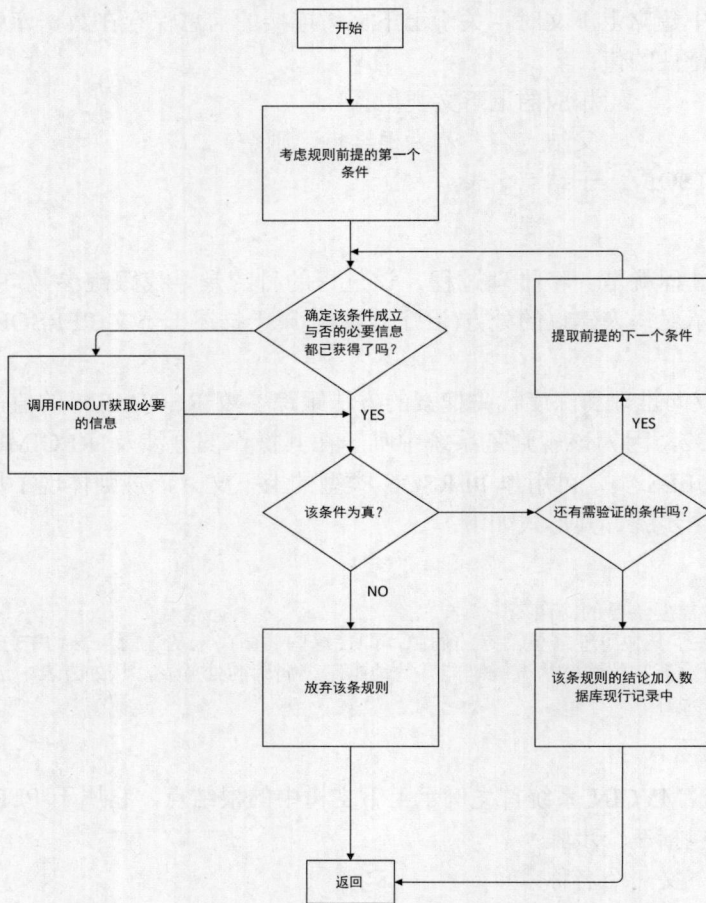

图 8-3 MONITOR 程序框图

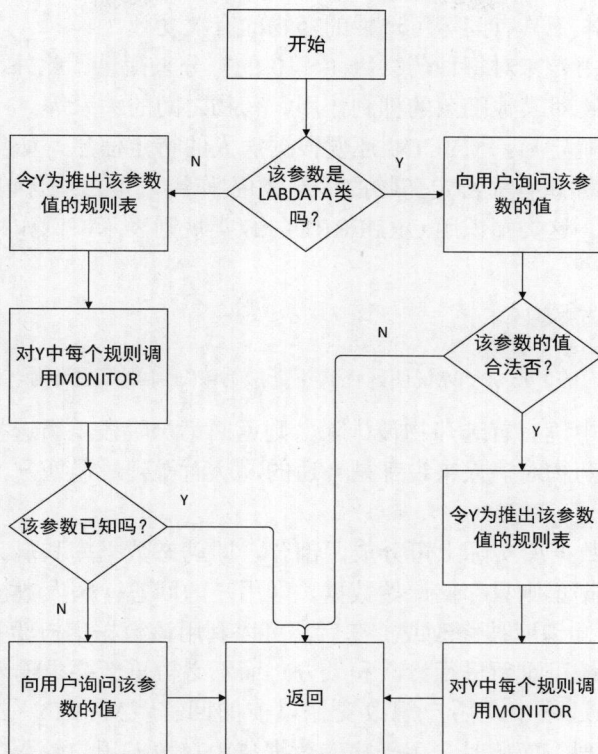

图 8-4　FINDOUT 程序框图

2)　向用户询问数据

当 FINDOUT 遇到 LABDATA 类参数时,首先向用户询问该参数的值,其方法是构造一个询问句,与用户对话。

用户对系统的询问进行回答后,FINDOUT 对用户提供的参数值进行语法和语义检查,如果合法,则将其放入数据库中,否则告诉用户系统不能识别他的回答,并显示对问题正确回答的例子,然后再次询问这个问题。用户回答系统的问题时,除提供参数值外,还需指明其可信度;当用户没有明确给出参数值的可信度时,系统默认为其可信度 CF 值为 1。用户还可以回答 UNKNOWN,表示"不知道"该参数值。

3)　形成治疗方案

当目标规则的前提被满足时,MYCIN 就执行目标规则的操作部分,形成一个可能的对抑制细菌有效的处方表,并从中选择一个最佳的处方。

形成处方的第一个阶段是生成对可能致病的细菌有抑制作用的药物清单。

形成处方的第二个阶段是从可能的处方中选择一个最佳处方,为此系统将进行如下两项处理:

(1)　选择首选药物。

一种细菌的首选药物的选择依据下面的三个标准:

a)　细菌对药物的敏感性。

b)　药物是否已被用于病人治疗。

c) 在前两个标准下具有同等可选性的药物的有关功效。

其中第三个标准由专家对每种药物用 1～10 的打分来衡量。此外，系统还要考虑其他一些因素，如某种药物对其他细菌的抑制作用、药物之间的关系等。

(2) 对首选药物确定后，MYCIN 还要根据病人的特定信息，如年龄、肾功能状况、药物过敏、疾病类型等和有关特定药物的信息(如副作用，是否适合单独使用等)考虑首选药物对病人是否合适。这类知识用 ORDERRULES 类规则表示，例如：

规则 055

如果　　所考虑的药物是四环素， 　　　　病人年龄小于 13 ； 那么　　存在强有力的证据(0.8)说明四环素不是抑制该细菌的合适药物。

如果在筛选过程中确有首选药物被排除，则返回第一阶段重新选择首选药物，如此循环，直到找出的首选药物对病人来说都是合适的，从而得到最佳处方。

4) 病人数据集

MYCIN 系统的数据库实际上可分成两部分，即动态数据库和病人数据集，前者即为上下文树，而病人数据集则只存储原始数据，即用户的回答。病人数据集有两个作用：

① 当 MYCIN 知识库被修改或扩充后，可以利用该数据集检验知识库性能；当获得用户新的回答时，系统可重新进行诊断和处方，而不必再重新要求输入以前回答的数据。

② 如果在咨询过程中，用户想改变他以前的回答，MYCIN 必须撤销整个上下文树，从头开始进行推理，而此时，由于病人数据集中存放着用户输入的所有数据，因此在重新推理时，MYCIN 只需将病人数据集中用户指定的数据更改一下，以后每当需要原始数据时先查找病人数据集，如果有此项数据就不必再询问用户了。

6. 解释子系统

MYCIN 系统能够解释用户提出的多种问题，这些问题可分成两大类：①推理状态检查回答用户关于咨询过程的各种问题，这时需要用到数据库中的有关信息；②一般问题解答用户关于系统自身的一些问题，这时需要用到知识库中的有关信息。用户可以用MYCIN 的解释命令，如 WHY、HOW 等要求系统回答问题，也可以用自然语言向系统提问。

为了回答用户提出的关于咨询过程中的问题，系统必须记录系统运行中的各种行为，这些信息存储在一棵树中，称为历史树。

整个解释子系统由若干"专门程序"组成，每个专门程序对一种类型的问题提供解释。用于完成解释的许多知识(如怎样使用历史树，怎样在知识库或数据库中检索有关信息等)都包含在这些专门程序中。此外，上下文参数的特性表也为解释子系统提供了许多有用的知识。

MYCIN 代表了一个新一代的计算机程序，这种程序能进行推理、解释推理过程，并提供可与专家建议相媲美的意见。MYCIN 的建立标志了 AI 研究的转折。MYCIN 的成功证明了专家系统已有足够的能力脱离严格的学术问题，离开实验室，进入具有不完全信息和不确定信息的实用环境，进入需要对疑难问题作出判断的用户单位，进入那些需要大量知识作前提才能作出良好判断的领域。

8.4　不确定性推理

不确定性推理(reasoning with uncertainty)也称不精确推理，是一种建立在非经典逻辑基础上的基于不确定性知识的推理，它从不确定性的初始证据出发，通过运用不确定性知识，推出具有一定程度不确定性的和合理的(或近乎合理的)结论。

不确定性推理中所用的知识和证据都具有某种程度的不确定性，这就给推理机的设计与实现增加了复杂性和难度。除了必须解决推理方向、推理方法、控制策略等基本问题以外，一般还需要解决不确定性的表示与量度、不确定性匹配、不确定性的传递算法，以及不确定性的合成等重要问题。

8.4.1　不确定性推理的概念

所谓推理就是从已知事实出发，运用相关的知识(或规则)逐步推出结论或者证明某个假设成立或不成立的思维过程。其中，已知事实和知识(规则)是构成推理的两个基本要素。已知事实是推理过程的出发点及推理中使用的知识，把它称为证据，而知识(或规则)则是推理得以向前推进，并逐步达到最终目标的根据。

一个人工智能系统由总数据库、知识库和推理机构成。其中，总数据库就是已知事实的集合，而知识库即是规则库，是一些人们总结的规则的集合，推理机则是由一些推理算法构成，这些算法将依据知识库中的规则和总数据库中的事实进行推理计算。其中，知识库是人工智能系统的核心。由于现实世界中的事物以及事物之间的关系极其复杂，再加上客观上存在的随机性、模糊性以及某些事物或现象暴露的不充分性，从而导致了人们对它们认识的不精确和不完全，具有一定的不确定性。这种认识上的不确定性反映到人们所总结的知识(或规则)以及由观察所得到的证据上来就分别形成了不确定性的知识及不确定性的证据。所以，人工智能系统中的知识库往往就是由一些具有不确定性的规则组成，而它的总数据库中已包含了一些具有一定不确定性的证据。在这种情况下，如果在推理过程中仍然采用经典的、基于逻辑的、精确的推理方法，必然会把客观事物原本具有的不确定性以及事物间客观存在的不确定性关系化归为确定性的，从而失去对客观世界描述的真实性。由此可以看出，人工智能中对推理的研究不能停留在确定性推理这一层次上，而是应进一步展开，使计算机能够模拟人类的思维进行不确定性的推理。而这种不确定性推理就是从具有不确定性的证据出发，运用知识(或规则)库中具有不确定性的知识，最终推出具有一定程度的不确定性，但却是合理的或近乎合理的结论的思维过程。

8.4.2　不确定性推理方法的分类

目前，不确定性推理方法可以分为两大类，一类称为模型方法，另一类称为控制方法。模型方法的特点是把不确定性的证据和不确定性的知识分别与某种度量标准对应起来，并给出更新结论不确定性的合适的算法，从而构成相应的不确定性推理模型。不同的结论和不确定性更换算法就对应不同的模型。下面介绍的几种不确定性推理方法都属于模型法。控制方法的特点是通过识别领域中引起不确定性的某些特征及相应的控制策略来限制或减少不确定性系统产生的影响，这类方法没有处理不确定性的统一模型，其效果极大地依赖于控制策略，控制策略的选择和研究是这类不确定性推理方法的关键。启发式搜索、相关性制导回溯等是目前常见的几种控制方法。

模型方法又分为数值方法和非数值方法两大类。数值方法是对不确定性的一种定量表示和处理方法，目前对它的研究及应用都比较多，形成了多种应用模型。它又可以按其所依据的理论不同分为基于概率的方法和模糊推理方法。基于概率的方法所依据的理论是概率论，而模糊推理方法所依据的理论则是模糊理论。非数值方法是指除数值方法外的其他各种处理不确定性的方法，它又包括很多方法。逻辑法就是一种非数值方法，它采用多值逻辑、非单调逻辑来处理不确定性。

在以上各类不确定性推理方法中，由于概率论有着完善的理论，同时还为不确定性的合成与传递提供了现成的公式，因而被用来表示和处理知识的不确定性，成为度量不确定性的重要手段。这种纯粹依靠概率模型来表示和处理不确定性的方法称为纯概率方法或概率方法。纯概率方法虽然有严密的理论依据，但它却要求给出事件的先验概率和条件概率，而这些数据又不易获得，因而使其应用受到限制。为此，人们经过多年的研究，在概率论的基础上，发展了一些新的处理不确定性的方法，这些方法包括：可信度方法、主观Bayes方法和证据理论方法。

8.4.3 不确定性推理中的基本问题

在不确定性推理中，知识和证据都具有某种程度的不确定性，这就使推理机的设计和实现的复杂度和难度增大。它除了必须解决推理方向、推理方法，以及控制策略等问题外，一般还要解决证据及知识的不确定性的度量及表示问题、不确定性知识(或规则)的匹配问题、不确定性传递算法，以及多条证据同时支持结论的情况下不确定性的合成问题。

1. 不确定性的表示

不确定性主要包括两个方面，一是证据的不确定性；一是知识的不确定性。因而，不确定性的表示问题就包括证据表示和知识表示。

(1) 证据不确定性的表示。

在推理过程中，证据的来源一般有两个。一是通过观察而得到的所要求解问题的初始证据。例如，在解决医疗诊断问题时，当前病人的某些症状、化验结果等都是初始证据。由于观察本身的不精确性，由此所得的初始证据具有不确定性。另一个来源则是，在推理过程中利用前面推理出的结论作为当前新的推理证据。由于在前面推理中，所使用的初始证据的不确定性，以及在推理过程中所利用知识的不确定性，都导致了所推结果的不确定性，也就是说，当前推理所依赖的证据必然具有一定的不确定性。

证据不确定性的表示通常为一个数值，用以表示相应证据的不确定性程度。对于由观察所得到的初始证据，其值一般由用户或专家给出；而对于用前面推理所得结论作为当前推理的证据，其值则是由推理中的不确定性传递算法计算得到。

(2) 知识不确定性的表示。

在实际生活中，那些具有不确定性的知识如何表示呢？在表示具有不确定性的知识时，要考虑两个方面的因素：一个是要将领域问题的特征比较准确地描述出来，满足问题求解的需要；另一个是要便于推理过程中对不确定性的推算。只要把这两方面因素考虑到，则相应的表示方法才能实用。通常，专家系统中的知识之不确定性要由领域专家给出，以一个数值表示，该数值表示了相应知识的不确定程度。

2. 推理计算

不确定性推理过程主要包括不确定性的传递计算算法、组合证据不确定性算法和结论不确定性的更新或合成算法。假设以 $CF(E)$ 表示证据 E 的不确定性程度，而以 $CF(H，E)$ 表示知识(规则)$E \to H$ 的不确定性程度，则要解决的问题是：

(1) 不确定性传递问题。

已知证据 E 的不确定性量度为 $CF(E)$，而规则 $E \to H$ 的不确定性量度为 $CF(H，E)$，那么如何计算结论 H 的不确定性程度 $CF(H)$，即如何将证据 E 的不确定性和规则 $E \to H$ 的不确定性传递到结论 H 上。

(2) 证据不确定性的合成问题。

如果支持结论的证据不止一个，而是几个，这几个证据间可能是 AND 或 OR 的关系，如何由 $CF(E1)$ 和 $CF(E2)$ 来计算 $CF(E1 \lor E2)$ 和 $CF(E1 \land E2)$。

(3) 结论不确定性的合成问题。

如果有两个证据分别由两条规则支持结论，如何根据这两个证据和两条规则的不确定性确定结论的不确定性。

即：已知　$E_1 \to H$　　　$CF(E_1)，CF(H，E_1)$
　　　　　$E_2 \to H$　　　$CF(E_2)，CF(H，E_2)$

如何计算 $CF(H)$。

3. 不确定性的量度

在知识的表示和推理过程中，不同的知识和不同的证据，其不确定性的程度一般是不同的。推理所得结论之不确定性也会随之变化，需要用不同的数值对它们的不确定性程度进行表示，同时还需对它的取值范围进行规定。只有这样每个数值才会有确切的含义。不确定性的量度就是指，用一定的数值来表示知识、证据和结论的不确定程度时，这种数值的取值方法和取值范围。在确定一种量度方法及其范围时，应注意以下几点：

(1) 量度要能充分表达相应知识及证据的不确定性程度；

(2) 量度范围的指定应便于领域专家及用户对证据或知识不确定性的估计；

(3) 量度要便于不确定性的推理计算，而且所得到的结论之不确定值应落在不确定性量度所规定的范围之内；

(4) 量度的确定应当是直观的，同时应当有相应的理论依据。

8.5 专家系统工具

专家系统的开发是一件比较复杂的工作，如果在建造每个具体的专家系统时都从头开始，则开发效率会大大降低。然而，不同应用领域的专家系统，虽然其领域知识截然不同，但它们的基本结构和工作方式是相似的。也就是说，各种类型的专家系统是具有一定共性的，专家系统的这种共性，为人们利用各种开发工具与环境进行专家系统的设计与建造提供了基础。所谓专家系统开发工具与环境，实际上是人们为高效率开发专家系统而设计的一种高级程序系统或高级程序设计语言环境。目前，常用的专家系统开发工具和环境可分为 4 种主要类型：语言型开发工具、骨架型开发工具、通用型开发工具，以及开发环境与辅助型开发工具。

8.5.1 语言型开发工具

程序设计语言是开发专家系统的最常用和最基本的工具，包括通用程序设计语言和人工智能语言。用于专家系统开发的通用程序设计语言的主要代表有 C、C++、PASCAL、ADA 等；人工智能语言的主要代表有 Python、SMALLTALK、LISP 和 PROLOG。这几种人工智能语言介绍如下。

Python 是一种高级、解释型、通用的编程语言，由 Guido van Rossum 于 1991 年首次发布。它以简洁易读的语法和强大的功能广受欢迎。它支持多种编程范式，如面向对象、函数式编程。同时，Python 拥有丰富的标准库和第三方生态，像 NumPy、Pandas、TensorFlow 等。这些特性使 Python 成为人工智能、数据分析、Web 开发、自动化等领域的首选语言。此外，Python 具备跨平台特性，并且拥有强大的社区支持，这进一步推动了它在全球的普及，使其被誉为"最易上手的语言"之一。

LISP(LISt Processing Language)语言是一种表处理语言，由麦卡锡和他的研究小组于1960 年研究开发成功，它的出现对推动人工智能的研究与发展起到了巨大的作用。在专家系统发展的早期，有许多著名的专家系统都是用这种语言开发出来的，如医疗专家系统MYCIN 和地质勘探专家系统 PROSPECTOR 等。

PROLOG(PROgramming in LOGic)语言是一种逻辑编程语言，由科瓦尔斯基(R. Kowalski)首先提出，并于 1972 年由科麦瑞尔(A. Comerauer)及其研究小组研制成功。由于它具有简洁的文法，以及一阶逻辑的推理能力，因而被广泛地应用于人工智能的许多研究领域。

SMALLTALK 语言是施乐(Xerox)公司于 1980 年推出的一种面向对象的程序设计语言，自此以后，面向对象技术引起了计算机界的高度重视，并在以后的 20 多年中取得了巨大的发展，各种不同风格、不同用途的面向对象语言如雨后春笋般地相继问世。例如，AT&T 公司贝尔实验室在 1985 年研制开发的 C++语言，荷兰阿姆斯特丹大学开发的POOL，施乐公司开发的 LOOPS 及 Common LOOPS 等。

C++语言既是一种通用程序设计语言，又是一种很好的人工智能语言，它以其强大的功能和面向对象特征，在人工智能中得到了广泛的应用。目前，已有不少人直接用它来开发专家系统或各种专家系统工具。尤其是 Visual C++的发展，为专家系统对多媒体信息的处理、可视化界面的设计、基于网络的分布式运行等提供了一种很好的语言环境。

另外，在基于网络的分布式多专家协同的专家系统开发方面，近几年比较流行的 Java 语言也是值得考虑的开发工具。

利用程序设计语言进行专家系统的开发，其优点是开发者能够根据具体问题的特点灵活设计所需要的知识表示模式和推理机制，程序质量较高，针对性较强。缺点是编程工作量大，逻辑设计比较烦琐，难度大，开发周期长，很多工作都必须从头做起，导致开发成本大大提高。

8.5.2　骨架型开发工具

骨架型开发工具也称为专家系统外壳或框架型开发工具，它是由一些已经成熟的具体专家系统演变来的。其演变方法是：抽去这些专家系统中的具体知识，保留它们的体系结构和功能，再把领域专用的界面改为通用界面，这样，就可得到相应的专家系统外壳或框架。在这样的开发工具中，知识表示模式、推理机制等都是已确定好的，利用它开发专家系统时，只需将所获得的领域知识用所规定的知识表示模式写入知识库中，即可快速地产生一个新的专家系统。

用语言型开发工具直接开发专家系统和用骨架型开发工具开发专家系统相比，后者具有省时、快速、高效等优点，但灵活性和通用性较差，其原因是骨架型开发工具的推理机制和知识表示方式是已经被确定好的，固定不变的，不能针对不同的应用领域或问题制定知识表示模式或推理机制，因此，尽管系统的开发效率提高了，但开发成功后的系统的推理效率并不高。另外，由于骨架型开发工具源于某种已成熟的专家系统，所以，其所能开发的专家系统也必将被局限于与原专家系统相类似的范围之内。

比较有代表性的专家系统骨架型开发工具主要有 EMYCIN、KAS 及 EXPERT 等。下面对它们分别介绍。

1. EMYCIN

EMYCIN(Eempty MYCIN)是由美国斯坦福大学的迈尔(Melle)于 1980 年开发的一个骨架型专家系统开发工具，是由著名的用于对细菌感染病进行诊断的 MYCIN 系统发展而来的。EMYCIN 沿用了 MYCIN 系统的知识表示方式、推理机制及各种辅助功能，并提供了一个用于构建知识库的开发环境，使得开发者可以用更接近于自然语言的规则语言对知识进行表示，并且该开发环境还能在对知识进行输入和编辑时，对知识表示的语法和一致性等进行检查。

在 EMYCIN 中，知识的表示方法为产生式规则，知识的不确定性由可信度表示，推理过程的控制策略为反向链深度优先搜索策略。EMYCIN 所适应的对象是那些需要提供基本情况数据，并能提供解释和分析的系统，尤其适合于诊断这一类演绎问题，它的知识表示模式仅限于产生式规则，推理机制是一种目标制导的控制机制。在国际上，以 EMYCIN 为工具，已经开发成功了多个著名的专家系统。例如，用于分析并确定病人血液凝固机制疾病的专家系统 CLOT；用于抑郁病人治疗咨询的专家系统 BLUBOX 等。另外, EMYCIN 还提供了很有价值的跟踪及调试程序, 并附有一个测试例子集, 这些特性为用户开发系统提供了极大的帮助。

2. KAS

KAS(Knowledge Acquisition System)是美国加州斯坦福研究院 AI 中心开发成功的一个专家系统开发工具。它源于著名的物矿勘探专家系统 PROSPECTOR, 是 PROSPECTOR 的知识获取系统, 在把 PROSPECTOR 系统中的具体知识"挖去"之后发展成建造专家系统的骨架型工具。在利用 KAS 开发专家系统时, 只需将某应用领域的专家知识以 KAS 所要求的知识表示形式输入知识库, 就可以快速地构造出一个该领域的专家系统, 该专家系统的推理机制与 PROSPECTOR 的相同。KAS 与 PROSPECTOR 的关系和 EMYCIN 与 MYCIN 的关系相同。

KAS 的知识表示主要采用的是产生式规则、语义网络和概念层次三种形式; 推理机制采用的是正向和反向相结合的混合推理机制, 在推理过程中推理方向是不断改变的。目前, 利用 KAS 骨架型工具开发的一些专家系统有 CONPHYDE、AIRID 等。CONPHYDE 是一个用于帮助化学工程师选择化工生产过程中物理参数的专家系统, 而 AIRID 则是一个根据飞行物特征和实时的气候环境条件识别飞机型号的专家系统。

3. EXPERT

EXPERT 是美国拉特格斯(Rutgers)大学的威斯(Weiss)和库里科斯基(Kulikowski)等人在已开发成功的一些专家系统(如著名的青光眼诊断专家系统 CASNET、血液凝结病诊断系统 CLOT)的基础上, 挖去其中知识后得到的一个专家系统框架。虽然设计者认为该工具可独立于特定领域, 但在很大程度上仍受到了开发医学诊断模型经验的影响。它主要适合于开发诊断型的专家系统。

EXPERT 的知识主要由假设、事实和推理规则三部分组成。"假设"是一个结论性的概念, 也就是由系统推出来的结论, 且 EXPERT 中的每个假设通常都有一个不确定性的度量值。例如, 在医疗诊断系统中, 一个诊断就是一个假设。"事实"是有待观察和确认的证据。例如, 某个人得了病, 其"体温""打喷嚏""咳嗽"等都是事实, 其中, 体温取正实数值, 而打喷嚏、咳嗽则取"真""假"或"不知道"这三个值中的一个。"推理规则"有三种类型: 第一种为事实到事实的规则(FF 规则), 该规则被用于从已知事实推出另外一些事实的真值; 第二种为事实到假设的规则(FH 规则), 它被用于指出事实与假设之间的逻辑关系, 并用一个可信度指出对一个假设肯定或否定的程度; 第三种为假设到假设的规则(HH 规则), 该规则被用于指出假设与假设之间的推理关系。

目前, 利用骨架型专家系统开发工具 EXPERT 开发的专家系统已有很多, 比较典型的有 ELAS、AVRHEUM 和 SPE 等。ELAS 是用于辅助分析并记录的专家系统; AVRHEUM 是用于诊断关节风湿性疾病的专家系统; 而 SPE 则是用于血清蛋白电泳分析的专家系统等。

8.5.3 通用型开发工具

通用型专家系统开发工具是不依赖于任何已有专家系统, 不针对任何具体领域, 完全重新设计的一类专家系统开发工具。与骨架系统相比, 它具有更大的灵活性和通用性, 并且对数据及知识的存取和查询提供了更多的控制手段。这类工具的典型代表是 OPS 系列通用开发工具。OPS 是美国卡内基-梅隆大学(CMU)的麦克达莫特(J.McDermott)、纽厄尔(A. Newell)等人，于 1975 年利用 LISP 语言研制开发的一个基于规则的通用型专家系统开发工具。自问世以来，已有 OPS1、OPS2、OPS3、OPS4、OPS5、OPS5+、OPS5e、OPS7 及 OPS83 等多种版本相继诞生。这些版本之间的差异较大，其中最有代表性的版本是 OPS5，这里仅对它做一简单介绍。

OPS5 是一个由产生式规则库、综合数据库及推理机三部分组成的通用型专家系统开发工具。它的产生式规则库是一个无序规则的集合。规则库中的每条规则由规则名、条件及结论三部分组成，一般形式为：

(P<规则名><条件>→<结论>)

这里，<条件>可以是由多个条件元构成的序列，每个条件元指出一类工作元素应满足的条件，条件元分为非 not 条件元和 not 条件元两种，一个"条件"通常由一个非 not 条件元后跟零个或多个 not 条件元或非 not 条件元组成，当对"条件"中的每个非 not 条件元，综合数据库中都有相应元素与其匹配，而任何的 not 条件元综合数据库中都没有元素与其匹配时，则称"条件"得到了满足；<结论>则可以是由多个基本动作构成的序列。OPS5 有 12 个基本动作，它们是： make，remove，modify，openfile，closefile，default，write，bind，cbind，call，halt，build。这 12 个基本动作，能完成 7 大类功能：

修改数据库的内容——make，remove，modify

对文件进行操作——openfile，closefile，default

输出信息——write

为变量赋值——bind，cbind

调用用户子程序——call

停止激活规则——halt

为规则库中增加规则——build

OPS5 的综合数据库用于存储当前求解问题的已知事实和求解过程中所得到的中间结果等。数据库中的每个元素都带有一个时间标志，用于指出相应元素被创建或最后一次被修改的时间，推理中用它作为冲突消解的依据。

OPS5 的推理机制是前向推理，它用产生式规则库中的领域知识及数据库中的事实进行推理，按照"匹配—冲突消解—执行"的模式周期性地工作，直至求出了问题的解，或者没有规则的条件可被满足为止。所谓"匹配—冲突消解—执行"模式是指在推理过程中，首先利用综合数据库中的事实数据与规则库中各规则前件的"条件"部分进行"匹配"，若有多条规则匹配成功(这些规则称为触发规则)，则要从中选择一个规则(称为启用规则)，以"执行"规则后件的"结论"部分。从触发规则中选择启用规则的过程称作"冲突消解"。冲突消解可以有多种策略，如专一排序、就近排序、规模排序等。

OPS5 的解释机制可以提供方便的交互式程序设计环境，用户可以跟踪、中断、检查、修改系统的状态，并能在运行过程中调试程序，这一特点对大型产生式系统具有重要意义。

目前，世界上已有多个专家系统是用 OPS5 通用型开发工具开发的。例如，用于帮助空军指挥员在航空母舰上指挥飞机起降的专家系统 AIRPLAN；用于 VAX 计算机系统配置的专家系统 XCON 等。

8.5.4 开发环境与辅助型开发工具

开发环境是指帮助专家系统建造者进行程序设计的系统环境,它常被作为建造专家系统的知识工程语言的一部分。早期的开发环境又称支撑环境,规模较小,功能也比较少,通常由辅助调试工具、知识库编辑器、输入/输出处理工具及辅助解释工具 4 个典型部分组成。它们作为专家系统建造工具的一部分,用来帮助专家系统建造者更好地使用专家系统建造工具,辅助调试程序。

辅助型开发工具则是由一些程序模块组成,用来帮助专家系统建造者开发应用系统。例如,有的程序可以用来帮助知识工程师从领域专家那里获取知识和表达知识,有的程序则可帮助建造者设计专家系统的体系结构。例如 AGE、TEIRESIAS、ROUGET、TIMM、EXPERTEASE、SEEK、MORE、ETS 等典型的都是辅助型开发工具。其中 AGE 是辅助进行系统结构设计的典型工具,TEIRESIAS 是辅助进行知识获取的典型工具,在下面我们将会对它们作简单的介绍。

辅助型开发工具可以作为支撑环境的一部分集成到支撑环境中,也可以单独使用,以帮助建造者获取知识或设计系统结构。

1. 辅助调试工具

辅助调试工具是专家系统开发工具支撑环境的一部分,为专家系统开发者提供相应的跟踪辅助功能、中断调试功能和自动测试功能等。跟踪功能能够显示系统执行推理工程中所有已启用的规则的名字或序号,或显示所有已调用过的子程序等程序执行信息。中断调试功能使建造者能够事先告知程序在什么位置停止,这有利于帮助建造者在一些含有错误的程序中查找错误,检查数据库中的数据。自动测试功能用于测试知识库,通过测试可指出知识库的薄弱部分,并将其作为可供选择的修改对象。所有的专家系统开发工具都应具有这一基本功能。

2. 知识库编辑器

知识库编辑器是一种基于文本编辑的知识编辑工具,是专家系统开发工具支撑环境的一部分。它不仅简化了向系统输入知识的任务,也减少了在构造和修改知识库时因编辑所产生的错误。其中,自动记录模块用来记录用户对规则进行修改时的相关信息;语法检查模块用来帮助用户避免在打印和句法上产生错误;一致性检查模块用来检查输入的规则和数据是否与系统已存在的知识相矛盾;知识抽取模块用来帮助实现新知识的输入。

3. 输入/输出处理工具

输入/输出处理工具用来处理在建造专家系统时的输入输出信息,也是专家系统开发工具支撑环境的一部分。它可以以友好的交互方式与建造者进行对话,向建造者提供构造系统所需的信息,并将建造者提供的信息输入知识库或综合数据库。例如,它可以为系统提供实时的知识获取功能。输入输出处理工具可以有多种输入/输出方式供使用者选择。

4. 辅助解释工具

辅助解释工具用来向用户解释系统如何得到某个特定结果或推理结论的，它也是专家系统开发工具支撑环境的一部分。

5. AGE

AGE(Attemp to GEneralize)是一种专家系统辅助开发工具，用于实现专家系统结构的辅助设计，由美国斯坦福大学在对 DENDRAL、MYCIN、AM、NOLGEN 等著名专家系统进行解剖分析的基础上，抽取其中关键技术，采用 LISP 语言开发而成。它能帮助知识工程师设计和构造专家系统。AGE 辅助工具能够为建造者提供一整套积木式的组件，供他们建造适合自己的专家系统。AGE 包含设计、编辑、解释和跟踪四个子系统。设计子系统是一个指导建造者使用组合规则的预组合模型；编辑子系统则能够帮助建造者选用预制构件模块，装入领域知识和控制信息，建造知识库；解释子系统执行用户的程序，并解释用户程序执行后的推理结果；跟踪子系统则对用户开发的专家系统的运行进行全面的跟踪测试。

6. TEIRESIAS

TEIRESIAS 也是一种专家系统辅助开发工具，由美国斯坦福大学开发，用于帮助知识工程师或系统建造者获取领域专家的知识。知识获取是专家系统设计与建造中的难题，研制自动化或半自动化的知识获取工具，对提高知识库的建设速度，进而对专家系统的建造都很有意义。TEIRESIAS 就是一种典型的用来辅助专家系统进行知识获取的程序，它具有知识获取、知识库调试、推理指导、系统维护和运行监控等功能。

除了以上介绍的辅助知识获取工具 AGE 和辅助系统设计工具 TEIRESIAS，还有一些辅助建造工具，如专家系统归纳工具，这类工具就是用来帮助开发者从大量的初始实例出发，归纳产生出规则或决策树，并排定以后用于咨询时向用户提问的顺序。而另一个由美国斯坦福大学开发的 ROGET 则是一个用来帮助领域专家直接建造诊断型专家系统知识库的辅助工具。

随着专家系统应用范围的不断扩大，功能较少的支撑环境或单一功能的辅助开发工具越来越不能满足人们日益提高的要求，多功能、能通用、界面友好的大型专家系统智能开发环境成为人工智能开发工具的发展方向。目前，专家系统大型智能开发环境的实现途径主要有两个：一种途径是通过综合与集成，将一些单一功能的开发工具集成到一起；另一种途径是通过分布式网络实现开放通用的开发环境。

综合与集成是采用多范例程序设计、多种知识表示、多种推理和控制策略、多种组合工具，向系统的综合集成方向发展。从当前发展趋势看，按综合与集成途径实现的专家系统开发环境包括：知识获取工具或辅助知识获取工具；由各种知识表示模式所组成的模式库及其管理系统；知识编辑器及知识库一致性检查工具；知识工程语言及专家系统描述语言；专家系统建立及开发工具；专家系统调试工具及解释工具；能识别声、文、图等多媒体，并能进行自然语言理解的智能接口等。要实现具有这些功能的高级开发工具，其难度是比较大的。

开放的分布式网络途径是在当前网络、分布式、客户服务器开放环境支持下，采用统一的程序设计方法(如面向对象程序设计)、统一的知识数据表达(如面向对象表示)来开发大型、通用、开放的人工智能开发环境——知识库数据库一体化的管理系统。它采用面向对象的程序设计方法,将知识和数据都作为对象融为一体,构成面向对象的知识库/数据库开发环境。这实际上是"人工智能+面向对象+数据库"的综合集成。

目前,世界上已有一批较有影响的专家系统高级开发环境,如 KEE、GUGU 等。其中,KEE(Knowledge Engineering Environment)是由美国加州 Intellicorp 公司推出的一个集成化的专家系统开发环境,它结合了 LISP 语言和面向对象程序设计的优点,把基于框架的知识表示,基于规则的推理、逻辑表示,数据驱动的推理,面向对象的程序设计等结合在一起,可以满足各个领域开发专家系统的需求。GUGU 是由微数据公司 MDBS 于 1985 年用 C 语言研制的一个功能很强的混合型专家系统开发环境,它包含关系数据库系统、标准的 SQL 查询语言、远程通信、多功能程序设计等多种功能。在我国,由中国科学院、浙江大学、武汉大学等七个单位联合开发,于 1990 年完成了一个专家系统开发环境"天马"。该系统有 4 部推理机,即常规推理机、规划推理机、演绎推理机及近似推理机;有 3 个知识获取工具,即知识库管理系统、机器学习、知识求精;有 4 套人—机接口生成工具,即窗口、图形、菜单及自然语言;有多种知识表示模式,如框架、规则及过程。应用"天马"环境,已经开发出了一些专家系统,如台风预报专家系统、长沙旅游咨询专家系统、石油测井数据专家系统等。

8.6 专家系统的应用

由前面的介绍可知,专家系统应用已经相当广泛和深入,要系统、完整地叙述它是非常困难的。下面从专家系统所求解问题的一些典型领域来介绍其应用概况。

8.6.1 专家系统在数据解释方面的应用

目前,专家系统在数据解释领域的最新应用,主要结合了多模态数据融合和不确定性推理技术,显著提升了复杂场景下的分析能力。例如,在工业检测中,专家系统通过整合传感器数据、图像信号和时序日志,采用模糊逻辑和 D-S 证据理论处理不确定信息,能够实时诊断设备故障并生成可解释的维修建议(如核电站故障诊断系统 REACTOR)。在医疗领域,专家系统则通过将知识图谱与深度学习相结合,如杨浦数字医疗中心的肝病诊断系统,能解析临床指标、影像学特征和基因组数据,输出标准化诊疗方案,并且可以动态更新知识库,为医疗数据的解释提供了有效的方法。

此外,实时解释机制和动态知识库成为专家系统在数据解释领域的技术亮点。物流专家系统在利用物联网数据优化路线时,会通过"黑板"中间数据库实时调整规则,并基于 Variance-Gamma 分布量化决策可信度。例如,冷链运输中的温控异常解释。同时,新型专家系统如马尔可夫回归方法,通过最小化协方差误差和子范围优化,显著降低了数据建模的不确定性,为科学测量(如环境监测)提供了可验证的标准化解释框架。

8.6.2 专家系统在诊断方面的应用

目前，专家系统在诊断领域的最新应用，主要集中在医疗和工业故障诊断两大方向。在医疗领域，专家系统正与深度学习、多模态数据融合技术结合，实现更精准的个性化诊断。例如，杨浦数字医疗概念验证中心开发的肝病 AI 诊断系统，整合临床数据和影像学分析，提供标准化诊疗方案，并参与国家级肝病数据协同平台建设。同时，金域医学发布的医检大模型"域见医言"可快速地解读复杂医学报告，辅助医生进行鉴别诊断和医嘱制定，大幅提升诊疗效率。此外，智慧病理诊断系统通过 AI 分析病理切片，帮助识别肿瘤等疾病，推动了精准医疗发展。

在工业领域，专家系统正朝着实时化、分布式和混合推理方向发展。例如，基于 CLIPS 等工具的实时故障诊断系统能结合历史数据和实时监测，快速定位设备故障。同时，物联网技术的融入使专家系统能实现跨设备协同诊断，如电力系统的智能运维和制造业的预测性维护。此外，机器学习与专家系统的结合(如关联规则挖掘)正逐步解决传统知识获取瓶颈，提升系统的自适应能力。未来，随着大模型和多智能体技术的引入，专家系统将进一步增强推理和决策能力，拓展在复杂诊断场景的应用。

8.6.3 专家系统在监测方面的应用

目前，专家系统在监测领域的最新应用，主要聚焦于实时智能监测与多模态数据融合，尤其在工业生产和关键设施运维中表现突出。例如，南京工业大学开发的实时智能故障诊断专家系统(IFDES)通过集成 DCS、PLC 和传感器数据，结合知识库和推理机技术，实现了炼油厂加氢裂解装置等复杂工业场景的工况监督、故障诊断与事故预报，显著提升了生产安全性和效率。类似地，太阳能热发电站采用专家系统对设备状态进行实时监测，通过规则库和智能推理快速地识别故障类型，减少误操作和停机损失。此外，电梯控制柜故障诊断专家系统利用工控机和实时数据库，动态监测端口状态，结合正向和逆向推理策略，实现了毫秒级故障响应。

在医疗和环境领域，专家系统的监测功能正朝着区域协同与标准化管理方向发展。例如，区域一体化的医疗机构环境卫生学质量控制专家系统整合了国家规范和专家经验，实现了从采样到报告的全过程追踪，并通过智能评估提供个性化建议，确保监测工作的同质化。农业病虫害远程监控管理专家系统(SQ-MH3000)则结合物联网和移动终端技术，实时采集作物异常数据并推送专家处理意见，实现了集约化、网络化的农田监测。火电厂智能监测系统采用 CLIPS 工具开发专家系统模块，嵌入 DCS 平台优化报警管理，帮助运行人员快速定位故障根源。这些应用表明，专家系统正与物联网、AI 推理和大数据分析深度融合，推动监测技术向自动化、精准化和协同化发展。

8.6.4 专家系统在控制方面的应用

目前，专家系统在控制领域的最新应用主要集中在工业自动化和智能设备的实时优化与自适应调节上。例如，在电力系统中，基于专家知识库的一键顺控系统通过构建设备操作规则函数和拓扑连接表，实现了智能变电站的镜像调试，大幅提升了调试效率与安全性。同时，模糊专家控制在火电厂循环流化床锅炉中的应用，结合 PID 调节，有效解决了大滞后、非线性系统的控制难题，提高了对突发外扰的响应速度。此外，医疗机器人领域的专家控制系统(如骨科牵引装置)通过逻辑决策推理模块和动态知识库，实现了对小臂夹持力、拉伸力的精准柔性控制，降低了人工操作的复杂度。

在智能家居和先进制造领域，专家系统正与物联网(IoT)、机器学习深度融合，实现更高效的分布式控制。例如，电热锅炉采用模糊专家系统进行温度与压力调节，结合 BP 神经网络优化 PID 参数，提升了系统的自适应性能。汽车产业则利用专家系统优化空气悬架调节和个性化空调控制，通过实时传感器数据分析动态调整车辆状态。未来，随着大模型和边缘计算的发展，专家系统将进一步增强实时推理能力，在智能制造、智慧能源等领域实现更广泛的自适应控制应用。

8.6.5 专家系统在规划方面的应用

目前，专家系统在规划领域的最新应用，主要集中在复杂场景的智能决策优化和多约束条件下的动态调整。例如，在卫星任务规划中，专家系统通过基于 CLIPS 的知识库和推理引擎，结合正向推理、上下文规则搜索和冲突消解策略，实现了卫星、地面站及数据传输资源的优化分配，显著提升了多星观测效能和指挥效率。同时，在机器人路径规划方面，混合策略优化算法(如 HGJO)通过结合递减非线性能量衰减、轮盘选择和莱维飞行策略，有效解决了传统算法易陷入局部最优的问题，在复杂障碍物环境中路径规划精度提升最高达 82.4%。此外，自动驾驶领域的协同感知专家系统(如 CoEF)利用熵理论和特征重投影，降低通信开销 63.6%，同时提升环境感知精度 18.19%，实现了车路协同的高效规划。

在农业和工业规划方面，专家系统正与物联网、大数据深度融合，实现精准化和动态化决策。例如，攀枝花芒果农业专家系统采用"浏览器/服务器+数据库"三层架构，整合图像、语音、视频等多模态数据，提供从果园规划到产后营销的全流程决策支持，直接应用面积达 2 万亩，新增经济效益 6600 万元。工业领域则通过专家系统优化生产调度，如电力系统一键顺控、火电厂智能监测等，结合模糊推理和 PID 调节，提升复杂工业流程的稳定性和响应速度。未来，随着大模型和边缘计算的引入，专家系统将进一步增强实时规划能力，拓展至智慧城市、智能制造等更广泛场景。

8.6.6 专家系统在银行业务决策中的应用

目前，专家系统在银行业务决策中的最新应用，主要体现在智能风控与个性化金融服务的深度融合。例如，信也科技等机构通过构建多层架构的智能决策系统(涵盖数据层、模型层、系统层和应用层)，结合大数据分析实现精准风险评估，同时利用联邦学习技术保护数据隐私，在信贷审批、反欺诈等场景显著提升决策效率。此外，银行理财公司如招银理财、光大理财等正积极部署 AI 驱动的专家系统，通过动态调整"固收+"产品配置比例、构建智能投研知识图谱,优化资产组合决策,并借助本地化部署的大模型提升投资者教育与营销精准度。

在自动化流程与监管合规领域,专家系统正与 RPA(机器人流程自动化)和 APA(智能流程自动化)技术结合,实现从规则执行到自主学习的跨越。例如,印度 BFSI 机构采用 APA 技术,使 AI 机器人能自动解析贷款申请 PDF 字段、动态调整工作流,减少人工干预;日本 MUFG 银行则引入 Sakana AI 的自主研究型系统,自动化生成信贷备忘录等文件,同时确保关键决策仍由人类把控。另一方面,面对 AI 监管的复杂性,专家系统通过嵌入实时合规检查模块(如美国州级 UDAP 法规适配),帮助银行平衡创新与风险,尤其在公平放贷和反偏见决策中发挥作用。

8.7 本 章 小 结

在某些情形下,使用数据查询和数据挖掘方法都不能有效地解决问题。例如,希望发现数据中潜在的有价值的信息,而不是显式的信息;缺乏高质量的、充足的数据;没有可行的数据挖掘算法等。此时,在需要解决问题的领域中,寻找到一位或几位能够高效解决该领域问题的人,或者模拟这些人解决问题的计算机软件系统,不失为一种可行的办法。

有能力解决领域中复杂问题的人通常被称为该领域中的专家(expert)。如能够诊断疑难杂病的医生、能够作出市场决策的 CEO、能够处理法律纠纷的法律顾问等。专家通常具有该领域中较高的知识水平和技能,具有丰富的经验,能够快速有效地解决领域问题。专家系统便是一种具有“智能”的计算机软件系统,它能够模拟某个领域人类专家的决策过程,解决那些需要人类专家处理的复杂问题。专家系统一般包含以规则形式表示的领域专家的知识和经验,系统就是利用这些知识和方法进行推理和判断,从而解决该领域中的实际问题。

第 9 章
计算机视觉

视觉是人类最重要的感觉能力之一。视觉数据是人类最复杂和最有用的感觉输入信息。当代科学技术能否用机器来完全解释、模拟、复现和处理人的视觉呢？作为一种感觉输入数据，人类能够以有限的但非常有效的方法处理视觉信息，但这种方法至今我们尚未完全认识。

机器视觉包含众多的研究课题，如视觉可计算性原理、图像的形成和获取、图像预处理、边缘检测与分割、特征抽取与匹配、区域生成与分割、形状分析与识别、运动视觉、主动视觉、三维视觉以及视觉知识的表示和视觉系统的控制策略等。本章仅对机器视觉进行基础性介绍。

9.1 图像的产生

9.1.1 二维图像的获取

利用一个传感装置在电磁能光谱范围内对波段的反应，可以获得图像。电磁波的波段可以是 X 射线、紫外线、可见光或者红外线。数码相机是在可见波段范围内能够产生数字化图像的传感装置，数码摄像机是在可见波段范围内可以产生动态图像(即每秒超过 24 幅的连续扫描图像)的传感装置。计算机广泛地利用这些传感装置来获取和存储图像，然后再显示、编辑和处理。图像可以是彩色的，不过为了方便起见，我们主要讨论灰度图像。这类图像可以表示为一种二维光亮度的函数。这种图像由像素组成，它们按行和列排列。每个像素在图像中都有唯一的位置，由行坐标和列坐标来确定。通常把坐标的原点定在图像的左上角。我们不难联想到由像素组成的矩阵。在矩阵内每一个元素对应于图像内像素的位置。在矩阵中每个元素都是一个数字，它指示某位置图像的强度(亮度)——每个元素都是灰度值。亮度灰度值的范围为从 0(代表黑色)到某一个最大值 L(代表白色)。它们之间的值代表灰度的不同级别。像素的亮度由整数表示，每个像素的灰度数量被设计为 2 的幂。对某一个给定大小的图像，像素越多，灰度级越多，图像越清晰，清晰的程度称为分辨率。如果图像有 8 行和 8 列像素，每个像素用 8 位二进制数表示(即有 256 个灰度)，存储图像所需要的位数是 8×8×8(=512)。分辨率越高，需要的存储空间越大，需要的分辨率取决于具体的应用。

现代数码相机和摄像机不仅在可见光波段能够产生高质量的彩色图像，还具备红外夜视功能，在安防监控、野生动物观察等领域发挥重要作用。例如，一些高端安防摄像头可以在夜间通过红外补光拍摄清晰的黑白图像，用于监控重要场所；在野生动物研究中，红外相机可以捕捉到动物在夜间的行为，为动物保护和研究提供重要数据。

9.1.2 立体成像

对于许多应用来说，深度信息是非常重要的，因为恢复它需要两幅或多幅图像。立体成像需要两幅分别工作的图像，提供的信息可用于恢复三维场景的结构。在图 9-1 中，由两个相机拍摄物体 O 的两幅图像 i 和 i'我们必须知道相机的参数(如位置和焦距)，才可应用三角测量的几何技术来确定物体的距离。实际上，由于对应的问题，这个任务并不容易完成。例如，我们假设已经知道点 i 和点 i'对应于同一个物体点，决定图像 1 中的哪一个点对应于图像 2 中的某个确定点，可以依靠称为表极线的限制来获得帮助。在图 9-2 中，连接 e'和 i'的线就是一条表极线(同样，连接 e 和 i 的线也是一条表极线)。对应于图像 1 中的点 i，图像 2 中的点 i'必须沿着表极线 ei。点 e'被称作相机 2 的向极，在相机 2 中看到的相机 1 的光学中心是虚像。这一约束缩小了对应点的搜索范围。图 9-2 立体成像的对应问题是，图像 2 中的哪个点对应于图像 1 中的给定点？怎样找到点 i'在图像 1 中的对应点 i。

寻找图像中的对应点仍然需要用某种类型的相似匹配。有很多种技术可以应用，其中一种是产生两个窗口，每个窗口显示一个图像，包括要寻找图像的周围区域像素的亮度。第一个图像的窗口被固定，第二个图像的窗口逐渐移动并计算与第一个图像窗口的相关性。相关性的值要归一化，使得它在-1～+1 内变化。相关性最好的点就是对应点，但是如何计算相关性需要相应的算法。

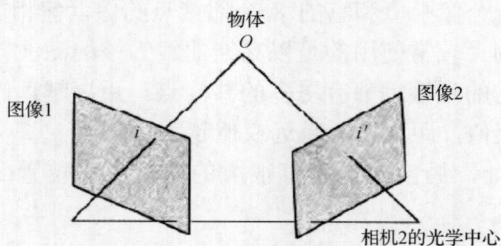

图 9-1　立体成像物体

(画出了一个连接物体和两个相机的光学中心的平面)

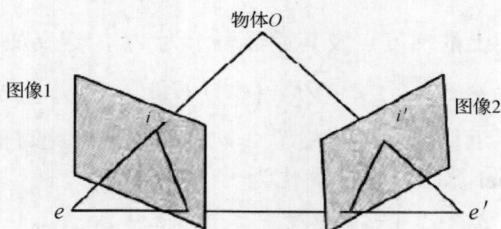

图 9-2　立体成像的对应问题

9.2　图像的处理

计算机获取到的图像，在很多应用中都必须经过处理，下面简要介绍图像的处理方法。

9.2.1　图像的边缘检测

在图像中，边缘由亮度突然变化的点组成。边缘之所以重要，是因为人们常常用它来描述目标的边界。很多效果都会形成边缘，如阴影、表面的方位和特征，图像的边缘可以提供许多信息，边缘检测是图像分析的基本技术。

进行边缘检测之前，通常需要进行预处理以消除干扰，干扰会产生类似边缘的效果，因此能引起图像数据的混淆，使提取有意义的信息更加困难。为减少干扰，每一个像素都需要被它邻近像素值的加权平均来代替，因为图像中的大多数像素值总是与它邻近的像素值相似。通过用滤波器卷积原始图像来产生新图像，可以实现这种平均化。

平均化的效果使得图像变得平滑或模糊，从而消除一些不想要的细节，如边缘缺口。虽然平均值滤波器能够有效平滑波动，但过度简化的处理可能导致信号失真，特别是在信号快速变化的情况下。滤波器可以被视为一个掩模，它的中心设置为像素的平均值。例如，一个 3×3 的掩模如下：

$$1/9 \times \begin{array}{|c|c|c|} \hline 1 & 1 & 1 \\ \hline 1 & 1 & 1 \\ \hline 1 & 1 & 1 \\ \hline \end{array}$$

这个掩模简单地将一个像素值和它的 8 个邻接点的像素值相加，然后除以 9。掩模越大，产生的效果就越模糊。较常使用的是以高斯曲线为核的滤波器。这个滤波器所用的原理是：一个像素应该和它的直接近邻有更多的共同点。距离越远，共同点越少，高斯分布给予中心的像素较高的权值，距离中心越远权值越小。

在一个图像的边缘处，局部的梯度有很大的变化。在位置$(x，y)$处的梯度函数定义如下：

$$\nabla f = \begin{bmatrix} G_x \\ G_y \end{bmatrix} = \begin{bmatrix} \dfrac{\partial f}{\partial x} \\ \dfrac{\partial f}{\partial y} \end{bmatrix}$$

在变化率最大化方向上的梯度点及其量级表示为∇f，定义如下：

$$\nabla f = \left(G_x^2 + G_y^2 \right)^{1/2}$$

有许多滤波器采用了近似计算，忽略了 2 次方幂，并用绝对值来表示。用来近似计算梯度的一种滤波器是 Sobel 算子。上式简化为

$$\nabla f = \left| (z_7 + 2z_8 + z_9) - (z_1 + 2z_2 + z_3) \right| + \left| (z_3 + 2z_6 + z_9) - (z_1 + 2z_4 + z_7) \right|$$

滤波器应用于像素之后，对于上面的 G_x 和 G_y（见图 9-3），可以得到比较简单的近似值，即

$$\nabla f \approx |G_x| + |G_y|$$

Sobel 算子的一个优点是有平滑的效果，这种效果在一定程度上可以抵消由于求导所导致的干扰。

Z_1	Z_2	Z_3
Z_4	Z_5	Z_6
Z_7	Z_8	Z_9

9.2.2　分割

分割是指从一个有代表性的图像中提取对给定任务有用的信息。这个描述是模糊的，但是分割包括信息提取的许多方面。例如，边缘检测可以被视为分割的子过程。我们可以这样描述分割：对某一图像特征进行分类。

图像元素(如像素)的分类是基于一些相似性量度的。量度相似性算法的输入是一些特征，如颜色、纹理、亮度梯度、傅里叶分析的成分等。一条黄色的猎狗在绿色草坪的背景下能按颜色分割出来。许多和狗相关的像素都有相似的颜色。同样，组成草坪的叶片也有相似的颜色。和草坪相关的不同像素可以归为整体上相似的一类。其他和狗有关的一些像素也自然形成了另一种分类。另一方面，建筑物可以被描述为一组多边形。

G_x:

−1	−2	−1
0	0	0
1	2	1

G_y:

−1	0	1
−2	0	2
−1	0	1

图 9-3　G_x，G_y 值

高等院校计算机教育系列教材

分割一个建筑物包括边缘检测(由部分边缘点构成)和多边形检测(由部分边缘构成)。

　　一种简单的分割是用二值阈值化。一个简单物体的像素通常具有某些特征，如颜色、纹理或明亮度。假设处理后的图像是黑白的，我们可能期望在图像中一个物体的像素具有相似的灰度。因此，对于像素灰度可以定义一个阈值范围，以排除一些不需要的像素。一个二值的图像可以这样产生：灰度将在阈值范围内的像素点变为黑色，而阈值范围之外的像素点变为白色。

　　密度估计可以作为划分阈值范围的一种方法。首先，统计灰度图像的所有灰度值生成直方图，然后根据直方图中的峰谷的位置和宽度进行密度估计。还有一种技术就是对灰度进行聚类，但这种技术是以一种假设为基础的，这种假设就是每个小峰都可以用一个高斯函数来描述。聚类的均值定义了它的位置，聚类的标准方差定义了它的分布范围。

　　聚类为分割提供了一般的方法。聚类的目标是识别相似的一组物体(像素)。相似性量度可以简单地根据灰度进行，在这种情况下的聚类是一维的。如果图像是彩色的，聚类可以是三维的，每个维度相当于三种基本颜色之一(即红色、绿色或蓝色)。每个像素由三个数值来描述，表示每一个基本颜色的亮度。如果认为物体包含在一个局部区域内，那么聚类是基于像素位置的。

9.3　图像的描述

9.3.1　边缘距离的计算

1. 图像辉亮边缘的平均与差分

　　图 9-4 是两个平面间边缘处的亮度变化图。其中，图 9-4(a)为理想边缘亮度变化，这时，亮度在边缘处由一值跃变为另一值。图 9-4(b)则表示实际边缘亮度变化，这时亮度的变化比较模糊，不存在明显的阶跃变化，因而也就很难确定边缘的位置。这种情况一方面是因为在获得图像时，会遇到传感器的亮度灵敏性波动、图像坐标信息误差、电子噪声、光源扰动，以及无力接收大范围变化的亮度信息等，不可能产生足够清晰的图像。另一方面是图像本身很复杂，其实际边缘并不是陡峭的，而是逐步过渡的，还可能存在相互照明效应、意外划痕和灰尘等。

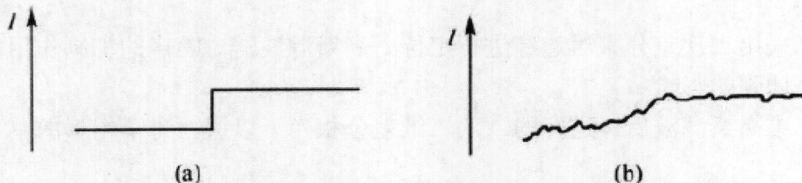

图 9-4　两平面间边缘的亮度变化图

　　处理噪声边缘的方法一般包括下列四个步骤：

　　(1) 根据图像建立平均亮度阵列。取局部亮度的平均值能够减少噪声的影响。下述公式是用于二维计算的一维形式，即

$$A_i = \frac{I_{i-1} + I_i + I_{i+1}}{3}$$

其中，I_i 为 i 点的图像亮度；A_i 为 i 点的平均亮度。

(2) 由平均亮度阵列产生平均一阶差分阵列。取右邻差分$(A_{i+1}-A_i)$与左邻差分(A_i-A_{i-1})的平均值，这相当于把 i 的左邻和右邻差分平均。令 F_i 为平均亮度 A_i 的一次平均差分，则有

$$F_i = \frac{(A_{i+1} - A_i) + (A_i - A_{i-1})}{2} = \frac{A_{i+1} - A_{i-1}}{2}$$

(3) 由一次平均差分阵列建立二次平均差分阵列。为此，求一次差分的平均值。令 S_i 为平均亮度的二次平均差分，则

$$S_i = \frac{(F_{i+1} - F_i) + (F_i - F_{i-1})}{2} = \frac{F_{i+1} - F_{i-1}}{2}$$

(4) 根据所得阵列，记下峰点、陡变斜率和过零点，以寻求边缘信号的集合。

平均过程是把理想的台阶曲线和被噪声模糊的台阶曲线都变换为平滑的台阶曲线，一次差分过程把平滑了的台阶曲线变换为凸缘形曲线，二次差分过程又把凸缘形曲线变换为 s 形曲线，如正弦曲线一样变化。如图 9-5 所示，图 9-5(a)则表示理想的边缘亮度分布，图 9-5(b)～图 9-5(d)表示出上述边缘处理过程。

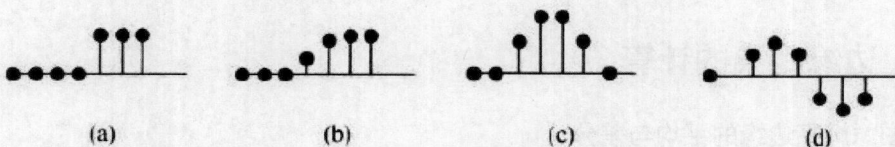

图 9-5　噪声边缘亮度的处理步骤

平均和差分作用能够被综合到一起，并通过点扩散函数由输入点特性来确定输出点特性。点扩散函数表示单个孤立点亮度不为 0 的点在图像中如何扩散其影响。当按输入来确定输出特性时，称输出被点扩散函数所滤波。

在实际图像处理中所用到的点扩散函数必须表示较多的点的组合，而且点扩散函数必须是二维的。其要点如下：

(1) 必须用衰减高频的扩散函数对噪声进行滤波处理。选用二维高斯函数要比平均函数效果好得多。

(2) 应当采用二次差分来对边缘进行定位。高斯滤波器对噪声的抑制作用能够抵消差分过程对噪声增强的影响。

(3) 用二维高斯滤波后，进行的二次二维差分相当于以墨西哥草帽形的单个点扩散函数来滤波。

(4) 用二维高斯点扩散函数来滤波相当于连续以两个一维高斯点扩散函数(一个为垂直方向，另一个为水平方向)来滤波。

2. 物体距离的确定

立体视觉由两眼得到的信息来确定距离。由于两眼间的距离是已知的，因而一旦在所

得图像中找到了物体的位置，就容易求得观察者到此物体的距离。

　　图 9-6 表示两眼立体视觉中的相对位置关系。图中，P 点为一物体，两个透镜的轴线是平行的；f 为两透镜与图像平面的距离，即为其焦距；b 为两透镜轴线在基线上的距离，即为两眼的距离；l、r 分别为 P 点与左、右透镜轴的距离；a 和 β 分别为左、右图像与其相应透镜轴线的距离。

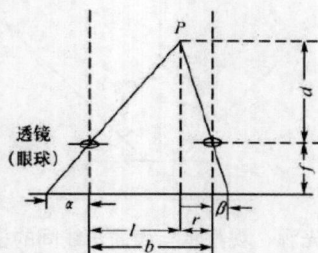

图 9-6　双眼立体视觉的几何位置

　　从两相似三角形，我们可以得到下列关系式：

$$\frac{d}{l} = \frac{d+f}{l+\alpha}, \frac{d}{r} = \frac{d+f}{r+\beta}$$

　　已知 $b=l+r$，代入上式，可求得观察者双眼到物体的距离为

$$d = \frac{fb}{\alpha+\beta}$$

　　由于双眼距离 b 已知，焦距 f 也是确定的，因此，一个物体与双眼的距离和 $(\alpha+\beta)$ 成反比。$(\alpha+\beta)$ 为该点的一幅图像点位置相对于另一幅图像点位置的位移，称为视差。

　　立体视觉的实际问题就是根据左右两图像找到相应的物体，以便能够测量视差。

　　近年来，卷积神经网络(CNN)在图像处理领域取得了巨大突破。例如，通过训练一个深度卷积神经网络模型，可自动学习到图像中的复杂特征，用于更精准的图像平滑和边缘检测。与传统的高斯滤波器相比，CNN 能够更好地适应不同类型的图像和噪声，提供更高质量的处理结果。在自动驾驶领域，基于 CNN 的图像处理技术可以实时准确地检测道路边缘和障碍物，为自动驾驶车辆的安全行驶提供重要保障。

9.3.2　表面方向的计算

1. 光的反射

　　从物体表面反射的光量取决于表面材料以及光源、观察者与表面法线之间的相对角度。这些角度如图 9-7 所示。图中，i 为表面法线与光源方向之间的入射角；e 为表面法线和观察者之间的出射角；g 为观察者方向与光源方向间的相位角。

　　从所有可能位置观察到的亮度都相同的表面被定义为兰伯特曲面(lambert surface)，它的亮度只由光源的方向决定。这一关系遵循下列公式：

$$E = \rho \cos i$$

　　其中，E 为被观察亮度；ρ 为表面反射率(对于特定的表面材料，ρ 为一常数)；i 为入射

角。对于某些曲面，如月亮表面，观察到的亮度并不随 $\cos i$ 而是随 $\cos i$ 与 $\cos e$ 之比而变化。当满月时，太阳位于地球背面，对于每个点来说，$g=0$，$i=e$，因此，$\cos i/\cos e$ 是一个常数，观察到的亮度也是一个常数，边缘处没有变暗，这时的月亮看上去特别扁平。

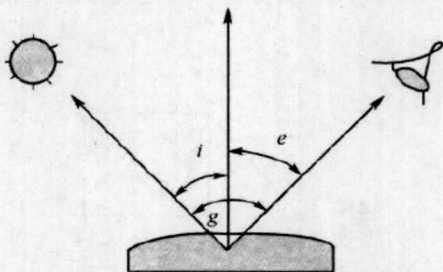

图 9-7　光源、观察者与表面法线间的相对角度

不过，大多数曲面更像兰伯特曲面，而不是像月亮那样。为了培养一下对兰伯特曲面反射光线的感觉，试以兰伯特涂料涂一个球体，用一个点光源围绕它移动，观察该兰伯特球体。对于每个点光源位置，记下亮度取决于曲面法线的方向。一种简单的记录方法是画一些等亮度线，即亮度为恒等值的线。

图 9-8 所示为三个不同光源方向的等亮度线。在图 9-8(a)中，光线来自观察者背面，等亮度线是一些同心圆。最亮的点，亮度为 ρ，是曲面法线直接指向观察者的端点，因为在那个位置 $\cos i=1$。亮度至边缘逐渐变弱，边缘亮度为零，因为在边缘 $\cos i=0$。

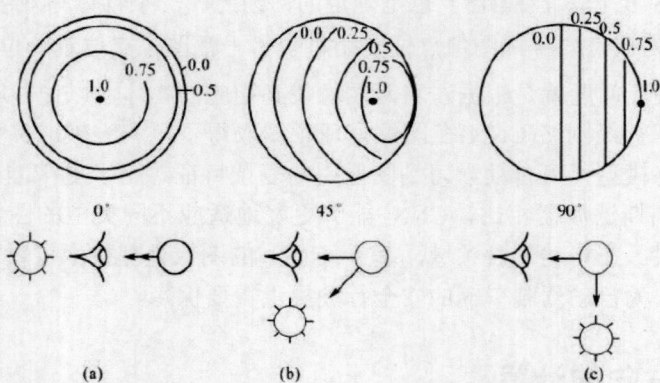

图 9-8　兰伯特球体受到三种不同方向的光源照射时图像上的等亮度线

然而，在图 9-8(b)中，由于光源方向不同，情况也截然不同。观察者方向与光源方向的夹角成 45° 而非 0°，最亮的点，亮度也为 ρ，但此时它不再是曲面法线直接指向观察者的端点。对于兰伯特曲面来说，最亮的点总是曲面法线指向光源的端点。

注意： 亮度为零的那条等亮度线虽然是球体上的一个圆，但并不是该球体二维图像圆的一部分。

最后，在图 9-8(c)中，光线自右射来，观察者方向与光源方向之间为一个直角。现在，最亮的点位于球体的边缘，等亮度线在观察者看来是一条直线。

一种特别有用的投影是将一个单位球面上的各点投影到标以 F 和 G 坐标轴的切面。

如图 9-9 所示，投影是从对于观察者来说球体反面上的那个点，沿该点的投影轨迹画一条直线至 FG 切面。按约定，FG 平面与观察者的图像平面平行。图 9-9(a)所示为图 9-9(b)中的等亮度线投影到 FG 切面，从而形成 FG 反射图的情况。给定一个图像中每个点的 f 和 g，很容易利用一个合适的 FG 反射图来确定每个点的固有亮度。

在图 9-9(a)中，曲面方向与观察亮度相关的点，从球体表面投影到与球体相切且与图像平面平行的 FG 平面。图 9-9(b)表示在三种不同的观察者和光源组合的情况下 FG 平面上的等亮度线。这些等亮度线是一些圆或圆弧，因为单位球体上的圆总是映射成 FG 平面上的圆。

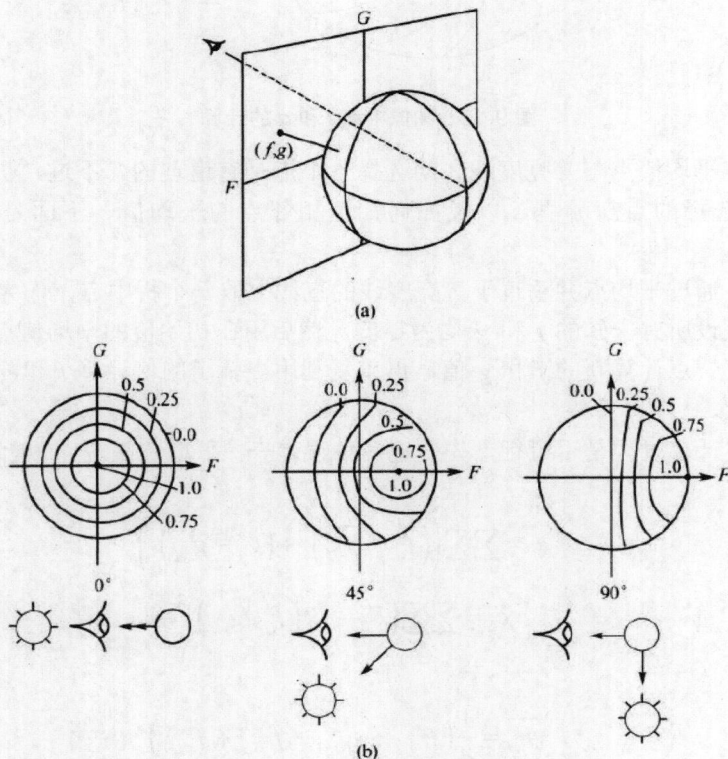

图 9-9　观察球体的投影

2. 表面方向的确定

上面给出了利用表面方向计算表面的亮度。下面研究相反的问题，即从感知到的亮度来计算表面各方向参数 f 和 g。

由于大部分表面是平滑的，在不同深度和方向上只出现有少数不连续的情况，增加下面两个约束后就可以由 f 和 g 来确定表面方向：

(1)　亮度。由 f 和 g 所确定的表面方向应与表面亮度所要求的表面方向无多大不同。

(2)　表面平滑度。某一点的表面方向应与邻近各点的表面方向无多大变化。

对于每个点，计算的 f 和 g 值应兼顾上述两个约束计算所得的折中值。在图 9-10 中，根据亮度，要求特定点的 f 和 g 值应落在等亮度线上，而根据表面平滑度则要求 f 和 g 值接近相邻点 f 和 g 的平均值。

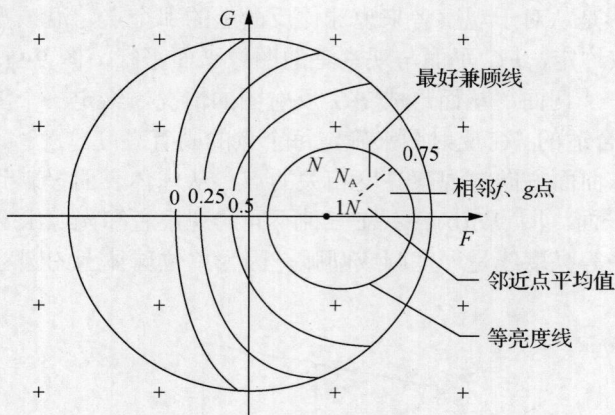

图 9-10　图像中点 f 和 g 的计算

直觉上，在平均值点与等亮度线之间选择一个点是有道理的。不过，仍然存在两个问题，即这个所选择的点在哪里，以及如何知道相邻点的平均值？下面是对这两个问题的解答：

（1）在一条通过平均点并垂直于等亮度线的直线上取一个折中点，作为所选择的点；

（2）首先假设所有未知的 f 和 g 均为零值，然后用在初始值的平均值点与等亮度线之间的折中，为每一点计算新的 f 和 g 值，再重复利用更新了的值计算 f 和 g 值，直至其值变化足够小为止。

为检查上述计算过程是否可行，先研究两种误差——平滑性偏差 e_1 和预计亮度偏差 e_2 的值。

$$e_1 = \sum_i \sum_j \left(\left(f_{i,j} - \overline{f_{i,j}} \right)^2 + \left(g_{ij} - \overline{g_{i,j}} \right)^2 \right)$$

$$e_2 = \sum_i \sum_j \left(E_{i,j} - R\left(f_{i,j}, g_{i,j} \right) \right)^2$$

式中

$$\overline{f_{i,j}} = \frac{1}{4} \left(f_{i+1,j} + f_{i,j+1} + f_{i-1,j} + f_{i,j-1} \right)$$

$$\overline{g_{i,j}} = \frac{1}{4} \left(g_{i+1,j} + g_{i,j+1} + g_{i-1,j} + g_{i,j-1} \right)$$

总误差为 $e = e_1 + \lambda e_2$，其中，λ 为一常数，用于调整两偏差以保持一定的平衡。要求得使总偏差最小的 $f_{i,j}$ 和 $g_{i,j}$，分别对 $f_{i,j}$ 和 $g_{i,j}$ 微分，并令其微分值等于 0。由此可得

$$f_{i,j} = \overline{f_{i,j}} + \lambda \left(E_{i,j} - R\left(f_{i,j}, g_{i,j} \right) \right) \left(\frac{\partial R}{\partial f_{i,j}} \right)$$

$$g_{i,j} = \overline{g_{i,j}} + \lambda \left(E_{i,j} - R\left(f_{i,j}, g_{i,j} \right) \right) \left(\frac{\partial R}{\partial g_{i,j}} \right)$$

根据下列第 $(n+1)$ 个迭代项 $\left(f_{i,j}^{n+1}, g_{i,j}^{n+1} \right)$ 与第 n 个迭代项 $\left(f_{i,j}^n, g_{i,j}^n \right)$ 的相关规则，能够求得这些方程式的解如下：

$$f_{i,j}^{n+1} = \overline{f_{i,j}^{n}} + \lambda \left(E_{i,j} - R\left(f_{i,j}^{n}, g_{i,j}^{n} \right) \right) \left(\frac{\partial R}{\partial f_{i,j}} \right)^{n}$$

$$g_{i,j}^{n+1} = \overline{g_{i,j}^{n}} + \lambda \left(E_{i,j} - R\left(f_{i,j}, g_{i,j} \right) \right) \left(\frac{\partial R}{\partial f_{i,j}} \right)^{n}$$

其中， $f_{i,j}^{0} = 0$ $g_{i,j}^{0} = 0$

这些规则被称为松弛公式。应用这些公式相当于从原来的估计值出发，沿着垂直于等亮度线的方向，朝等亮度线移动一步，以改善对 f 和 g 的估计。每步移动大小正比于所观察到的亮度与根据当前 f 和 g 预测到的亮度之差，也与误差平衡参数λ成正比。

综上所述，可得计算表面方向的松弛算法如下。

(1) 对所有非边界点，令 f=0 和 g=0。对所有边界点，令 f 和 g 定义一个长度为 2 的垂直于边界的向量。令输入阵列为当前阵列。

(2) 进行下列步骤，直到所有的值变化得足够慢为止：

① 对当前阵列中的每个点：

● 如果是边界点，则返回，处理下一个点；

● 如果是非边界点，那么用松弛公式计算新的 f 和 g 值。

② 把所得新阵列置为当前阵列。

9.4 视觉的知识表示

9.4.1 视觉信息的语义网络表示

在视觉领域中，知识表达方法可能是模拟的，也可能是命题逻辑的。模拟的知识表达方法可以表示物体的重要物理特性和几何特性。命题逻辑的知识表达方法是一些说明有关的事物(或有关事物的模型)是真或是假的陈述。这两种表达形式用于不同的目的，一种并不比另一种更高级。通常可以把一种表达形式转换成另一种表达形式而不损失信息。这种区分是以关于人类如何表示世界的理论为基础的。心理学实验的数据表明，人类同时应用这两种表达方法，而不是只用一种。语义网络是一种知识表示方法，它具有如下特点：

(1) 语义网络可作为一种很方便地存取模拟知识的表示方法，以及命题逻辑的知识表达的数据结构。

(2) 语义网络可作为一种反映在有关领域中事物之间相互关系的模拟结构。

(3) 语义网络可用作一种具有特殊的推理规则的命题逻辑表达法。

因此，用语义网络表示视觉领域的知识是十分适合的。

下面举例介绍语义网络在计算机视觉中的应用。

例如，试用语义网络表示以下景物：

"在道路 57(ROAD 57)与河流 3(RIVER 3)交叉处的桥梁位于建筑物 30(BUILD-ING 30)附近。"

这个景物可以用图 9-11 所示语义网络来表示。

在图 9-11 中，ROAD(道路)、BLDG(建筑物)、BRIDGE(桥梁)，RIVER(河流)，NEAR(附近)，INT(交叉)是表示类别和概念的结点。ROAD57、BLDG30、RIVER3 等结点，以及用 ISA 链与概念结点相连接的未加标志的结点都是表示实例的结点。原来的多元关系在语义网络中都已用一组等效的二元关系所代替。除此以外，在图中还有标志为 X 的结点，它是一条特定的道路与一座特定的桥梁相交叉的结果，它并不表示为任何类别概念的实例，这是一个虚结点。

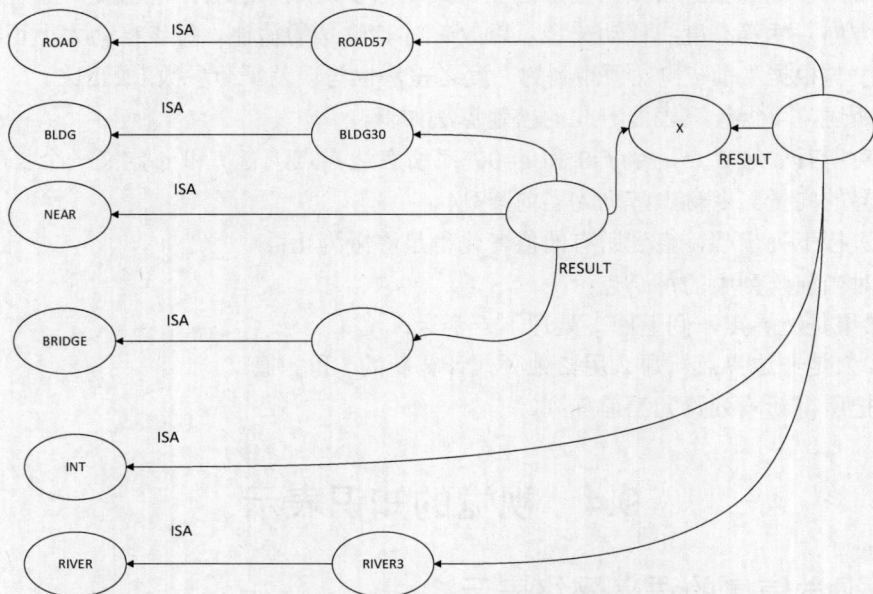

图 9-11 具有虚结点的语义网络

在现代自然语言处理中，预训练语言模型如 GPT(Generative Pre-trained Transformer)能够更高效地理解和生成自然语言文本。例如，对于类似"在道路 57 与河流 3 交叉处的桥梁位于建筑物 30 附近"这样的描述，GPT 模型可以通过其强大的上下文理解能力，快速准确地提取出其中的关键信息，如道路、河流、桥梁和建筑物的位置关系，并能够根据这些信息生成更详细的场景描述或回答相关问题。这种基于深度学习的语义理解方式在智能客服、智能写作助手等领域得到了广泛应用。

9.4.2 位置网络

位置网络是计算机视觉领域中应用语义网络的一个有普遍意义的实例。它能够将几何数据网络的模拟数据与语义网络结构相结合。这个语义网络有时类似一个具有专门求值规则的框架。

位置网络是一组几何点的网络表示。这组几何点借助集合理论以及几何运算(如集合的交运算、并运算、距离计算等)联系在一起。这些几何运算对应着有关物体位置的限制，这些限制是由思维或物理方面的因素所决定的。

位置网络中的每个内部结点包含几何运算、运算所需的变量表以及运算结果。例如，一个结点可以表示两个变量点集的并，其运算结果是一个点集。推理是由对网络进行求值来进行的，即对网络中所有的运算求值，以求取顶结点(根结点)运算的点集。这样，网络就有了一个通过变量链叠加在网络上的祖先和后代层次。在这个层次结构的底部是数据结点。数据结点不包含运算和变量，只有几何数据。网络中的每个结点处于以下三个状态中的一个：如果附加在结点上的数据，在当前被认为是准确的，那么，这个结点是更新的；如果已知数据是不完全的、不准确的或有遗漏的，那么这个数据是过时的；如果结点上的内容是由求值过程建立的，但未经图像验证，那么数据是假设的。

在一般的应用场合中，景物中所期望的特征的相对位置都已表示在网络中，这样网络就把图像所期望的结构模型化了。物体之间几何关系的基本运算有以下四种：

(1)　方向性运算；

(2)　区域运算；

(3)　集合运算：并、交，以及差等运算；

(4)　谓词运算：对区域进行的谓词运算可通过测量某些数据的特征来删除某些点集。例如，把宽度、长度或面积相对某个数值进行测试的谓词运算，可以限制在允许范围内集合的大小。

网络是由程序从上而下以递归的方式进行解释的。解释过程中把每条规则的部分结果储存在和这条规则有关的最高层结点处(只有少数例外)。求值从根结点开始，在绝大多数网络中，这个结点是运算结点。对运算结点的求值，首先要对它所有的变量求值，然后对这些由变量求值产生的结果进行运算。这样网络中其他要求值的结点可以利用这个运算结果。

数据结点可能已经包含结果，这个结果可能来自变换，或以前应用视觉运算的结果。在求值过程中的某个时刻，求值进行到某个结点。这个结点已被求值，并且是更新的或者是假设的(这样的结点包含对这个结点以下的结点，求值的结果)。这些结点的结果被返回，并且可当作数据结点来使用。这时的结点使得求值机构执行一个低级过程，以确定特性的位置。如果这个过程在它的能力范围内不能确定物体的状态，那么结点仍处于过时的状态。任何时候，在处理过时结点时都不要求先重新计算更新结点。标有假设的标志的结点有一个通常由推理过程支持的，但未经低级图像处理过程验证的值。假设的数据可用于推理过程：所有基于假设的数据的推理结果，也都标以假设的标志。

如果什么时候数据结点上的数据改变了(例如，由于一个独立的过程增加了新的信息)，那么这个结点的所有祖先就要标志为过时。因此，根结点也要标为过时的状态。但只有那些在过时的结点的通路上的结点，才必须重新求值，以使网络更新。

9.5　物体形状的分析与识别

9.5.1　复杂形状物体的表示

一个好的形状表示，能够由物体的部分视图来识别物体，而且物体形状的小变化只引起形状描述的小变化。物体各部分的连接表示应当是很方便的，它能够比较两个物体的差别与相似性，而不仅是进行简单的分类。

如果把复杂物体表示为被分割成的比较简单的部分，以及这些部分间的相互关系，那么上述要求就比较容易得到满足。例如，可以把人体形状描述为不同肢体部分(如头部、身躯、上肢和下肢)的组合，以及它们相互连接的方式。每一肢体又可能以类似的方式进行更具体的描述。例如，上肢是由上臂、前臂和手组成的，而手又是由手掌和手指组成的。把这种描述与图结构相比较，各部分对应图的结点，各部分之间的关系对应于图的弧线。这些关系可是部分或全部、连通性或更复杂的关系，这种描述称为关系描述或结构描述。

对形状的识别，是通过两个相关描述的匹配来实现的。一个物体的部分视图所产生的描述图，属于完整的物体描述子图，并能适应匹配过程的需求。

1. 曲线形状的描述与量度

曲线描述对于一些特别物体和三维景物(如某地区照片上的道路)的分析是很重要的。此外，三维物体的形状描述也往往被简化为"轮廓"线条结构。

(1) 曲线的存储方法。依次采用曲线上各点的坐标序列来表示线条是最容易的描述方法。只要存储曲线的起点坐标和依次各点的坐标增量，那么就能显著节省计算机内存。由弗里曼(H.Freeman)提出的链式代码技术被普遍用于描述曲线，它对像素的 8 个邻域都指定一个整数代码，如图 9-12 所示。一条任意曲线由其起点和每个接续点的相应代码来描述。例如，如图 9-13 所示曲线的链式代码为 0，1，2，2，3，2。

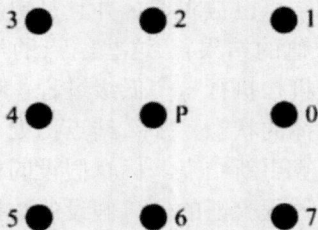

图 9-12　像素 8 邻域的链式代码　　　　图 9-13　链式代码曲线举例

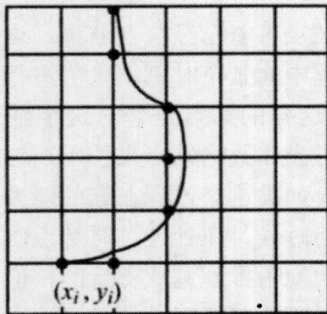

设有两条分别由链式代码表示的曲线 $a=(a_1,a_2,\cdots,a_n)$ 和 $b=(b_1,b_2,\cdots,b_n)$，它们的相似性可由下式定义：$C_{ab} = \dfrac{1}{n}\sum_{i=1}^{N} a_i b_i$

其中，$a_i b_i = \cos\alpha_i - \cos\beta_i$，而 α_i 和 β_i 为由代码 α_i 和 β_i 规定的角度。

当两曲线起点不同，但具有相同的比例尺、长度和方向时，上述相似性才是有效的。如果两曲线具有不同的长度，那么对其相似性的测量就要复杂一些。

(2) 曲线的近似描述。曲线的结构描述可以采用近似方法。一种方法是把曲线展开为正交级数；另一种方法是把曲线分段为一些比较简单的曲线。线性分割分段近似法是最常见的，而样条函数具有普遍意义。

在分段线性分割近似法中，迭代端点拟合法是一种高效且常用的技术。其原理是用直线把给定曲线上的各段端点连接起来，并寻找曲线上与该直线距离最远的点。如果这个距离大得无法接受，那么在最大偏离点把该曲线分割为两段，如图 9-14 所示。要把这种技术应用于闭合曲线，首先需要把它分割为任意两段。

(3) 曲线形状分析量度法。一条平面曲线通常为两个变量的多值函数，如 $f(x, y)=0$。曲线的分析近似法通过把多值函数变换为一相关单值函数而得到简化。一种变换方法是定义一个新的函数 $\theta(s)$ 为弧长等于 s 的曲线上某点正切转角与起点正切转角之比，如图 9-15 所示。对于闭合曲线，起点可任意选择。这时，$\theta(0)=0$，$\theta(L)=-2\pi$，其中，L 为闭合曲线的弧长。一个修正函数如下：

$$\theta'(t)=\theta\left(\frac{Lt}{2\pi}\right)+t$$

其中，t 的定义域为 $[0,2\pi]$，而 s 与 t 的关系为 $t=2\pi s/L$。

$\theta'(t)$ 对于曲线的平移、旋转和比例变化是不变式。对此函数进行近似，就能得到分析形状的量度。可将其展开为傅里叶级数，并采用其低阶系数来逼近。

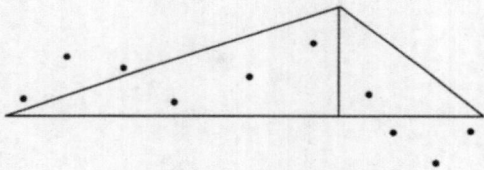

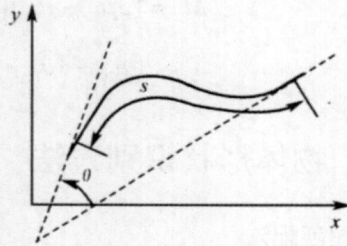

图 9-14　迭代端点拟合　　　　　图 9-15　曲线正切的弧长和旋转角度

2. 面积形状的面积分析量度法

如同上面的曲线描述一样，借助于某些基本函数(如二维傅里叶级数)对图形展开或近似而得到的系数，可用于对图形形状进行分析量度。对于一些基本函数，有可能组合这些系数以获得一个对比例尺位置和方向的不变式。这些方法已广泛用于有限领域的识别，主要是英文字母的字符识别。矩近似的分析量度法就是其中之一。

定义已知图形 R 的第 pq 阶矩为

$$m_{pq}=\sum_{x,y\in R}x^p y^q$$

其中，(x,y) 为 R 的边界上或边界内的一点；零阶矩 m_{00} 是图形中点的数目，即面积；而一阶矩 m_{10} 和 m_{01}，给出矩心位置。

通过把坐标系原点平移至矩心，并重新定义新的系数为

$$\mu_{pq}=\sum_{x,y\in R}\left(x-x_0\right)^p\left(y-y_0\right)^q$$

其中，$x_0=m_{10}/m_{00}$，$y_0=m_{01}/m_{00}$，就能够得到对图形位置的不变式。

对比例尺的不变式可由下式得到，即

$$\mu'_{pq}=\frac{\mu_{pq}}{\mu_{00}^{((p+q)/2)+1}}$$

对旋转的不变式可由旋转坐标轴一个θ角而得到，其中

$$\tan 2\theta = \frac{2\mu_{11}}{\mu_{20} - \mu_{02}}$$

下面给出一组二阶和三阶矩的函数对旋转和映像的不变式：

$$M_1 = (\mu_{20} + \mu_{02})$$

$$M_2 = (\mu_{20} - \mu_{02})^2 + 4\mu_{11}^2$$

$$M_3 = (\mu_{30} - 3\mu_{12})^2 + (3\mu_{21} - \mu_{03})^2$$

$$M_4 = (\mu_{30} + \mu_{12})^2 + (\mu_{21} + \mu_{03})^2$$

$$M_5 = (\mu_{30} - 3\mu_{12})^2 (\mu_{30} + \mu_{12}) \left[(\mu_{30} + \mu_{12})^2 - 3(\mu_{21} + \mu_{03})^2 \right] +$$

$$(3\mu_{21} - \mu_{30})(\mu_{21} + \mu_{03}) \left[3(\mu_{30} + \mu_{12})^2 - (\mu_{21} + \mu_{03})^2 \right]$$

$$M_6 = (\mu_{20} - \mu_{02}) \left[(\mu_{30} + \mu_{12})^2 - (\mu_{21} + \mu_{03})^2 \right] + 4\mu_{11}(\mu_{30} + \mu_{12})(\mu_{21} + \mu_{03})$$

$$M_7 = (3\mu_{21} - \mu_{03})(\mu_{30} + \mu_{12}) \left[(\mu_{30} + \mu_{12})^2 - 3(\mu_{21} + \mu_{03})^2 \right] -$$

$$(\mu_{30} - 3\mu_{12})(\mu_{21} + \mu_{03}) \left[3(\mu_{30} + \mu_{12})^2 - (\mu_{21} + \mu_{03})^2 \right]$$

9.5.2　物体形状识别方法

1. 图匹配法

结构性描述可视为图或网络，评价两幅图的相似性是图匹配法的重要思想。下面讨论图的相似性的量度。

令图 G:(N,P,R)定义为由结点集合 N(表示物体的部件)、这些结合特性的集合 P，以及结点间关系的集合 R 组成的。已知两幅图 G:(N,P,R)和 G':(N',P',R')，如果当且仅当 $P(n)$与 $P'(n)$对某一给定的相似性量度相似(即结点 n 的特性与结点 n'的特性相似)时，就说形成一个配对(n, n')。如果有两个配对(n_1,n'_1)和(n_2,n'_2)，对于 R 中的 r 和 R'中的 r'的所有关系，使得 $r(n_1,n'_1)$ =$r'(n_2,n'_2)$成立，那么就说这两个配对是兼容的。

如果两幅图 G 和 G'的结点具有一对一的配对，使得所有配对相互兼容，那么就称这两幅图是同构的。其中，如果(n, n')为一配对，那么仍然要求 $P(n)=P'(n')$。如果 G 的子图与 G'的子图同构，那么就称图 G 与 G'为亚同构的。

图的同构性或许能够由一个对所有配对的彻底搜索和一个对它们的互相兼容性的测试来确定。但是这种方法是低效率的。

把同构性量度用于物体的识别，一个不太严格的量度是确定最大图系量度。我们从两幅被匹配的图来定义一幅新的图，称为匹配图，使得此匹配图的结点是由图 G 和 G'的一对结点构成的配对；而且，如果两对相应的配对是兼容的，那么此匹配图的两结点间有一弧线存在。图 G 和图 G'系是一个匹配图的完全连接的子图。如果某个图系不包括在任何其他图系内，那么就称这个图系为最大图系。

图 9-16(a)和图 9-16(b)表示出两幅要匹配的图。有三种结点，分别标上圆圈、圆点和

方形，只有同样的结点才能匹配。这两幅图是十分相似的，如果结点 B 和 D 是圆圈而不是方形，那么两图就会是同构的。然而，只有孤立结点是同构连接子图。最大图系能够有助于求得较大的兼容匹配子结构。图 9-16(c)表示上述两图的匹配图。出现两个图系，一个含有匹配$((A,1),(C,3),(E,5))$，另一个含有匹配$((A,5),(C,3)，(E,1))$。

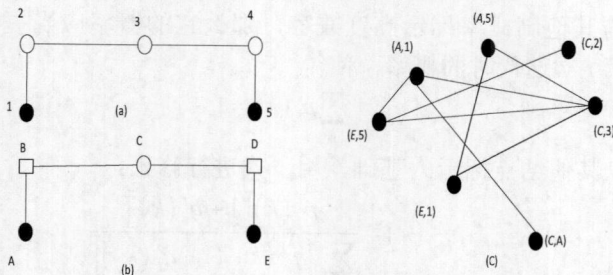

图 9-16　匹配图举例

最大图系的计算可能是费时的。在最坏情况下，最大图系的计算复杂性可能到$(n/2)^{n/2}$，其中，n 为结点数。

2. 松弛标示法

把标示问题定义为一个标示集合与一个结点集合的配对，使得标示配对与给定约束相一致。这种标示法有许多应用，而且包含了图匹配问题。这时，标示是其他图的结点。

令 N 为被标示结点的集合，L 为可标示的集合。对于每个 n_i，想要指定一个标示集合L，使得 L_i 为 L 的一个子集，而且这些标示与给定约束相容。对于确定的情况，每个集合L_i 只包含一个元素。最简单的约束是一元的，限制标示只可能赋予某个确定的结点，而不考虑网络中的其他结点。二元约束则规定一对结点的标示之间的关系。对于结点 n_i 的一个标示集合 L_i，可能与结点 n_j 的一个标示集合 L_j 相容，如果 L_i 的每个标示至少与 L_j 的一个标示相容的话。这种相容性称为弧相容性。

一般来说，约束是 n 元的，而且弧相容性可能并不导致全局相容性。图 9-17 给出一个例子，其一元约束为：要对每个结点标示为红色或绿色，而且要求相邻点为不同的颜色。每当对一个结点指定红色或绿色之后，能够对其相邻结点指定一个相容的标示，但是不能使这三个结点同时满足全局约束。

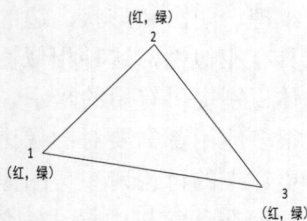

图 9-17　弧一致但全局不一致的标示

一个更大的约束是路径相容性(path compatibility)。两个结点 n_i 和 n_j(其标示为 l_k 和 l_l)是路径一致的，如果网络内存在一条从 $n_i \sim n_j$ 的路径，对于此路径上的每个结点不存在标示集合，而对于两端点同时与标示 l_k 和 l_l 相一致(用二元法)。图 9-16 的网络不是路径相容的。

只考虑弧相容性，罗森菲尔德(Rosenfeld)等人提出用迭代松弛法来计算弧相容标示。首先，把所有满足一元约束的标示指定给每个结点。在算法的任一迭代过程中，消去那些与其他结点不存在弧相容的结点标示。值得注意的是，消去某些标示可能产生新的不相容性，而且后者又将在下一个迭代中被消去。如果存在相容标示，那么这个过程就能够收敛至那个相容标示。

罗森菲尔德等人还给出概率或随机松弛标示法。对每个结点指定的标示都有一个权或概率与之对应。两结点标示间的兼容性也是由一个数值范围给出的。对算法的每一个迭代过程，以这些标示和相邻指定的兼容性为基础，对每个指定的概率进行修正。一般地，如果一个标示的概率与其他高概率标示高度兼容，那么它的概率应当提高。令 $p_i^t(k)$ 为赋予结点 n_i 的标示 l_k 在第 t 次迭代时的概率，使得

$$\sum_k p_i^t(k) = 1$$

这些概率可能以其他结点标示为基础，用下式进行修正：

$$p_i^{t+1}(k) = \frac{p_j^t(k)\left[1 + q_i^t(k)\right]}{\sum_k \left\{ p_i^t(k) \cdot \left(1 + q_i^t(k)\right) \right\}}$$

其中，$p_i^t(k)$ 给出对指定概率的校正，而分母能够保证新概率之和仍然为 1。$p_i^t(k)$ 的定义为

$$p_i^t(k) = \sum_j d_{ij} \left[\sum_k r_{ij}(k,k') \cdot p_i^t(k') \right]$$

其中，d_{ij} 为一权值，用来确定结点 i 的作用；$r_{ij}(k,k')$ 为结点 i 和 j(分别标示为 k 和 k')间兼容性的一个量度。

9.6 本 章 小 结

一个图像由一个量化数字矩阵来表示。矩阵中的每个元素都是一个表示像素光亮度的数字。矩阵中像素元素的位置对应于它在图像内坐标的位置；如果像素是彩色的，则分别用三个数字来描述，每个数值表示一种基本颜色。处理两个或多个图像就需要恢复深度信息，以便能从二维图像中提取三维信息。许多特征对物体识别提供了有用的暗示，包括颜色、纹理、阴影和形状，边的检测和分割用来识别像素的同类分组。分组意味着两个像素之间具有相似性，这种相似性可以根据颜色、纹理、空间位置等来考虑。提取的特征应该对物体识别提供有用的暗示。

很多应用都需要对图像进行预处理，本章简单叙述图像边缘检测和图像分割的方法，更多更详细的讨论请参考图像处理的文献。

如何在计算机中描述物体，本章给出了边缘距离的计算和表面方向的确定方法(松弛算法)。本章还将物体描述与知识表示结合起来，讨论了如何用语义网络描述图像。

图像中物体形状的分析与识别对于人来说轻而易举，对于机器却是一个非常困难的问题，本章给出了复杂物体的形状表示和物体形状识别方法——图匹配法和松弛标示法。

第 10 章
自然语言处理

  语言是人类区别于其他动物的重要标志之一。自然语言是区别于形式语言或人工语言(如逻辑语言和编程语言等)的人际交流的口头语言(语音)和书面语言(文字)。自然语言作为人类表达和交流思想最基本和最直接的工具,在人类社会活动中到处存在。婴儿呱呱落地的第一声啼哭,便是用语言(声音)向全世界表达(宣布)自己的降临。如今,手机、微信等应用,也是语音识别技术的成果。

  本章将首先介绍自然语言处理(Natural Language Processing,NLP)的概念、研究意义,以及系统组成与模型等;接着,逐一研究自然语言的语法分析、语义分析和语境分析;然后,探讨语言的自动生成和机器翻译等问题;最后,举例介绍自然语言的处理系统。

10.1　自然语言处理概述

　　自 1954 年第一个机器翻译系统问世以来，经过半个多世纪的艰苦努力，计算机科学家、语言学家、心理学家们已在受限语言理解和面向领域的语言理解研究中取得了不少重要的成果，并获得了越来越广泛的应用，尤其是近 20 年取得了有目共睹的丰硕成果和长足进展。但是，要让自然语言处理研究，最终实现机器真正理解人类语言这一目标，依然任重道远。

　　什么是语言和语言理解？自然语言处理与人类的哪些智能有关？自然语言处理研究是如何发展的？理解自然语言的计算机系统是如何组成的？以及它们的模型是什么？这些都是研究自然语言处理时感兴趣的问题。

10.1.1　自然语言处理的概念与定义

　　我们把人类千百年来自然形成的用于交际的书面和口头语言，如汉语、英语、法语和西班牙语等，称为自然语言，以区别于人工(人造)语言，如计算机程序设计语言 Basic、C、Lisp 和 PROLOG 等。据统计，人类历史上以语言文字记载的知识约占知识总量的80%。在计算机应用上，约有 85%用于语言文字的信息处理。语言信息处理技术已成为国家现代化水平的一个重要标志。

　　自然语言处理是用计算机对人类的口头和书面形式的自然语言，进行加工处理和应用的技术，是一门涉及语言学、数学、计算机科学和控制论等多学科交叉的边缘学科，是人工智能和智能科学的一个重要分支，也是人工智能的早期且活跃的研究领域之一。

　　自然语言处理包括自然语言理解和自然语言生成两个方面。自然语言理解系统把自然语言转化为计算机程序更易于处理和理解的形式。自然语言生成系统则把与自然语言有关的计算机数据转化为自然语言。自然语言理解又称计算语言学。不过，自然语言处理和自然语言理解的研究内容通常大致相当。自然语言理解与自然语言处理往往互为通融。自然语言生成又往往与机器翻译等同，涉及文本翻译和语音翻译。其中，同步语音翻译就是人们长期追求的一个梦想。

　　国际上对自然语言处理和自然语言理解尚无统一的定义。下面给出几个有代表性的不尽相同的定义。

　　定义 1　自然语言处理是研究人类交际和人机通信中的语言问题的一门学科。它要开发表示语言能力和性能的模型，建立实现这种语言模型过程的计算框架，提出不断完善这些过程和模型的辨识方法，以及探究实际系统的评价技术。

　　定义 2　自然语言处理是人工智能领域的主要内容，即利用计算机等工具对人类特有的语言信息(包括口语信息和文字信息)进行各种加工，并建立各种类型的人—机—人系统。自然语言理解是其核心，其中包括语音和语符的自动识别，以及语音的自动合成。(刘涌泉，2002)

　　定义 3　自然语言处理是利用计算机工具对人类特有的书面形式和口头形式的语言进

行各种类型处理和加工的技术。(冯志伟，1996)

　　定义 4　自然语言处理是用计算机对自然语言的音、形、义等语言信息进行加工和操作，包括对字、词、短语、句子和篇章的输入、输出、识别、转换、压缩、存储、检索、分析、理解和生成等的处理技术。它是在语言学、计算机科学、控制论、人工智能、认知心理学和数学等相关学科的基础上形成的一门边缘学科。(蔡自兴，2008)

　　此外，还有其他一些关于自然语言处理和自然语言理解的定义。如果读者发现某些或某一不同的定义，不要感到意外，也不要认为只有上面给出的定义才是正确的。由于侧重面不同或专业背景差别，每种定义都有可取之处。

10.1.2　自然语言处理的研究领域和意义

1. 自然语言处理的研究领域和方向

　　自然语言处理具有非常广泛的研究领域和方向。下面按照应用领域的不同，给出一些研究方向。

　　(1)　文字识别(optical character recognition)。

　　文字识别借助计算机系统自动识别印刷体或手写体文字，把它们转换为可供计算机处理的电子文本。对于文字识别，主要研究字符的图像识别，但对于高性能的文字识别系统，往往也要同时研究语言理解技术问题。

　　(2)　语音识别(speech recognition)。

　　语音识别也称为自动语音识别(Automatic Speech Recognition，ASR)，其目标是将人类语音中的词汇内容转换为计算机可读的书面语表示。语音识别技术的应用包括语音拨号、语音导航、室内设备控制、语音文档检索、简单的听写数据录入等。

　　(3)　机器翻译(machine translation)。

　　机器翻译研究借助计算机程序把文字或演讲从一种自然语言自动翻译成另一种自然语言。简单来说，机器翻译就是把一个自然语言的字词变换为另一个自然语言的字词。使用语料库技术，可自动进行更加复杂的翻译。

　　(4)　自动文摘(automatic summarization 或 automatic abstracting)。

　　自动文摘是应用计算机对指定的文章做摘要的过程，即把原文档的主要内容和含义自动归纳、提炼并形成摘要或缩写。常用的自动文摘是机械文摘，根据文章的外在特征提取能够表达该文中心意思的部分原文句子，并把它们组成连贯的摘要。

　　(5)　句法分析(syntax parsing)。

　　句法分析又称自然语言语法分析(parsing in natural language)。它运用自然语言的句法和其他相关知识来确定组成输入句各成分的功能，以建立一种数据结构并用于获取输入句意义的技术。

　　(6)　文本分类(text categorization 或 document classification)。

　　文本分类又称为文档分类，是在给定的分类体系和分类标准下，根据文本内容利用计算机自动判别文本类别，实现文本自动分类的过程，包括学习和分类两个过程。首先有一些文本及其属类的标准，学习系统从标注的数据中学到一个函数(分类器)，分类系统利用学到的分类器对新给出的文本进行分类。

(7) 信息检索(information retrieval)。

信息检索又称情报检索，是利用计算机系统从海量文档中查找用户需要的相关文档的查询方法和查询过程。简而言之，信息检索是搜寻信息的科学，例如在海量文件中搜寻信息、文件和描述文件的元数据或在数据库(包括相关的独立数据库或是超文本的网络数据库)中进行搜寻。

(8) 信息获取(information extraction)。

信息获取主要是指利用计算机从大量的结构化或半结构化的文本中自动抽取特定的一类信息(例如事件和事实等)，并使其形成结构化数据，填入数据库供用户查询使用的过程，其广泛目标是允许计算非结构化的资料。

(9) 信息过滤(information filtering)。

信息过滤是指应用计算机系统自动识别和过滤那些满足特定条件的文档信息。一般指对网络有害信息的自动识别和过滤，主要用于信息安全和防护等。也就是说，信息过滤是根据某些特定要求，过滤或删除互联网某些敏感信息的过程。

(10) 自然语言生成(natural language generation)。

自然语言生成是指将句法或语义信息的内部表示转换为由自然语言符号组成的符号串的过程，是一种从深层结构到表层结构的转换技术，是自然语言理解的逆过程。从生成的结果看，有语句生成、语段生成和篇章生成等形式，其中以语句生成更为基本和重要。

(11) 中文自动分词(Chinese word segmentation)。

中文自动分词是指使用计算机自动对中文文本进行词语的切分，即像英文那样使得中文句子中的词之间存在空格加以标识。中文自动分词被认为是中文自然语言处理中的一个最基本的环节。

(12) 语音合成(speech synthesis)。

语音合成又称为文语转换(text-to-speech conversion)，是将书面文本自动转换成对应的语音表征。

(13) 问答系统(question answering system)。

问答系统是借助计算机系统对人提出问题的理解，通过自动推理等方法，在相关知识资源中自动求解答案，并对问题做出相应的回答。有时，回答技术与语音技术、多模态输入输出技术以及人机交互技术相结合，构成人机对话系统。

此外，还有语言教学(language teaching)、词性标注(part-of-speech tagging)、自动校对(automatic proofreading)，以及讲话者识别、辨识、验证等。

2. 自然语言理解研究的意义

自然语言理解是继专家系统和机器学习之后，人工智能又一重要的和富有活力的应用研究领域。如果计算机能够真正理解自然语言，人机间的信息交流能够以人们所熟悉的自然语言来进行，那必将对人类社会进步、经济发展和改善人民生活产生重大影响，极大地方便人类的生产活动和日常生活，具有无法估量的社会效益和经济价值。

自然语言理解研究和应用的重大进展也将是人工智能和智能科学的一项重大突破，必将对科学技术的其他领域做出特别贡献，促进其他学科和部门的进一步发展，并对人们的生活产生深远的影响。随着计算机的快速发展，计算机越来越广泛地进入人们的日常工作和生活，计算机与自然语言相结合的领域也越来越广阔。继机器翻译之后，信息检索、文本分类、篇章理解、自动文摘、自动校对、词典自动编辑、文字自动识别等领域都在不同程度上要求计算机具备自动分析、理解和生成自然语言的能力。特别是国际互联网迅速扩展，网络上的信息资源加速增长，在海量信息面前，人们迫切希望计算机能够具备自然语言的知识，能够帮助人们准确地获取所需的网上信息。自然语言理解研究可以使得计算机在一定程度上理解人类自然语言，从而帮助人们完成机器翻译、信息提取、信息检索、文本分类等各项工作。这对提高工作效率，丰富生活内容，推动相关领域和部门的发展都具有巨大的价值和意义。

语言是思维的载体和人际交流的工具。人类已经迈入 21 世纪，计算机可处理的自然语言文本数量空前增长，面向海量信息的文本挖掘、信息提取、跨语言信息处理、人机交互等应用需求急速增长。随着我国现代化建设的发展，信息处理技术的自动化越来越显得紧迫。据统计，目前计算机的应用范围，用于数学计算的仅占 10%，用于过程控制的不到 5%，其余 85%以上都是用于语言文字和信息处理的，并且随着计算机的普及和性能的提高、价格的降低，这一趋势还在增强。语言信息处理的技术水平和每年所处理的信息总量已经成为衡量一个国家现代化技术水平的重要标志之一。可以说，汉语自然语言理解作为中文信息自动化处理的关键技术，每提高一步给我国的科学技术、文化教育、经济建设、国家安全所带来的效益，将是无法用金钱来计算的。

10.1.3　自然语言理解过程的层次

语言虽然表示成一连串的文字符号或者一串声音流，但其内部事实上是一个层次化的结构，从语言的构成中就可以清楚地看到这种层次性。一个文字表达的句子是由词素→词或词形→词组或句子，而用声音表达的句子则是由音素→音节→音词→音句，其中每个层次都受到语法规则的制约。因此，语言的分析和理解过程也应当是一个层次化的过程。许多现代语言学家把这一过程分为 5 个层次：语音分析、词法分析、句法分析、语义分析和语用分析。虽然这些层次之间并非是完全隔离，但是这种层次化的划分确实有助于更好地体现语言本身的构成。

1. 语音分析

在有声语言中，最小可独立的声音单元是音素，音素是一个或一组音，它可与其他音素相区别。如 pin 和 bin 中分别有/p/和/b/这两个不同的音素，但 pin、spin 和 tip 中的音素/p/是同一个音素，它对应了一组略有差异的音。语音分析则是根据音位规则，从语音流中区分出一个个独立的音素，再根据音位形态规则找出一个个音节及其对应的词素或词。

2. 词法分析

词法分析的主要目的是找出词汇的各个词素，从中获得语言学信息，如 unchangeable 是由 un-change-able 构成的。在英语等语言中，找出句子中的一个个词语是很容易的事情，因为词与词之间是用空格来分隔的。但是要找出各个词素就复杂得多，如 importable，它可以是 im-port-able 或 import-able。这是因为 im、port 和 import 都是词素。而在汉语中要找出一个个词素则是再容易不过的事情，因为汉语中的每个字就是一个词素。但是要切分出各个词就远不是那么容易。如"我们研究所有东西",可以是"我们——研究所——有——东西",也可是"我们——研究——所有——东西"。

通过词法分析可以从词素中获得许多语言学信息。英语中词尾中的词素"s"通常表示名词复数或动词第三人称单数,"ly"是副词的后缀,而"ed"通常是动词的过去式与过去分词等,这些信息对于句法分析都是非常有用的。另一方面,一个词可有许多的派生、变形,如 work,可变化出 works、worked、working、worker、workings、workable、workability 等。这些词若全部放入词典将是非常庞大的,而它们的词根只有一个。

3. 句法分析

句法分析是对句子和短语的结构进行分析。在语言自动处理的研究中,句法分析的研究是最为集中的,这与乔姆斯基的贡献是分不开的。自动句法分析的方法很多,有短语结构语法、格语法、扩充转移网络、功能语法等。句法分析的最大单位就是一个句子。分析的目的就是找出词、短语等的相互关系,以及各自在句子中的作用等,并以一种层次结构来加以表达。这种层次结构可以反映从属关系、直接成分关系,也可以是语法功能关系。

4. 语义分析

对于语言中的实词而言,每个词都是用来称呼事物,表达概念。句子是由词组成的,句子的意义与词义是直接相关的,但也不是词义的简单相加。"我打他"和"他打我"词是完全相同的,但表达的意义是完全相反的。因此,还应当考虑句子的结构意义。英语中 a red table(一张红色的桌子),它的结构意义是形容词在名词之前修饰名词,但在法语中却不同,one table rouge(一张桌子红色的),形容词在被修饰的名词之后。语义分析就是通过分析找出词义、结构意义及其结合意义,从而确定语言所表达的真正含义或概念。在语言自动理解中,语义越来越成为一个重要的研究内容。

5. 语用分析

语用学(pragramatics)又称为语用论或语言实用学,是符号学的一个分支,是研究语言符号和使用者关系的一种理论。具体来说,语用学研究语言所存在的外界环境对语言使用者的影响,描述语言的环境知识,以及语言与语言使用者在给定语言环境中的关系。关注语用信息的自然语言处理系统更侧重于讲话者/听话者的模型设定,而非处理嵌入给定话语的结构信息。已经提出一些语言环境计算模型,用于描述讲话者及其通信目的、听话者及其对讲话者信息的重组方式。构建这些模型的难点在于,如何把自然语言处理的各个方面和各种不确定的生理、心理、社会、文化等因素集中于一个完整的模型。

10.2 机 器 翻 译

机器翻译是用计算机实现不同语言间的翻译。被翻译的语言称为源语言,翻译成的结果语言称为目标语言。因此,机器翻译就是实现从源语言到目标语言转换的过程。

电子计算机出现之后不久,人们就想使用它来进行机器翻译。只有在理解的基础上才能进行正确的翻译,否则,将遇到以下一些难以解决的困难:

(1) 词的多义性。源语言可能一词多义,而目的语言要表达这些不同的含义需要使用不同的词汇。为选择正确的词，必须了解所表达的含义是什么。

(2)　文法多义性。对源语言中合乎文法规则但具有多义的句子，其每一可能的意思均可在目标语言中使用不同的文法结构来表达。

(3)　头语重复使用。源语言中的一个代词可指多个事物，但在目标语言中要有不同的代词，正确地选用代词需要了解其确切的指代对象。

(4)　成语。必须识别源语言中的成语，它们不能直接按字面意思翻译成目标语言。如果不能较好地克服这些困难，就不能实现真正的翻译。

机器翻译，就是让机器模拟人的翻译过程。人在进行翻译之前，必须掌握两种语言的词汇和语法。机器也是如此，它在进行翻译之前，在它的存储器中已存储了语言学工作者编好的，并由数学工作者加工过的机器词典和机器语法。人进行翻译时所经历的过程，机器也同样遵照执行：先查词典得到词的意义和一些基本的语法特征(如词类等)，如果查到的词不止一个意义，那么就要根据上下文选取所需要的意义。在弄清词汇意义和基本语法特征之后，就要进一步明确各个词之间的关系。此后，根据译语的要求组成译文(包括改变词序，翻译原文词的一些形态特征及修辞)。

机器翻译的过程一般包括 4 个阶段：原文输入、原文分析(查词典和语法分析)、译文综合(调整词序、修辞和从译文词典中取词)和译文输出。下面以英汉机器翻译为例，简要地说明机器翻译的整个过程。

1. 原文输入

由于计算机只能接受二进制数字，所以字母和符号必须按照一定的编码法转换成二进制数字。例如 What are computers 这 3 个词就要变为下面这样 3 大串二进制代码：

```
What    110110 100111 100000 110011
are   100000 110001 110100
computers   100010 101110 101100 101111 110100
          110011 100100 110001 110010
```

2. 原文分析

原文分析包括两个阶段：查词典和语法分析。

(1)　查词典。

通过查词典，给出词或词组的译文代码和语法信息，为以后的语法分析及译文的输出提供条件。机器翻译中的词典按其任务不同而分成以下几种：

①　综合词典：它是机器所能翻译的文献的词汇大全，一般包括原文词及其语法特征(如词类)、语义特征和译文代码，以及对其中某些词进一步加工的指示信息(如同形词特征、多义词特征等)。

②　成语词典：为了提高翻译速度和质量，可以把成语词典放到综合词典前面。例如，at the same time，不必经过综合词典得到每个词的信息后再到成语词典去找，可直接得"副词状语"特征和"同时"的译文。

③　同形词典：专门用来区分英语中有语法同形现象的词。例如，close 一词，经过综合词典加工未得到任何具体的词类，而只得到该词是形/动同形词的指示信息。该词转到这里后，按照同形词典所提供的检验方法，来确定它在句中到底是用作形容词还是动词。同形词典是根据语言中各类词的形态特征和分布规律构成的。例如，动词、形容词同

形的图示中，就有这样的规则：close 后有 er、est 为形容词，处于"冠词+close+名词"和
"形容词+close+名词"等环境时也为形容词。

④ (分离)结构词典：某些词在语言中与其他词可构成一种可嵌套的固定格式，我们
给这类词定为分离结构词。根据这种固定搭配关系，可以简便而又切实地给出一些词的词
义和语法特征(尤其是介词)，从而减轻了语法分析部分的负担。例如，effect of...on。

⑤ 多义词典：语言中一词多义现象很普遍，为了解决多义词问题，必须把源语的各
个词划分为一定的类属组。例如，名词就要细分为专有名词、物体类名词、不可数物质名
词、抽象名词、方式方法类名词、时间类名词、地点类名词等。利用这样的语义类别来区
分多义现象，是一种比较普遍的方法。例如 effect 一词，当它前面是专有名词(例如人名)
时，要选择"效应"为其词义，如 Barret effect"巴勒特效应"，当它处在表示"过程"
意义的动名词之后时就要译为"作用"，如 Deoxidizing effect"脱氧作用"。这种利用语
义搭配的办法，并非万能，但能解决相当一部分问题。

通过查词典，原文句中的词在语法类别上便可成为单功能的词，在词义上成为单义词
(某些介词和连词除外)。这样就给下一步语法分析创造了有利条件。

(2) 语法分析。

在词典加工之后，输入句就进入语法分析阶段。语法分析的任务是：进一步明确某些
词的形态特征；切分句子；找出词与词之间句法上的联系，同时得出英汉语的中介成分。
一句话，为下一步译文综合做好充分准备。

根据英汉语对比研究发现，翻译英语句子除了翻译各个词的意义之外，主要是调整词
序和翻译一些形态成分。为了调整词序，首先必须弄清需要调整什么，即找出调整的对
象。根据分析，英语句子一般可以分为这样一些词组：动词词组、名词词组、介词词组、
形容词词组、分词词组、不定式词组、副词词组。正是这些词组承担着各种句法功能：谓
语、主语、宾语、定语、状语……其中除谓语外，都可以作为调整的对象。

如何把这些词组正确地分析出来，是语法分析部分的一个主要任务。上述几种词组中
需要专门处理的，实际上只是动词词组和名词词组。不定式词组和分词词组可以说是动词
词组的一部分，可以与动词同时加工：动词前有 to，且又不属于动词词组，一般为不定式
词组；-ed 词如不属于动词词组，又不是用作形容词，便是分词词组；-ing 词比较复杂，
如不属于动词词组，还可能是某种动名词，如既不属动词词组，又不为动名词，则是分词
词组。形容词词组确定起来很方便，因为可以构成形容词词组的形容词在词典中已得到
"后置形容词"特征。只要这类形容词出现在"名词+后置形容词+介词+名词"这样的结
构中，形容词词组便可确定。介词词组更为简单，只要同其后的名词词组连接起来也就构
成了。比较麻烦的是名词词组的构成，因为要解决由连词 and 和逗号引起的一系列
问题。

3. 译文综合

译文综合比较简单，事实上它的一部分工作(如该调整哪些成分和调整到什么地方)在
上一阶段已经完成。这一阶段的任务主要是把应该移位的成分调动一下。

如何调动，即采取什么加工方法，是一个不平常的问题。根据层次结构原则，下述方

法被认为是一种合理的加工方法；首先加工间接成分，从后向前依次取词加工，也就是从句子的最外层向内层加工。其次是加工直接成分，依成分取词加工。如果是复句，还要分情况进行加工：对一般复句，在调整各分句内部各种成分之后，各分句都作为一个相对独立的语段处理，采用从句末(即从句点)向前依次选取语段的方法加工；对包孕式复句，采用先加工插入句再加工主句的方法，因为如不提前加工插入句，主句中跟它有联系的那个成分一旦移位，它就失去了自己的联系词，整个关系就要混乱。

译文综合的第二个任务是修辞加工，即根据修辞的要求增补或删掉一些词，譬如可以根据英语不定冠词、数词与某类名词搭配增补汉语量词"个""种""本""条""根"等；再如若有 even(甚至)这样的词出现，谓语前可加上"也"字；又如若主语中有 every(每个)、each(每个)、all(所有)、everybody(每个人)等词，谓语前可加上"都"字，等等。

译文综合的第三个任务是查汉文词典，根据译文代码(实际是汉文词典中汉文词的顺序号)找出汉字的代码。

4. 译文输出

通过汉字输出装置将汉字代码转换成文字，打印出译文来。

目前世界上已有十多个面向应用的机器翻译规则系统，其中一些是机器辅助翻译系统，有的甚至只是让机器帮助查词典，但是据说也能把翻译效率提高 50%。这些系统都还存在一些问题，有的系统人在其中参与太多，有所谓"译前加工""译后加工""译间加工"，离真正的实际应用还有一段距离。

10.3　自然语言理解系统应用举例

自然语言理解研究虽然尚存在不少困难，但已有较大进展，并已获得越来越广泛的应用。下面介绍两个应用实例，即自然语言自动理解系统和自然语言问答系统。

10.3.1　自然语言自动理解系统

下面列举两个自然语言自动理解系统。

1. 指挥机器人的自然语言理解系统 SHRDLU

SHRDLU 系统是由 MIT 研制的，这个系统能用自然语言来指挥机器手在桌面上摆弄积木，按一定的要求重新安排积木块的空间位置。SHRDLU 可与用户进行人—机对话，接收自然语言，把它变为相应的指令，并进行逻辑推理，从而回答关于桌面上积木世界的各种问题。系统在 Lisp 语言的基础上设计了一种 MICRO PLANNER 程序语言，用它来表示各种指令、事实和推理过程。如"the pyramid is on the table"(棱锥体在桌子上)，MICRO PLANNER 可以把它变换成如下形式(ON PYRAMID TABLE)。如果要把积木 x 放到另一块积木 y 上，则可进行如下推理：

```
(THE GOAL(ON ? x ? y)
(OR(ON-TOP ? x ? y)
```

```
(AND(CLEAR-TOP ? x)(CLEAR-TOP ? y)(PUT-ON ? x ? y))))
```

其表达的意义是：要把 x 放在 y 上，如果 x 不在 y 上，那么首先就要清除 x 上的一切东西(CLEAR-TOP ?x)，然后再清除 y 上的一切东西，最后才把 x 放到 y 之上(PUT-ON ?x? y)。在 SHRDLU 系统的语法中，不仅包含句法方面的特征，而且还包括语式、时态、语态等特征，并且把句法同语义结合在一起。当输入 "Can the table picks up blocks?"(桌子能拿起积木吗？)时，机器在分析句子的同时还可以在语义上作出判断，只有动物属性的东西才能 "pick up"(拿起)东西，从而回答 "No"。系统把句法分析、语义分析同逻辑推理结合在一起，取得了良好的结果。

2. 自然语言情报检索系统 LUNAR

LUNAR 系统是由伍兹于 1972 年研制成功的一个自然语言情报检索系统，具有语义分析能力，用于帮助地质学家比较，从月球卫星 Apollo 11 上得到的月球岩石和土壤组成的化学成分数据。这个系统具有一定的实用性，为地质学家们提供了一个有用的工具，也显示了自然语言理解系统对科学和生产的积极作用。

LUNAR 系统的工作过程可分为 3 个阶段。

第一阶段：句法分析。

系统采用 ATN 及语义探索的方法产生人提出问题的推导树。LUNAR 能处理大部分英语提问句型，该系统有 3500 个词，可解决时态、语式、指代、比较级、关系从句等语法现象。如英语句子 Give me the modal analysis of P205 in those samples.(给我作出这些样本中 P205 的常规分析。) What samples contain P205?(哪种样本中含有 P205？)等。

第二阶段：语义解析。

在这个阶段中，系统采用形式化的方法来表示提问语言所包含的语义，例如

```
(TEST(CONTAIN S10046 OLIV))
```

其中 TEST 是一个操作，CONTAIN 是一个谓词，S10046 和 OLIV 都是标志符，代表了数据库中所存的事物，S10046 是标本号，OLIV 是一种矿石。形式表达中还有多种量词，如 QUANT、EVERY 等。例如：

```
(FOR EVERY x1/(SEQ TYPE C):T; (PRINTOU Tx1))
```

它的含义是：枚举出所有类型为 C 的样本，并打印出来。

第三阶段：回答问题。

在这个阶段中将产生对提问的回答，如：

提问：(Do any samples have greater than 13 percent aluminium)(举出任何含铝量大于 13%的样本)

分析后的形式化表达为

```
(TEST(FOR SOME x1/(SEQ SAMPLES):T; (CONTAIN x1(NPR * X2/'AL203)(GREATER
THAN 13 PCT))))
```

回答：(yes)

然后，LUNAR 系统可枚举出一些含铝量大于 13%的样本。

10.3.2　自然语言问答系统

下面介绍一个简单的自然语言问答系统。与上述例子不同的是，本例不是用 Lisp 语言编程的，而是用 PROLOG 语言编程的。

简单的自然语言问答系统，至少要做 3 件事：

(1)　分析一语句，同时构造它的逻辑表示，检查它的语义正确性。

(2)　如果可能的话，转换该逻辑形式为 Horn 子句。

(3)　如果该语句是陈述句，则在知识库中增加该子句，否则认为该子句为一个问题，并演绎地检索相应的答案。

此 3 项功能主要由谓词 talk 完成，talk 的定义是：

```
talk( Sentence,Reply): -Parse(Sentence,LF,-Type) ,
     clausify(LF ,Clause,Freevars) , !,
     reply(Type ,Ereevars ,Clause,Reply).
talk( Sentence,error("too difficult")).
```

上述定义中引出 3 个谓词，即 parse、clausify、reply，分别对应上述 3 项功能。

1. 谓词 parse 表达句法分析能力

parse 主要根据文法规则记号系统的规定，执行分析和转换任务，给出相应的逻辑表示和该语句的类型，它的定义是：

```
parse(Sentence,LF ,assertion): s(finite,LF , nogap,Sentence,[]).
parse(Sentence,LF , query):q(LF ,Sentence,[]).
```

第一子句由文法系统 s 确定，如成功，则给出相应的逻辑形式和语句类型 assertion。第二子句由文法系统 q 确定，如成功，则给出相应的逻辑形式 LF 和语句类型 query。在第一子句中 finite 限制该系统仅处理一般时态，当然如果想处理更复杂的时态，只要增加一些子句和文法系统规则就行了。

2. 谓词 clausify 表达生成子句的能力

反映语句语义的 LF，由 clausify 谓词转换成 Horn 子句的情形。

当然，并非所有的 LF 均能转换成 Horn 子句，能转换成 Horn 子句的有下列 3 种情况：

(1)　如果表达式的最外层是全称量词，则可以立即去掉此量词并对其余部分继续此转换过程：

```
clausify(all(X,FO),F,[X|V]):-clausify(Fo,F, V).
```

(2)　如果表达式是蕴涵式，并且结论部分只有一个文字，以及前提中不含有蕴涵符：

```
clausify(A0=>Co,(C:A),V): -
   clausify _literal(Co,c),
   clausify _antecedent(A0 ,A, V).
```

(3)　最后一种情况是单文字可以变成单位子句：

```
clausify(Co,C[]):-
```

```
clausify _literal(Co,C).
```

3. 谓词 reply 表达回答功能

talk 的第三个功能就是回答功能，可分两种情况：其一是针对陈述句的，它将该陈述句的 Horn 子句形式插入 PROLOG 数据库中；其二是针对提问的，提问的形式已经变换成如下形式：

```
answer( Answer): -Condition
```

此时直接由 PROLOG 系统求解出所有满足 Condition 的解，如有解，则给出所有解；如无解，则回答 no。这个功能很简单，可直接从定义中看出：

```
reply(assertion,-FreeVars ,Assertion,
   asserted( Assertion)):
   assert( Assertion), !.
reply(query,Freevars,
   ( answer( Answer):-Condition),Reply) : -
   ( setof(Answer,FreeVars-Condition,
   Answers))>Reply= Answers;
   Reply=[no]) ,!.
```

talk 是整个自然语言回答系统的核心谓词。要构造成真正的系统，还需要一个界面程序，此界面程序的功能是给出某一提示符，接受用户的语句，执行 talk 功能，打印 talk 返回的结果，这是一个很短的管理程序，定义是：

```
main_loop: -
write('>>'),
read_sent( words),
talk( Words,Reply) ,
print_reply(Reply),
main_loop.
```

其中，read_sent 能接受一个英文句子，并把它变成一些单词的表。

10.4 智 能 问 答

传统的搜索引擎只能根据用户输入的关键词返回匹配的网页，用户还需要进一步从这些网页中查找需要的信息。而智能问答系统则可以自动回答用户的问题，这将成为用户最贴心的智能助手。本章将着重介绍如何实现智能问答，构建智能助手。

10.4.1 智能问答概述

如何变得更聪明？相信很多人都想得到这个问题的答案。然而，我们也都清楚，这个问题不会有唯一的答案。但至少我们知道，判断一个人很聪明是有章可循的。最常见的办法便是问问题、做测试，根据受试者回答的正确性来评价其知识量的多少、智商的高低(聪明程度)。在生活中，我们经常会遇到各种问题，如果这时身边有人"上知天文，下知地理"，大家都会向他竖起大拇指。这也是各种智力竞猜类电视节目得以流行的原因之一。

在大数据时代，大量的人类知识已经被数字化。特别是随着互联网的普及、搜索引擎技术的发展，任何人只要学会使用关键词检索，便可以找到大部分自己需要的信息。从这个角度上看，"大数据"已经做到了"上有天文，下有地理"。然而，在实际应用中，这种信息检索方式并不能算智能，因为这与我们通常的交流方式相去甚远。例如，在王府井找一家川菜馆，我们通常需要登录餐馆信息网站，选择王府井周边这个位置范围，再选择川菜这个口味。如果用搜索引擎，则需要提取出"王府井""川菜"这些关键词(或者再加上"餐馆""餐厅")进行检索，从结果中逐条查看网页，找到满足我们需要的结果，并从其中提取出关键信息，如餐厅名称、地址、联系电话等。

与此相反，如果面对一个人(如导游)，你便可以直接问："王府井附近有什么川菜馆？"对方直接将答案告诉你："有家某某餐厅很不错(餐厅名称)，位置就在王府井百货大楼隔壁(地址)。"这才是最自然的交流方式。

这个例子是智能问答技术(question answering)的典型应用场景。顾名思义，问答技术对于用户提出的问题予以理解，并找到答案回答给用户。这一问一答的交互方式可以极大地改善用户体验，与人自然地交流。例如，苹果公司在 2011 年推出的手机应用"Siri"是一个基于问答技术的助手。它可以理解多种自然语言指令，如"给张三打电话"(拨号功能)、"提醒我明早 9 点开会"(设置日程功能)、"寻找附近的餐馆"(本地生活信息检索)等。更有趣的是，如果你问"找找附近的厕所"，它甚至还会推荐周边的麦当劳快餐馆给你。类似的手机智能助手也有类似的功能，如搜狗语音助手，以及百度的"小度机器人"等。由此可见，应用了问答技术的智能助手让人感觉非常亲切，容易交流。值得一提的是，一些以对话为目的的系统(如微软的聊天机器人"小冰")也表现为"你有来言，我有去语"的自然交互方式，但其应答的目的不同。我们在本章主要讲述用于解答问题的"问答系统"，最后会提及用于交流的对话聊天系统。

从人类的思维逻辑上讲，对于问题的理解是基于一系列推理进行的，通过推理匹配到现有的知识，进而作出回答。例如，提问："蜜蜂有几条腿？"如果我们知道蜜蜂是一种昆虫，而昆虫有 6 条腿，那么自然可以作出回答："蜜蜂有 6 条腿。"这种问答的思路形成了人工智能的一个重要分支：专家系统(Expert System)，在 20 世纪 80 年代十分流行。在我国，亦有一些中医诊疗软件是基于这项技术编写的。显见，专家系统依赖于精确组织的知识结构(如昆虫有 6 条腿、哺乳动物有脊椎等)，又称本体(ontology)。我国有大量整理好的中医知识，这便是中医专家系统得以实现的原因。然而，对于那些没有组织好知识结构的门类来说，推理便无从进行。特别是人类的科学技术发展日新月异，人工整理知识库显得越来越力不从心。因此，基于专家系统方式的问答技术已逐渐退出了主流。值得一提的是，近年来，利用互联网语料自动挖掘实体关系、知识图谱的思路为这项技术注入了新鲜的血液。我们在本章后面也会看到，结构化知识仍然是问答系统的重要知识来源之一。

在大数据时代，信息(文档)很多，可以认为知识已经蕴藏在这些大数据之中了，如果我们能从这些大数据中检索到答案，同样不失为一个好的解决方案。因此，近年来较为流行的问答系统流程可以认为是围绕"检索"而展开的，即先理解问题，知道检索什么；然后在合适的知识库中检索；最后筛选检索到的答案，整理输出。这就将问答看作是一种信息检索(Information Retrieval)任务。但与传统的信息检索(如搜索引擎)相比，用户问的不再是若干关键词，而是整句话；系统回复的也不再是若干包含关键词的文档，而是更精确的答案。可以看出，问答系统的输入部分(即问题)更不容易被计算机理解，输出部分(即答案)需要更准确。此外，答案的来源——即知识也多种多样，既有结构化的信息又有非结构化的信息，因此，问答系统的难度更大。2011 年 IBM 公司推出了名为"沃森"(Watson)的人工智能系统，在美国的一个智力竞赛电视节目《危险边缘》(*Jeopardy*!)中与人类同台竞技，回答主持人提出的涵盖多种主题、学科的智力题，最终在总决赛中击败了人类选手。这个系统集自然语言处理、信息检索、知识表示、自动推理等技术于一身，使用了字/词典、百科全书、新闻作品等数百万的文档，并在硬件上有足够的计算资源支撑，才取得了如此令人瞩目的成绩。与之相比，通常我们使用的问答技术虽然规模没有那么大，但其技术原理是相似的。在本章中，我们将对这类问答系统的原理进行介绍，希望能够对读者有所启发。

10.4.2　智能问答的基本组成

问答系统的基本组成，与人进行提问—思考—回答的思维过程相近，大致分为 3 个部分。

1. 问题理解

对于自然语言输入的问题，首先需要理解问题问的是什么：是在问一个词语的定义，是在查询某项智力知识，是在检索身边的生活信息，还是问某一事件的发生原因，等等。只有准确地理解问题，才有可能到正确的知识库中检索答案。例如，问题"北京的温度是多少"是在问北京这个城市的气温；而"太阳的温度是多少"则是在问一项天文(物理)知识。字面看来很相近的两句话，如果理解错误，在气象信息里寻找"太阳"这个城市的气温，则南辕北辙，无法提供答案。

2. 知识检索

自然语言提问的问题在理解后，通常会组织成为一个计算机可理解的检索式。具体检索式的格式则由知识库的结构决定。例如，如果我们采用搜索引擎作为知识来源，那么理解后的问题就可以是若干关键词；如果采用百科全书作为知识来源，那么问题就应组织为一个主词条及其属性。以"北京的面积有多大"这个问题为例，如果用搜索引擎检索，可以生成"北京""面积"这两个关键词；如果用百科全书，则应在"北京市"这个词条中，检索"面积"这一属性信息。

3. 答案生成

通常来说，检索到知识并不能直接作为答案返回。这是因为最精确的答案往往混杂在上下文档中，我们需要提取出其中与问题最相关的部分。例如，用搜索引擎检索到若干相关的文档，我们便需要从这些文档的大量内容中提取出核心的段落、句子甚至词语；百科全书的知识结构可能与提问并不一一对应，如北京市的城市面积可能在不同历史时期有多个不同数值，就"北京的面积有多大"这个问题而言，我们可以取最新数值作为答案；而如果加上限定词如"建国初期"(当时北京市行政区划仅包含现城区的一部分)，我们还需要针对这些约束条件，选取最佳的答案。

上面的概述是问答系统的基本流程，但根据知识组织形式不同，问答系统还有多种不同的技术细节。下面我们就一一介绍。

10.4.3　文本问答系统

文本问答系统是最基本的一类问答系统，其包含的模块和技术涉及问答系统的方方面面，也是各类问答的基础。下面我们就按照问答系统的 3 个基本环节来逐一展开。

1. 问题理解

(1) 问题理解的内容。

大家都知道描述一个事件，通常要包含"时间""地点""人物"等要素。对于提问来说，人的问题也无非是询问这些信息点。有的研究者把问答系统的目标定义为解答这样一个问题：

谁(Who)对谁(Whom)在何时(When)何地(Where)做了什么(What)，是怎么做的(How)，为什么这样做(Why)？

在英文中，问句通常由上述疑问词起始，在中文则不尽相同。然而，这些基本要素的提问形式仍然是相近的。研究者总结了提问的目标和要素，整理出了若干种分类体系(taxonomy)，既有平面分类(flat)，又有层次分类(hierarchical)，包括如下。

- UIUC 分类体系(Li &Roth 2002)：这是一个双层的层次结构体系，主要针对事实类问题(factoid question)，设计了如下 6 个大分类和 50 个小分类。
  - ◆ 缩写(abbreviation)：缩写或缩略形式。
  - ◆ 实体(entity)：指问题的答案是某种事物，如动植物、颜色、货币、食物、语言、体育、科技等。
  - ◆ 描述(description)：询问某个东西的定义、描述，某件事的原因等。
  - ◆ 人物(human)：询问某个/某些人，人物的称号、描述等。
  - ◆ 地点(location)：包括城市、国家、省份/州、山脉等。
  - ◆ 数值(numeric)：包括数目、日期、距离、次序、温度、价钱等。
- Moldovan 等人的分类体系(Moldovan, et al.1999)：这也是双层的层次结构体系，但第一层主要针对问句的形式(疑问词)，第二层主要针对问题的类别。
  - ◆ 什么(What)：如基本的"什么"类问题，以及"什么人""什么时间""什么地点"等。
  - ◆ 谁(Who)：询问动作的施动方(主语)。谁(Whom)：询问动作的受动方(宾语)。
  - ◆ 怎么、多么(How)：根据英语的 how 词组，这个类别还包括"多少"(How many/much)、多远或多长(How far / long)等。
  - ◆ 哪里(Where)：询问地点。
  - ◆ 何时(When)：询问时间。
  - ◆ 哪个(Which)：这一类会与其他类别交叉，如哪个人(who)，哪个地方(where)、哪个时间(when)等。

◆ 名字(Name)：这一类同样涉及其他类别，如人名(who)、地名(where)等。

◆ 为什么(Why)：事情的原因。

● 单层平面分类：如(Radev, et al. 2005)等设计了 17 个类别，包括人物、数字、描述、原因、地点、定义、缩写、长度、日期等。

● 还可以根据问题所属的垂直领域(主题)进行分类：如天气类、导航类、餐馆类等。

这样做的目的是采用特定垂直领域的功能来处理相应问题，如天气类问题则交由天气数据接口回答，导航类问题则切换至导航算法处理。

从上面的整理我们可以看出，为了理解问题，我们需要知道问题是怎么问的(疑问词)，以及问题的关注点是什么。例如"泰山有多高"这个问题，问的是"泰山"这个事物的"高度"(数值)；"怎么做红烧肉"这个问题则是问"红烧肉"这个事物的制作方法(即烹饪方法)。确定了这两个关键因素，我们便可以得知用户究竟需要什么信息，以及信息的类型是什么。

(2) 问题理解的方法。

从自然语言提问的问题中提取出关键成分的过程主要涉及自然语言处理的语义分析技术。

最直观的做法可以采用模板匹配的策略，将同类问题的共性部分提取出来作为模板，有变化的部分自然就是查询的关键词了。例如"×××是什么"这个模板，可以识别一种定义类查询的句式。在用户输入问句后，如果该句能匹配上这个模板，则×××的部分即为关键词。

模板匹配的优势在于逻辑清晰直观，易于理解和编写。但它的劣势也是显而易见的：形式固定，对于千变万化的自然语言不容易灵活适应——直到用户编写了相应的模板。例如，即使是菜谱查询这个简单的例子，人们在描述时也有多种问法：红烧肉怎么做，怎么做红烧肉，红烧肉的烹制方法是什么，红烧肉的制作过程……可以说，每有一种提问句式，我们就要写一条模板匹配规则。此外，在实际应用中，人们的提问可能有一些句子开头或结尾的虚词，如"怎么做呀""是什么啊"以及"请问""我想知道"等。这些词语同样要被模板覆盖到，否则即便在人看来意思完全相同的两句话，计算机也无法"理解"。

灵活的技术则要从词法、句法的分析入手。例如，将问句分词做词性标注，做句法分析，分析出主语、谓语、宾语等成分；哪些词语是名词、动词、形容词；哪些词语是命名实体(named entity)，有重要的作用……进而移除停用词、非关键词，提取出问题的关注点及其限定词。

与模板匹配策略相比，自然语言处理技术可以更灵活地分析不同的问句，特别是基于机器学习方法在大数据(大规模语料)上训练出的语义分析模型，通常可以较准确地分析出句子及其各类变种。但一旦某些词、某些句型较为罕见，该模型仍然可能分析出错误的结果，影响后续步骤的准确性。而且这些模型并不像模板那样直观，我们不容易干涉机器的自动处理结果。一旦出错，我们甚至不知道如何修改。此外，自然语言处理技术要求的技术储备较多，门槛高，未必适合小规模系统的快速开发和部署。

(3) 问题扩展。

自然语言的复杂性增加了问题理解的难度。一个问句除了可能有句式变化外，甚至还可能有同义词造成的多样性。对于不同的问题理解方法和知识组织形式，有的可能更适应句式变化，有的可能更易于理解词义。通常，我们还需使用其他的自然语言分析工具来消除句子歧义，并针对相同意思扩展原始问题。例如，"谁是贝克汉姆的老婆？"和"小贝妻子叫什么？"这两个问题没有一个词是相同的，但却表达了同样的含义。

在词的级别上，借助《同义词词林》、知网(how net)这样的同义词词典及词语知识图谱可以扩展我们的词库，或者从语料中学习新词的词义，如上句例子中的"贝克汉姆"别名"小贝"；在句子的级别上，借助句子复述技术(paraphrase)可以识别同一含义的不同表达方式，如上句例子中"谁是+某人物关系"与"某人物关系+叫什么"是同一含义。

2. 知识检索

知识库直接影响了问答系统回答问题的能力和效率。一个大而全的知识库可以使问答系统更"聪明"，能够回答更多的问题，但可能降低性能，影响用户体验。因此，知识库的组织管理通常和信息检索技术密不可分。

前面提到，知识库既可以由人工整理成结构化的数据，又可以以非结构化的方式存储以便后期检索。在大数据时代，结构化的数据少而精，非结构化的数据多而全。我们可以利用这两方面的优势，从少而精的知识中提供精准答案，从多而全的数据中挖掘更有可能(如概率更大)正确的答案，从而满足问答用户的需要。

(1) 非结构化信息检索。

非结构化的信息，通常是指没有或很少标注的整篇文档组成的集合。在这些文档中，信息蕴含在文本中，并没有组织成实体、属性这样的结构。这时我们可以借助信息检索技术挖掘与问题相关的信息。

最直观的理解便是使用搜索引擎。我们把问题提取出关键词，便可以查询索引，得到与这些关键词最相关的文档。再由后续的筛选和提取步骤，生成最终答案。事实上，我们可以借助商业化的搜索引擎来完成这项工作，特别是现在的很多商业搜索引擎已经具备了一定的自然语言理解能力。像 Siri 这个产品便是采用了这样的策略：当输入的句子无法被其识别(模板未匹配中)时，它便将整句话提交给搜索引擎，并把检索到的文档集合列出来，供用户自行选择。从某种意义上讲，这种方式虽然不能直接提供准确答案，但毕竟可以减少用户输入关键词的过程，也算是一种帮助了。

使用商业搜索引擎的主要问题是商业授权许可和网络延迟。因此，我们还可以自行建立索引，搭建自己的搜索引擎。现在的信息检索技术已经相对成熟，如 Lucene 等开源搜索引擎框架给开发者提供了极大便利。特别是大数据资源丰富，因此，采用信息检索技术搭建索引，也是很多问答系统的必经之路。由于这里涉及的技术细节较多，读者可自行参考信息检索的相关书籍。

值得一提的是，基于检索得到的文档虽然都与查询(关键词)相关，但传统信息检索任务的相关性计算方法并不一定适用于问答任务。这是因为问答任务的检索式通常已经经过筛选，因此，检索出的文档应当尽量满足所有查询词的查询条件。同时，由于问答系统存在后处理步骤(即选取合适的文档和合适的答案)，检索步骤得到的文档并不一定要准，而要尽可能全。

在问答系统中，如果一篇文档包含与关键词相关的答案，那么这些关键词在文档中的位置应当较为靠近，而不能分散在整篇文档中。因此，常用的策略是以段落为单位来衡量，计算连续的少量段落内是否出现了所有的关键词。这样可以去除一些虽与关键词相关，但与问题答案并不相关的文档。

类似地，在挑选出的多篇文档的多个段落中，也需要找出更可能包含答案的段落或局部文本，因此也要对这些文本块进行排序。在圈定文本范围时，通常只取一个最小的窗口，使得窗口内的文本包含尽可能多的问题关键词。这个局部文本块称为"段落窗口"(paragraph window)。问答系统中的经典做法是采用标准基数排序(standard radix sort)算法。排序指标通常包含以下 3 个因素。

- 相同顺序的关键词数目：按照问题中各个关键词的先后顺序，统计在段落窗口内具有相同顺序的关键词数目。
- 最远关键词间距：在这个段落窗口中相距最远的两个问题关键词，在它们之间的单词数目。
- 未命中关键词数：段落窗口未包含的问题关键词数目。

经过这一步骤，检索到的文档被提炼为若干文本块，这便于之后答案生成步骤的答案提取，使问答系统的回答更加精准。

(2) 结构化知识检索。

应用于问答领域的结构化知识，主要侧重于一个实体(entity)的各个属性(attribute)以及它们之间的关系。主要的结构化知识有如下类别。

- 百科类知识：传统的如百科全书，现在互联网上流行的如维基百科(Wikipedia)、互动百科、百度百科等。这些百科数据是由一个个条目(以实体为主)组成的。每个条目都有其简介、属性及其他相关信息。百科条目的属性通常清晰明了，结构性强。但其他部分均为整篇非结构化文本。例如，维基百科中的"北京市"条目，结构化属性包括"面积""人口""邮政编码"等，但对其历史、交通的介绍则为非结构化文本。当然，在网络百科中，一个文本中的实体名称往往以超链接的方式标明。这对我们识别主条目引用实体的情况是有利的，便于定位答案。
- 关系类知识(本体)：前文提到了本体结构，但在实际数据表示当中，通常可以简化为关系类结构——两个事物 E、E2 以及它们之间的关系 R，即三元组(E,R,E2)。这可以解决问答领域中的一些事实类问题。例如："北京的面积是多少?"这个问题，通过问题理解，我们得知问题要找"北京"这个实体(E)通过"面积"这个关系(R)连接的另一个事物(E)，那么利用关系知识(北京，面积，16801 平方公里)则可得到答案"16801 平方公里"。比较著名的关系类知识库包括 DBPedia 和 YAGO，它们都是从维基百科中抽取并组织形成的关系结构数据库(Wang 2012)。可以看出，目前主流的大规模关系类知识库大多是基于百科类数据甚至非结构化数据构建的。这种知识构建方式是大数据时代的重要实践，也吸引了众多研究者的关注。基于这一思路，我们可以根据具体需求，针对特定垂直领域收集数据，并将其组织成结构化知识。例如，自动客服类的问答系统，我们可以从电子商务网站中获取大量的商品信息，从而解决商品类的询问和答复。例如"某某相机多少钱""多少价位内的羽绒服有哪些厂家生产"等问题。

3. 答案生成

问答系统检索到的信息，如果结构化特性不够强，则还需要进一步地筛选过滤，提取出其中最精准的答案。这对于非结构化信息检索知识来说是必不可少的。特别是前面提到的排列出的文本块，其中很有可能包含答案。如果把整块文本返回给用户，也可以算是给出了"正确"回答，但离我们人能做出的精准回答还相去甚远。究竟哪个词、哪个短语是答案呢？

在问题理解步骤中，我们除了理解问题是在"问什么"(提取关键词)之外，还可以理解问题的类型，如问的是人物还是数值。因此，这个信息便可以用来筛选答案。借助自然语言处理技术，我们可以分析答案文本块中的词语，如命名实体识别、词性标注等，从中筛选出更可能是答案的词语或词组。

由于问题的关键词和答案的词语之间必然存在某种联系，因此，我们可以考察问题和候选答案的相似度，如问题关键词和答案词之间语义联系的远近。此外，答案与问题也可能存在句式的联系。例如，问题"北京的面积是多少？"中，词语"多少"可以被替换为答案，即在答案文本中寻找类似问题句式"北京的面积是×××"的句子。

随着候选答案范围的逐步缩小，我们还可以借助其他工具来验证答案的可信程度。例如，采用其他的信息源(知识库)，在其中检索问题(词)和答案(词)的相关性。特别是在互联网中检索答案，验证问题与答案同现的频率，也是一种简单有效的验证方法。

10.5　本 章 小 结

本章介绍了问答系统的概念和应用背景，详细阐述了问答系统的主要工作原理和流程细节。限于篇幅，我们只介绍了问答系统。而日渐流行的交流对话(聊天)系统与问答系统相比，更侧重于交流和应答：首先，用户的输入不一定是问题，而可能是打招呼、下指令、抒发情感等句子。从这个角度看，对话系统比问答系统更难。其次，输入的问题即使我们无法作答，也可以给出一些建议，让用户到其他地方寻找答案，或甚至老老实实承认不知道。在"图灵测试"中，机器的目标是让人分辨不出是机器还是人在作答，并非以回答正确作为检验标准。从这个角度看，对话系统比问答系统更"简单"。传统上，我们可以撰写对话模板，匹配用户输入，输出相应的回复；在大数据时代，通过挖掘网络论坛、微博回复等网民互动，可以获取更多的对话方式和对话内容，利用检索模型、机器翻译模型、深度学习模型以及情感模型，自动学习出对话过程，甚至结合情感的变化做出不同的反应。读者可以参阅相关文献深入了解对话系统的原理和实现方式。

相信读者能体会到，问答系统涉及的技术较多，既包含语义分析，又有信息检索，还涉及知识的挖掘与管理。正如同搭建系统的工作：麻雀虽小，五脏俱全。在大数据时代，信息散落在数据的汪洋之中，需要我们在每个环节都一丝不苟，认真钻研，才能挖掘出真正的宝藏。

第 11 章
语音处理

　　语音处理是人工智能领域中一个关键的技术分支，它专注于对人类语音信号进行分析、理解和生成。语音处理系统通过一系列复杂的信号处理技术，将连续的语音信号转换为数字形式，并从中提取关键特征，如频率、振幅和音素等。

　　目前，语音识别技术已经非常成熟，已经广泛应用于智能助手(如苹果的 Siri、亚马逊的 Alexa、谷歌助手等)、语音导航系统、语音输入法、智能客服等多个领域。这些系统不仅能够实时准确地识别语音，还能理解自然语言，为用户提供个性化的服务。例如，智能语音助手可以通过语音指令帮助用户查询信息、设置提醒、控制智能家居设备等，极大地提高了人机交互的便捷性和效率。

11.1　组成单词读音的基本单元

语音识别系统的工作需要经过多个层次的处理。首先，词语以声波这种模拟信号的形式传送。接着，信号处理器接收和处理这些模拟信号，从中抽取诸如能量、频率等特征。之后，这些特征会被映射为称作音素的单个语音单元。由于单词的发音是由音素组成的，所以在最终阶段，系统会将"可能的"音素序列转换成单词序列。这里使用"可能的"一词，是因为声音所传送的音素识别具有不确定性。

语音的产生要求将单词映射为音素序列，然后将之传送给语音合成器，单词的声音通过说话者从语音合成器发出。此外，还有一个语调计划器，使得合成器知道如何使用声音变化，而不是应用不自然的单调对话来讲话。

构成单词发音的独立单元是音素。对于一种语言，例如英语，必须将声音的不同单元识别出来并分成组。分组时，应该确保语言中的所有单词都能被区分，两个不同的单词最好由不同的音素组成。下面列出了几个音素：

[b]　bin
[p]　pin
[th]　thin
[l]　lip
[er]　bird
[ay]　iris

音素可能由于上下文不同而发音不同。例如，单词 three 中音素 th 的发音不同于 then 中 th 的发音。相同音素的这些不同变异称为音素变体。

现代语音识别系统广泛采用深度学习技术，如卷积神经网络(CNN)和循环神经网络(RNN)，特别是长短期记忆网络(LSTM)和门控循环单元(GRU)。这些模型能够自动学习音素在不同上下文中的变化，从而更准确识别语音。例如，谷歌的语音识别系统通过大量的语音数据训练，能够自动识别和适应不同说话人的发音习惯和口音，提高了识别的准确率和鲁棒性。

11.2　信　号　处　理

声波是依靠空气传播，其有两个主要特征：一个是振幅，它可以通过某一时间点的空气压力来衡量；另一个是频率，它是振幅变化的速率。当对着话筒讲话时，空气压力的变化会导致振动膜发生振荡，振荡的强度与空气压力(振幅)成正比，振动膜振荡的速率与压力变化的速率成正比。因此，振动膜离开它的固定位置的偏移量就是振幅的度量。按照空气是压缩的或是膨胀(稀薄)的，振动膜的偏移可以被描述为正或负。偏离的幅度取决于当振动膜在正值与负值之间循环时，在各个时间点测量的偏差值。这些度量值的获取称为采样。当声波被采样后，可以绘制成一个 x-y 平面图，x 轴表示时间，y 轴表示振幅。

声音的音量与功率大小以及振幅的平方有关。用肉眼观察声波的波形只能看出元音与大多数辅音的差别。但是，仅简单地查看一下波形，就想确定一个音素究竟是元音还是辅音，这是不可能的。从话筒捕获的数据必然包含了所需单词的信息。若没有这些信息，就无法将语音记录下来，并将其回放为可理解的语音。然而，语音识别的要求是抽取那些能够帮助辨别单词的信息，这些信息应该很简洁而且易于进行计算。典型的作法应该将信号分割成若干块，从这些块中抽取大量不连续的值，这些不连续的值通常被称为特征。信号的每个块称作帧，为了保证可能落在帧边缘的重要信息不丢失，应该使帧有所重叠。

人类说话的频率在 10 kHz 以下(每秒 10000 个周期以下)。每秒得到的样本数量应是需要记录的最高语音频率的 2 倍。理论上，根据采样定理，这样做可以使频率不会丢失。如图 11-1 所示，实线正弦波是真实波，它在每个标虚线的波周期内完成三个周期。黑色圆圈表示以真实波 2 倍的频率所获取的样本，这个采样捕获了真实的正弦波。星号表示正在被采样，以这样的采样率，可认为得到的是虚线波，它是真实波频率的 1/3。这表明，采样频率应为所需测量最高频率的 2 倍。

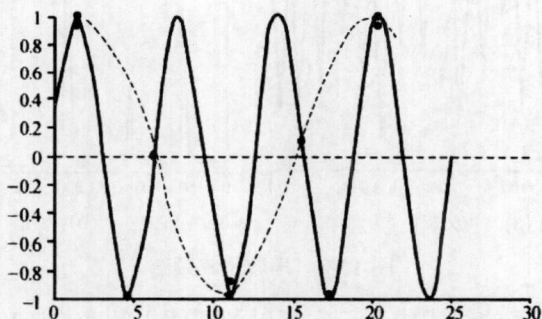

图 11-1　采样频率为所需测量最高频率的 2 倍

当使用 20 kHz 的采样频率时，标准的一帧为 10 ms，包含 200 个采样值。每个采样值都是一个实数值，表示一种强度。每个实数值都将被转化为一个整数存储起来，称作量化。实数值必须进行四舍五入，以便转换成离它最近的整数值，因此，某些信息将会丢失。如果使用 8 位的整数值，那么，每个采样值可以取 256 个整数中的一个。采样将连续的信号转换为一串不连续的值，也就是说，信号被数字化了。下一阶段是要获取数字化的信号并抽取特征。

从数字化信号中抽取特征的一种方法是进行傅里叶变换。一段声波可以表示为正弦波的合成，如图 11-2 所示。傅里叶变换可以用来识别组成声波时影响最大的频率，抽取出的频率集合称作频谱。在图 11-3(a)中，波被数字化采样，它是三个正弦波之和，即

$$2\sin(2\pi \times 50t) + \sin(2\pi \times 120t) + 4\sin(2\pi \times 200t)$$

这里 t 是时间，经过傅里叶变换后，该波的频谱如图 11-3(b)所示。

在语音识别中，常用另一种被称作线性预测编码(Linear Predictive Coding，LPC)的技术来抽取特征。LPC 把信号的每个采样表示为前面采样的线性组合。预测需要对系数进行估计，系数估计可以通过使预测信号和附加真实信号之间的均方误差最小来实现。

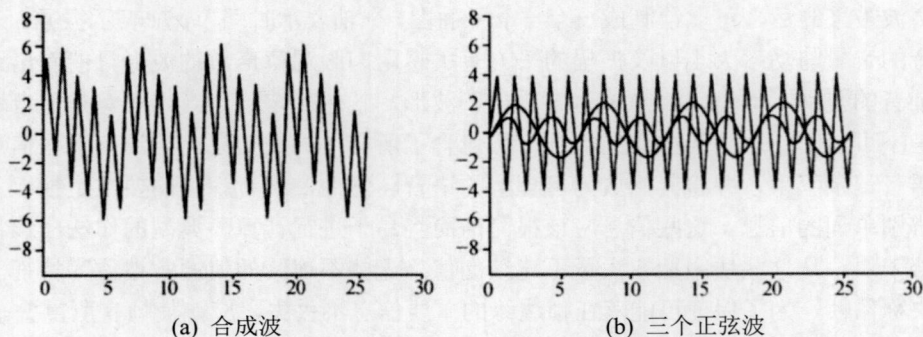

(a) 合成波　　　　　　　　　　　(b) 三个正弦波

图 11-2　声波的正弦波合成

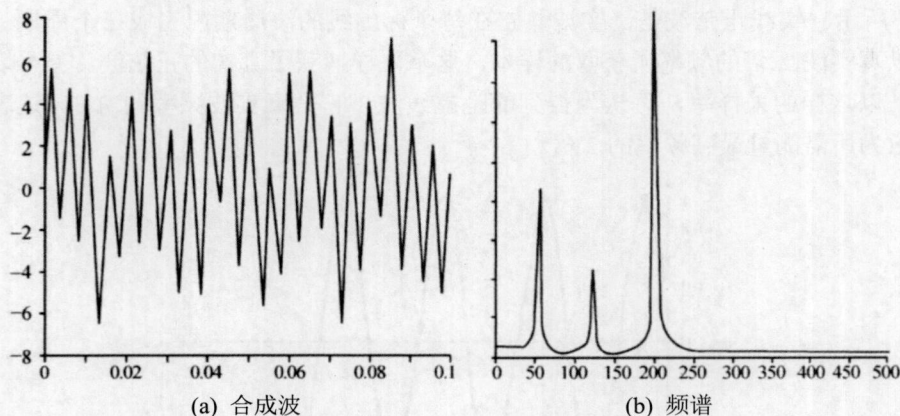

(a) 合成波　　　　　　　　　　　(b) 频谱

图 11-3　声波及其频谱

频谱代表波不同频率的组成成分，它可以利用傅里叶变换、LPC 技术或其他方法得到。频谱能识别出与不同音素相匹配的主控频率，这种匹配可以产生不同音素的可能性估计。

总之，语音处理主要包含以下几步：首先从一段连续声波中进行采样，并将每个采样值进行量化，以此产生一个波的压缩数字化表示。这些采样值位于重叠的帧中，接着对于每一帧，抽取出一个描述频谱内容的特征向量。最后，基于每帧的向量来计算音素的可能性。

在现代语音识别系统中，梅尔频率倒谱系数(MFCC)是常用的特征提取方法之一。MFCC 能够更好地模拟人耳对不同频率的感知，从而提取出更有用的语音特征。此外，深度学习中的特征提取网络，如卷积神经网络(CNN)和自编码器，也被广泛应用于语音特征的提取。这些网络能够自动学习语音信号中的复杂特征，提高识别的准确率。例如，百度的 DeepSpeech 系统采用了深度卷积神经网络来提取语音特征，显著提高了语音识别的性能。

11.3　语音识别的隐马尔可夫模型

一旦声波被简化为特征集合，下一个任务是识别这些特征所代表的单词，本节重点关注单个单词的识别。识别系统的输入是特征序列，而单词对应于字母序列。如果要分析一个大的单词库，就要识别某种字母序列比其他字母序列更有可能发生的模式。例如，字母 y 跟在 ph 后面出现的概率，要大于跟在 t 后面出现的概率。马尔可夫模型是表示序列可能出现的一种方法。图 11-4 是马尔可夫模型的一个例子。模型中有四个状态，用圆圈表示，分别标记为 1～4。边表示状态之间的合法转换，每条边上有一个权值，表示从一个状态转移到另一个状态的转移概率。箭头下面的值是观察权值，每个状态可以发出它下面列出的符号之一，权值是概率，显示发出每个符号的相对频率。在图 11-4 中，状态 4 不会再转向其他状态，认为是终止状态。对于任何状态，只能顺着箭头的方向进行状态转移，而从一个状态发出的所有箭头上的概率之和为 1。

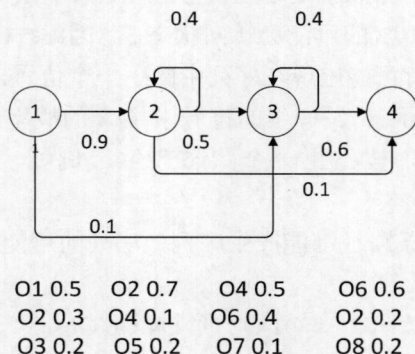

图 11-4　一个隐马尔可夫模型

图 11-4 中的模型可以看作一个序列生成器。例如，从状态 1 开始，在状态 4 结束，下面是可能生成的一些序列：

1 2 3 4

1 2 2 3 3 3 4

1 2 3 3 4

1 2 2 2 2 3 4

任何序列生成的概率都可以计算出来，生成某个序列的概率就是生成该序列路径上的所有概率之积。例如，对于序列

1 2 3 3 4

路径是下列边的集合，即

1—2，2—3，3—3，3—4

概率为

0.9×0.5×0.4×0.6=0.108

在语音识别中，输入数据是从声波中抽取出的特征。尽管音素有一些共同的声音特征，但是不同的音素发音不同，音素间的差异可以使人们猜出某个音素到底是什么。于是，给定一个特征，可以知道哪些状态更有可能与此特征相对应。尽管不能确定到底是哪一个状态，但至少问题变得容易了，因为很多状态已经被排除在外。假设有一个特征序列，识别器获取了第一个特征，它并不清楚这个特征相当于哪一个状态，但它可以通过猜

测来减少可能状态的数目。然后，识别器获取了第二个特征，继续减少可能的状态数。在获取第三个特征后仍然以这种方式继续。当识别器获取更多的特征时，将能进一步减少可能出现的状态数量，因为它知道某些特征可能会更频繁地同时出现——识别器有一些有关特征序列，以及一个音素在另一个音素之后出现概率的信息。隐马尔可夫模型建立了单词特征及一个特征出现在另一个特征之后的概率模型。

图 11-4 显示了每个状态的观察符号列表(图中下方数据列表)。现将模型看作一个生成器，模型发出的是一个观察符号序列，而不是状态序列。如果识别器运行 100 次，从状态 1 开始，使用者期望大约 50%的序列以符号 O1 开始，30%的序列以符号 O2 开始，20%的序列以符号 O3 开始。这些百分比就是这些符号从状态 1 产生的概率。从状态 1 出发，最可能转向的是状态 2，但有 10%的可能会转向状态 3。因此，O2、O4、O5、O6、O7 可能跟在 O1 之后。符号 O2 最有可能出现在序列中的下一个位置，因为状态 2 跟在状态 1 后出现的可能性较大，并且在状态 2 产生的符号中 O2 的概率远远大于其他几个符号。注意，同一个观察符号值可以被不止一个状态产生。例如，O2 可以由状态 1、2、4 产生。

在模型中，可能会有几条路径都能产生序列，序列的可能性应为这几条路径上出现的概率之和。考虑下面的序列：

O1 O2 O4 O4 O6 O6

每个符号对应于一个不同的时间步骤。在时间 1 接收 O1，在时间 2 接收 O2，在时间 3 和时间 4 接收 O4，在时间 5 和时间 6 接收 O6。在这里，不关心时间间隔的大小。第 1 个观察符号是 O1，O1 只能由状态 1 生成。因此，在该例中，识别器从状态 1 开始。状态 1 只能转向状态 2 或状态 3。下一个观察符号是 O2，它不能由状态 3 生成，所以，序列中的下一个状态应该是状态 2，而从状态 2 可以转向状态 3、状态 4 或维持状态 2 不变。因为状态 4 不能生成 O4，因此，必须转向状态 3 或保持状态 2 不变。现在，实际的状态是隐藏的，识别器并不知道 O4 的第一次出现是在状态 2 还是在状态 3。但是，识别器可以确定产生 O4 的最可能状态。

图 11-5 显示出能够生成观察序列的所有路径，图的上部显示出每个时间步骤能够生成符号的状态。每个时间步骤所显示的状态，都必须能生成该时刻所观察到的符号，而且必须是前一个时间步骤所对应状态列表的可达状态。例如，O2 可由状态 1、2、4 生成，但在时间步骤 2，只可能出现状态 2，因为从状态 1 转向状态 1 或状态 4 都不可能。在时间步骤 5，状态 4 用虚线圈起来，因为它无后继状态。状态 4 是终止状态，一旦它产生了某个符号，序列就必须终止。所以，状态 4 只能在时间步骤 6 出现，否则，就无法生成整个序列。但是，应当注意，在状态 3 也可以终止。在该例中，并不是必须在状态 4 终止，只是若到达了状态 4，就没有别的路可走。图 11-5 的下部显示出从图上部抽取出的 6 条路径，每一条边上都标出了转移概率。生成的观察序列的概率是路径概率与观察权值概率(在给定当前状态下，产生一个观察值的概率)的乘积。例如，第一条路径具有如下概率：

$P(O1 | 状态 1) \times 0.9 \times P(O2 | 状态 2) \times 0.4 \times P(O4 | 状态 2) \times 0.4 \times P(O4 | 状态 2) \times 0.5 \times P(O6 | 状态 3) \times 0.4 \times P(O6 | 状态 3)$

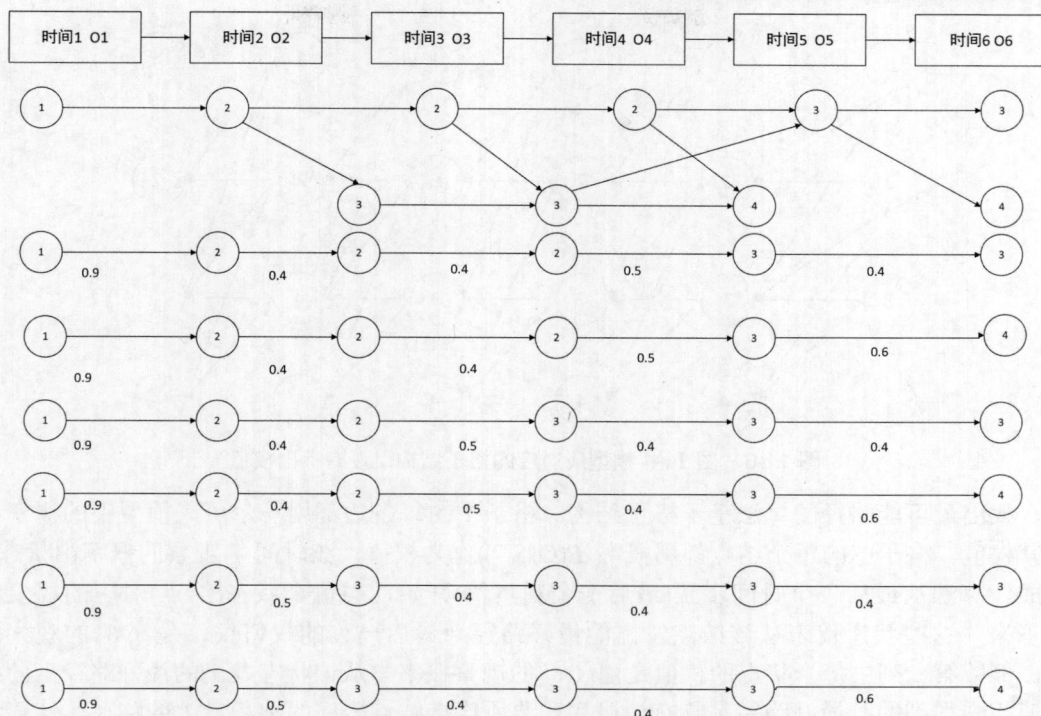

图 11-5　图 11-4 显示的模型可以生成序列 O1 O2 O4 O4 O6 O6 的路径

它可以分成路径概率与观察概率的乘积：

(0.9×0.4×0.4×0.5×0.4)×(P(O1|状态 1)×P(O2|状态 2)×P(O4|状态 2)×P(O4|状态 2)×P(O6|状态 3)×P(O6|状态 3))

代入观察概率：

(0.9×0.4×0.4×0.5×0.4)×(0.5×0.7×0.1×0.1×0.4×0.4)=0.00001613

其他路径的概率为

0.000036　0.000081　0.000181　0.000403　0.000907

因此，最可能的路径是最后一条路径，该路径显示出能够生成这个观察序列的最可能的状态序列。6 条路径的概率之和是此模型能生成这个观察序列的概率。

在识别问题中，输入的是观察序列，而观察序列是由信号处理抽取得到的特征。不同的单词有不同的转移状态和概率，识别器的任务是确定哪一个单词模型是最可能的。因此，需要一种如上所述的实现抽取路径的方法，下面描述这种方法。

当收到一个观察值时，并不知道观察值对应于哪个状态。对于观察序列中的每一个观察值，都存在一个与之对应的未知状态。将各条不同路径可视化的一种方法是构造格子。格子中包含马尔可夫模型中每一个时间步骤对应的状态备份。因此，若序列中有 6 个观察值，就会有状态的 6 个备份排列成 6 级，每一级对应于序列中的一个时间步骤。当前级 j 与其相邻的下一级 $j+1$ 之间的状态用边连接起来，连接各级的边就相当于马尔可夫模型的边。因此，只有在马尔可夫模型中有一条边连接状态 S_i 和 S_{i+1} 时，第 j 级中的状态 S_i 才会与第 $j+1$ 级中的状态 S_{i+1} 相连。图 11-4 中的模型所对应的格子如图 11-6 所示。格子表示模型中所有可能的路径(合法状态序列)。

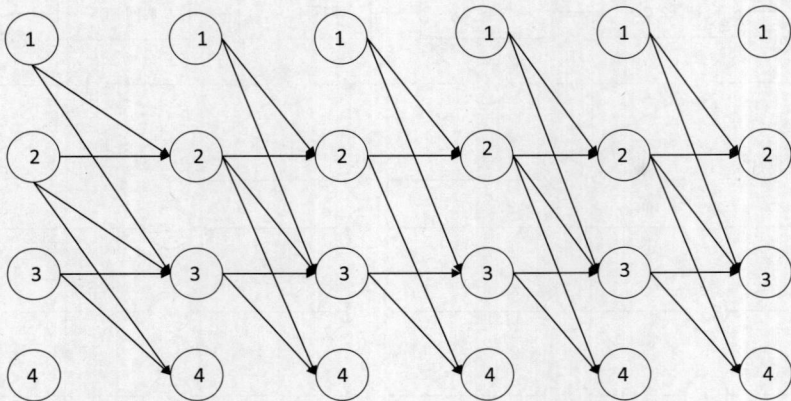

图 11-6　图 11-4 模型所对应的格子结构，没有标出权值

找出最可能路径的算法基于格子结构。格子中的每条边都用马尔可夫模型中的概率作为其权值。格子中的每个结点都用概率 $P(O_j|S_{i,j})$ 作为权值，在时间 j 观察的概率由状态 i 生成。算法从最后一个时间步骤(最后一个观察值)开始，与每个状态(结点)对应的权值保存下来，这些状态代表从该结点发出的最好路径。最后一列的权值仅仅是 O6 的观察概率，倒数第二列中每个状态的权值是由 O6 的观察概率与从该状态发出的最好路径上的概率值相乘得到的，最好路径是具有边概率和边所连接结点概率的乘积最大的路径。该算法对每一列都重复上述过程。

下面，通过前面给出的一个观察序列来解释算法，该序列为

O1 O2 O4 O4 O6 O6

最后一个观察值是 O6。首先，从格子中的最后一级开始。第一个任务是识别能够产生 O6 的状态，并且输入概率 $P(O_j|S_{i,j})$。状态 3 和状态 4 可以产生 O6，它们的概率分别是 0.4 和 0.6，这些值记录在最后一级的对应状态中。接下来，分析倒数第二级，即 $j-1$ 级。观察值是 O6，还是状态 3 和状态 4，并且其观察概率分别是 0.4 和 0.6。

图 11-7 和图 11-8 显示出每个时间步骤，为了解释方便，大多数边和权都没有显示。可以识别出从 $j-1$ 级中每个状态发出的最好路径。从一个状态发出的每条边上的权值和每条边所连接的 j 级中的每个状态的权值都是已知的，路径的概率可由边上概率和边所连接的状态概率的乘积得到。从一个状态发出的所有边中，具有最高概率乘积的边就是最好的路径。现在，第 $j-1$ 级中每个状态的权值都被修改，权值是每个状态所发出的最好路径中状态的观察概率的乘积。例如，考虑第 $j-1$ 级中的状态 3，它有两条路径：

从第 $j-1$ 级的状态 3 到第 j 级的状态 3=0.4×0.4=0.16

从第 $j-1$ 级的状态 3 到第 j 级的状态 4=0.6×0.6=0.36

最高权值为 0.36。第 $j-1$ 级中状态 3 的权值是 0.4(产生 O6 的概率)，与第 $j-1$ 级中状态 3 对应的权值是 0.4×0.36=0.144。在第 $j-2$ 级与第 $j-1$ 级之间重复上述同样的过程。第 $j-2$ 个观察值为 O4，只有状态 2 与状态 3 能产生 O4。在第 $j-2$ 级，状态 2 和状态 3 的权值计算如下：

从第 $j-2$ 级的状态 2 到第 $j-1$ 级的状态 3=0.1×0.5×0.144=0.0072

从第 $j-2$ 级的状态 3 到第 $j-1$ 级的状态 3=0.5×0.4×0.144=0.0288

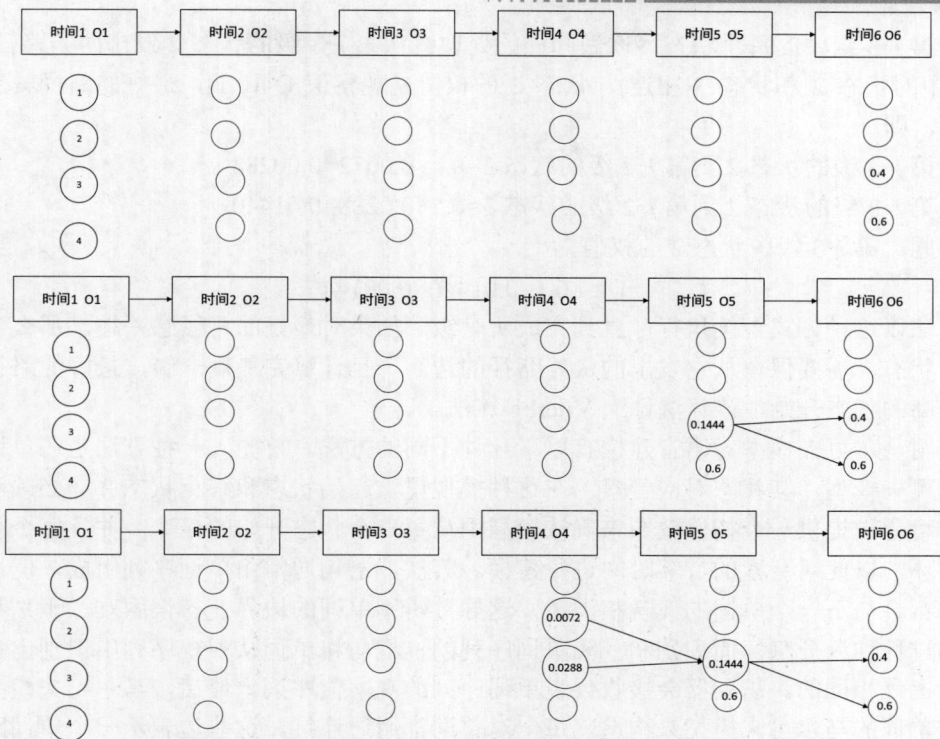

图 11-7　从最后时间步骤开始的 Viterbi 算法的示意图(一)

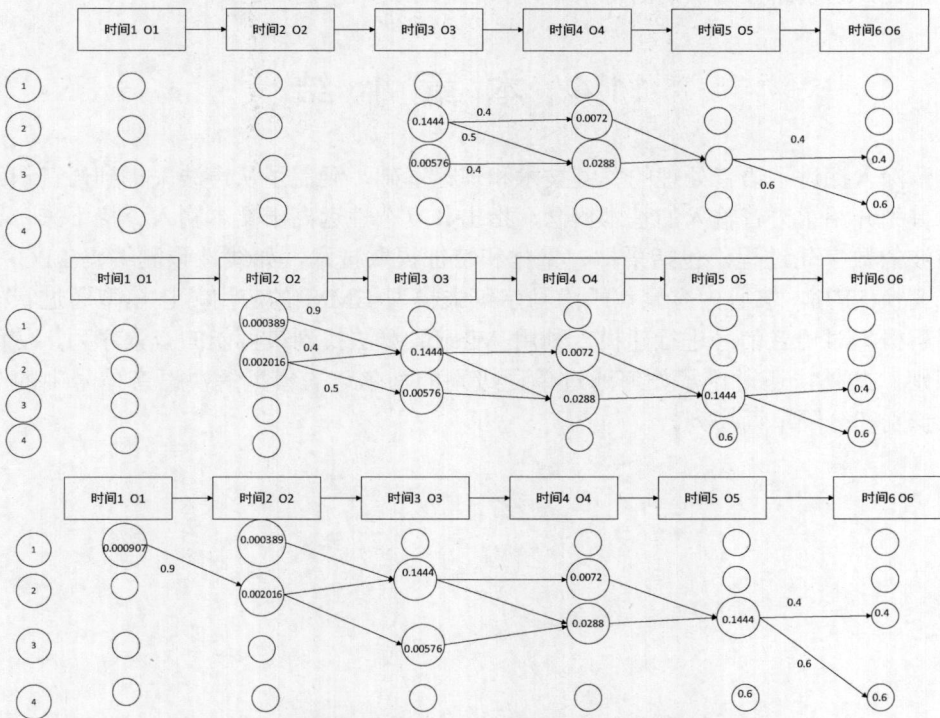

图 11-8　从最后时间步骤开始的 Viterbi 算法的示意图(二)

对第 $j-3$ 级中的每个状态可以做同样的处理：从第 $j-3$ 级的状态 2 发出两条路径(与第 $j-2$ 级中的状态 2 和状态 3 相连)，状态 2 的权值是观察值 O4(0.1)，最好的路径就是其中较大的，即

从第 $j-3$ 级的状态 2 到第 $j-2$ 级的状态 2=0.4×0.0072=0.00288

从第 $j-3$ 级的状态 2 到第 $j-2$ 级的状态 3=0.5×0.0288=0.01440

因此，第 $j-3$ 级中状态 2 的权值为

$$0.1×0.01440=0.00144$$

算法以这种方式继续执行，直到完成所有级。如果对最好的路径感兴趣，那么，对于每一个状态，需要保留从它发出的最好路径的边。一旦计算完最后一级，最好的路径就从权值最高的状态开始，该算法称为 Viterbi 算法。

使用马尔可夫模型对语音建模有以下几种不同的方法。首先，一种方法是在单词级构造马尔可夫模型，其状态对应音素。在这种模型里，起始状态和终止状态并非必须明确地识别，可通过提供一个初始分布来确认模型中从每一个状态开始的概率。并且每个状态具有自循环，以此对音素的持续时间进行建模。其次，语句通常由单词序列组成，但一个单词的读音会与下一个单词的读音相混淆，这导致辨别单词的边界变得很困难。识别和分开单词的过程称为分割，而识别和分隔单词序列的过程与将单词从观察序列中识别出来的过程本质上是相同的。识别器会接收代表单词序列的观察值序列。最后，马尔可夫模型可以由单个单词的马尔可夫模型来构造。每一对单词都用边连接，这些边表示一个单词跟随在另一个单词后出现的概率。此时的识别问题和前面讲过的类似，即识别出最可能产生观察序列的路径，这条路径将识别出每个单词和它们在讲话中出现的顺序。

11.4 本章小结

本章深入探讨了语音处理的关键技术和理论基础，涵盖了从声波采集到语音识别的全过程。首先介绍了语音输入的基本概念，指出其复杂性远高于文本输入。接下来，详细阐述了声波的数字化过程，包括采样、量化和特征提取技术，如线性预测编码(LPC)和快速傅里叶变换(FFT)。核心内容聚焦于隐马尔可夫模型(HMM)的应用，该模型通过状态转移图和观察概率对语音信号进行建模，利用 Viterbi 算法找到最可能的音素序列，从而实现语音识别。此外，还讨论了如何通过单词级别的马尔可夫模型解决语音信号中的分割问题，以识别和分隔单词序列。

第 12 章
人工智能应用案例

本章介绍人工智能相关案例，包括 DeepSeek 提示词案例、利用 DeepSeek 生成商业文案以及基于关键词的情绪分析器(自然语言处理)等内容。

12.1　DeepSeek 提示词

12.1.1　DeepSeek 提示词概述

DeepSeek 提示词(Prompt)是用户与 AI 模型交互时输入的指令或问题，用于引导模型生成符合预期的输出。提示词在 AI 模型中的作用主要体现在以下几个方面：

(1) 引导模型生成内容：提示词为模型提供了生成内容的方向和上下文，帮助模型理解用户需求。例如，在 DeepSeek 中输入"请生成一篇北京热门景点的介绍"，即可生成如图 12-1 所示的文档，文档中给出了一些景点介绍，以及相关旅游攻略。

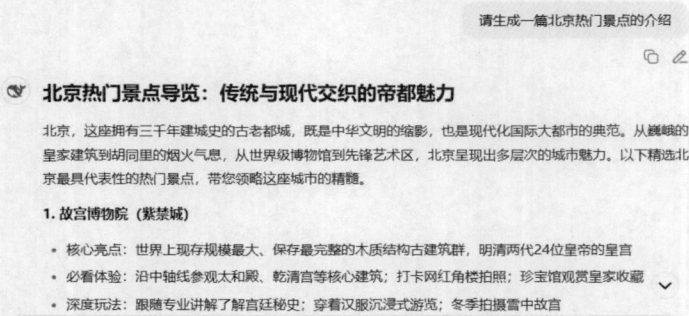

图 12-1　引导模型生成内容示例

(2) 控制输出的风格和格式：用户通过设计合理的提示词，能够指定输出的风格(如正式或非正式)和格式(如列表、表格等)。

(3) 提高模型的准确性和相关性：详细的提示词可以帮助模型更好地理解任务需求，进而生成更准确、更相关的输出。

(4) 支持多任务和多模态处理：提示词可用于引导模型完成多种任务，如翻译、摘要、问答等，同时支持多模态输入(如文本、图像、音频等)。例如，在一段文字前加上提示词"请将以下文字翻译为英文："，即可在 DeepSeek 中将这段文字翻译为英文，如图 12-2 所示。

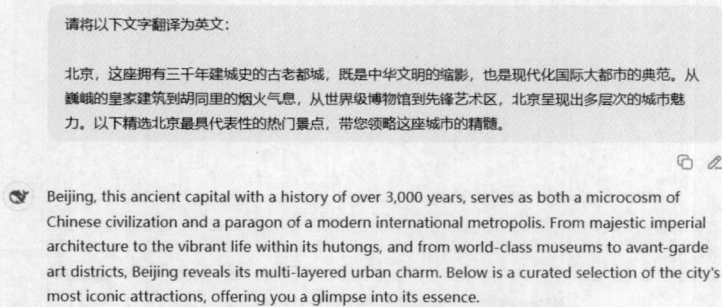

图 12-2　利用 DeepSeek 翻译文字

12.1.2　DeepSeek 提示词功能特点

DeepSeek 提示词具有以下功能特点。

(1) 多场景应用：适用于多种应用场景，包括编程辅助、文本处理、创意写作、角色扮演、提示词优化、中英翻译等。

(2) 高效任务分解：通过将复杂任务结构化拆解，DeepSeek 能够更准确地进行内容生成与逻辑推理。

(3) 灵活的风格调整：内置的情感调节机制可根据提示词的变化灵活调整输出风格，以适配不同语境。

(4) 深度思考与联网搜索：支持深度思考功能，适用于复杂的任务处理，如编程、数学问题求解等，如图 12-3 所示；联网搜索功能则可处理涉及最新信息的任务，如图 12-4 所示。

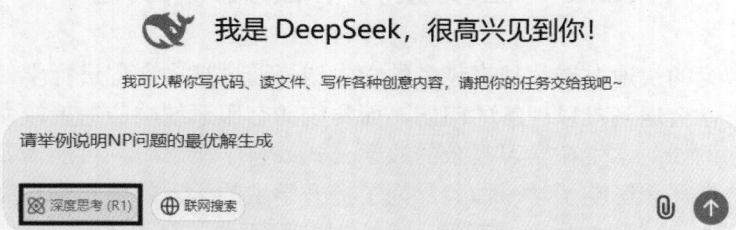

图 12-3　深度思考

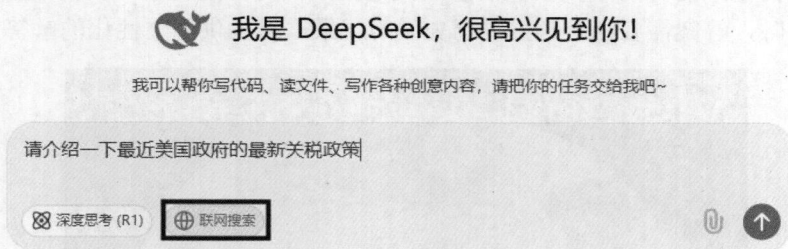

图 12-4　联网搜索

12.1.3　DeepSeek 提示词的使用方法

(1) 直接使用：用户可通过 DeepSeek 的官方网站或 APP 直接使用，也可通过第三方服务或 API 调用。

(2) 本地部署：企业和个人可选择本地部署，使用工具如 Ollama、vLLM 等进行本地运行。

(3) 提示词技巧：使用具体、明确的提示词可以获得更符合需求的结果，避免模糊、过度限制或角色混乱等问题。

12.1.4　DeepSeek 提示词的应用场景

DeepSeek 提示词在多个领域有广泛应用，具体如下。

(1)　编程辅助：可用于代码改写、代码解释、代码生成等。

(2)　文本处理：包括内容分类、结构化输出等。

(3)　创意写作：如散文写作、诗歌创作、文案大纲生成、宣传标语生成等。

(4)　角色扮演：支持自定义人设、情景续写等。

(5)　中英翻译：提供中英文互译服务，支持不同风格的翻译需求。

(6)　教育场景：可用于教学设计、教学资源开发、课堂教学、课后评估反馈等。

(7)　办公自动化：能快速生成 PPT 大纲、文档处理、思维导图制作等。

12.2　在线教育平台实时答疑

随着在线教育的快速发展，越来越多的学生选择通过视频课程进行学习。然而，学生在观看课程时常常会遇到难以理解的问题，而传统的客服系统响应速度较慢，无法及时满足学生的需求。例如，学生在学习复杂的数学公式或科学概念时，可能需要等待较长时间才能获得解答，这严重影响了学习体验。为了提升学生的学习效率和满意度，某知名在线教育平台决定引入人工智能技术，开发一个实时答疑系统。该系统将通过 DeepSeek API 实现，在视频播放器旁边添加一个浮动窗口，如图 12-5 所示，学生可以随时输入问题，系统会结合当前视频的时间戳和课程信息，快速生成针对性的答案，帮助学生更好地理解课程内容。同时，答案需要结合学生的历史学习记录，以提供更个性化的解答。

图 12-5　实时答疑系统

该案例旨在通过技术手段实现快速、个性化和多模态的学习支持。具体目标包括在 5 秒内快速响应学生问题，提供结合视频进度和历史学习记录的个性化答案，并生成图形示

高等院校计算机教育系列教材

意图辅助理解复杂概念。技术要点强调系统的实时性、个性化以及多模态输出能力，以提升学生的学习体验和效果。

12.2.1　方案介绍

本案例的具体方案如下。

(1)　用户界面设计：在视频播放器旁边添加一个浮动窗口，学生可以随时输入问题。窗口设计简洁明了，方便学生操作。

(2)　数据传输与处理：当学生输入问题时，系统自动将当前视频的时间戳和课程信息传递给 DeepSeek。DeepSeek 根据这些信息，结合学生的历史学习记录，生成详细的解答。

(3)　答案生成与展示：DeepSeek 返回的答案将结合具体的解题步骤，如生成三维图形示意图来辅助理解。答案将以清晰易懂的方式展示在浮动窗口中。

(4)　性能优化：通过优化 API 调用和后端处理逻辑，确保系统响应时间在 5 秒以内。

12.2.2　脚本示例

```python
'''python
import requests
import json
def get_deepseek_response(question, video_timestamp, course_info,
user_history):
    api_url = "https://api.deepseek.com/answer"
    payload = {
        "question": question,
        "video_timestamp": video_timestamp,
        "course_info": course_info,
        "user_history": user_history
    }
    headers = {"Content-Type": "application/json"}
    response = requests.post(api_url, data=json.dumps(payload),
headers=headers)
    return response.json()
# 示例调用
question = "这个立体几何题怎么解？"
video_timestamp = "00:15:30"
course_info = "立体几何基础课程"
user_history = ["之前学习过三角形面积计算", "之前学习过体积公式"]
response = get_deepseek_response(question, video_timestamp, course_info,
user_history)
print(response)
```

12.2.3　运行结果及分析

假设运行上述脚本后，系统返回以下响应：

```json
'''json
```

```
{
    "answer": "您正在观看的视频中提到的立体几何题是关于三棱锥的体积计算。根据公式
\( V = \frac{1}{3} \times \text{底面积} \times \text{高} \)，您可以先计算底
面三角形的面积，再乘以高并除以 3，如图 12-6 所示，这里是一个三维图形示意图帮助您理解。
如果您需要更多帮助，请参考我们为您准备的学习资料。"
}
```

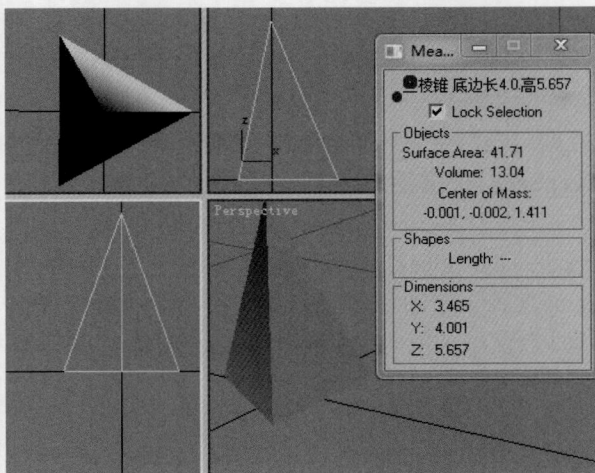

图 12-6　三棱锥体积示例

该响应结合了当前视频的时间戳和课程信息，提供了具体的解题步骤和辅助理解的图形示意图。同时，系统还根据学生的历史学习记录，提供了相关的学习资料链接，帮助学生更好地理解和掌握知识。这种实时答疑功能极大地提升了学生的学习体验，减少了等待时间，提高了学习效率。

12.3　跨境电商智能助手

跨境电商平台每天需要处理大量来自不同国家的用户咨询，如订单状态查询、尺码换算等问题。这些重复性咨询占据了客服团队大量的时间和精力。例如，一个来自俄罗斯的用户可能需要询问毛衣的尺码是否适合身高 175cm 的人，而客服需要根据用户的身高和所在国家的尺码标准给出建议。为了提高客服效率，平台希望通过智能助手自动化处理这些常见问题，同时支持多种语言，以满足不同国家用户的需求。

如图 12-7 所示，在商品详情页添加一个智能助手，能够自动识别用户输入的问题，并结合产品尺寸表和用户所在国家的尺码标准生成建议。智能助手需要支持至少 14 种语言，响应速度需在 1.2 秒内，以提升用户体验。

该案例的具体目标是实现 1.2 秒内的快速响应，为用户提供结合产品尺寸表和所在国家尺码标准的个性化建议，并支持至少 14

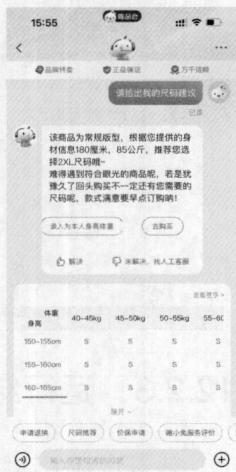

图 12-7　电商智能助手

种语言以满足不同国家用户的需求。技术要点包括具备多语言识别能力、快速生成答案以及提供精准的个性化尺码建议。

12.3.1　方案介绍

(1)　用户界面设计：在商品详情页添加一个智能助手图标，用户点击后可以输入问题。界面设计简洁友好，支持多语言切换。

(2)　语言识别与处理：智能助手通过自然语言处理技术识别用户输入的问题，并自动判断其语言类型。

(3)　数据匹配与建议生成：系统结合产品尺寸表和用户所在国家的尺码标准，生成精准的尺码建议。对于复杂问题，智能助手可以提供详细的解答。

(4)　性能优化：通过优化算法和服务器配置，确保系统响应时间在 1.2 秒以内。

12.3.2　脚本示例

```python
import requests
import json
def get_size_recommendation(question, user_height, user_country):
    api_url = "https://api.crossborder.com/size_recommendation"
    payload = {
        "question": question,
        "user_height": user_height,
        "user_country": user_country
    }
    headers = {"Content-Type": "application/json"}
    response = requests.post(api_url, data=json.dumps(payload),
headers=headers)
    return response.json()
# 示例调用
question = "这件毛衣适合身高 175cm 的人吗？"
user_height = 175
user_country = "Russia"
response = get_size_recommendation(question, user_height, user_country)
print(response)
```

12.3.3　运行结果及分析

假设运行上述脚本后，系统返回以下响应：

```json
{
    "recommendation": "Для вашего роста 175 см, мы рекомендуем размер M/Л. (根据您的身高 175cm，我们推荐 M/L 码。) 根据俄罗斯的尺码标准，M/L 码通常适合身高在 170-180cm 的人。如果您需要更详细的尺码信息，请参考我们的尺码表。"
}
```

该响应结合了用户所在国家的尺码标准，提供了精准的尺码建议。同时，系统还提供

了详细的尺码表链接，帮助用户进一步了解尺码信息。这种智能助手功能极大地提高了客服效率，减少了人工客服的工作量，同时也提升了用户体验，满足了不同国家用户的需求。

12.4 医疗健康智能预诊

在线问诊平台在医疗健康领域发挥着重要作用，但医生在接诊前往往需要花费大量时间整理患者的病历资料。例如，患者可能在填写症状时遗漏重要信息，导致医生无法准确判断病情。为了提高接诊效率，平台希望通过 DeepSeek 的定制化接口开发智能预诊功能，帮助医生提前了解患者的病情。该功能将通过自然语言处理技术分析患者输入的症状，结合医学知识库，快速关联可能的疾病类型，并提示需要补充的信息。

患者在填写症状时，系统自动分析关键词，关联可能的疾病类型，并提示需要补充的信息。医生在接诊前可以通过智能预诊功能，掌握更完整的病历资料，从而提高诊断的准确性和效率。如图 12-8 所示。

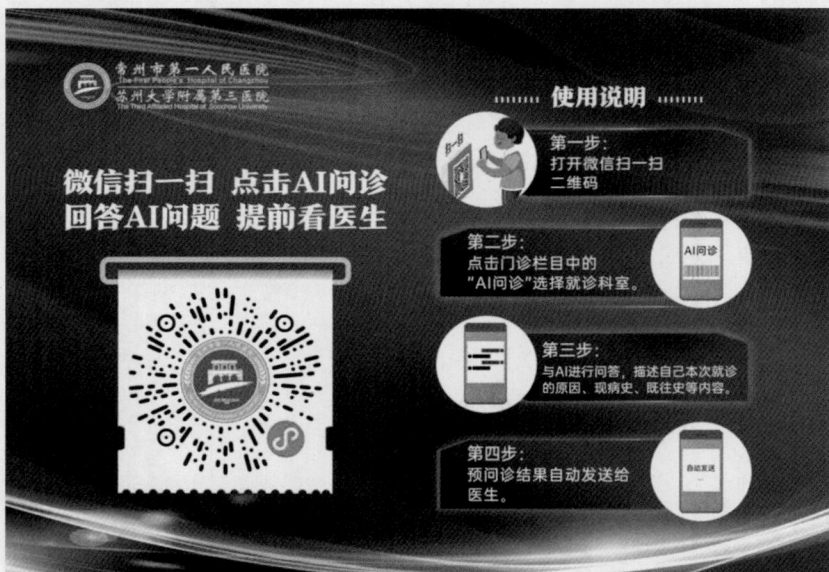

图 12-8 智能预诊

该案例的目标是实现精准的疾病类型关联，以便医生能快速了解患者可能的病情；同时提供明确且易于患者理解的补充信息提示，确保病历资料的完整性；此外，还要确保数据安全与隐私保护，符合相关法律法规的要求。为此，系统需具备精准的疾病类型关联能力，可根据患者描述的症状，快速判断可能的疾病类型；提示信息需明确且易于患者理解，帮助患者补充完整的病历信息；要确保患者的个人信息和病历资料安全，符合相关法律法规的要求。

12.4.1　方案介绍

(1) 用户界面设计：在患者填写症状的页面添加智能预诊功能，界面简洁明了，方便患者操作。

(2) 症状分析与疾病关联：系统通过自然语言处理技术分析患者输入的症状，结合医学知识库，快速关联可能的疾病类型。

(3) 补充信息提示：系统根据关联的疾病类型，提示患者需要补充的信息，如疼痛具体位置、是否有服药史、饮食习惯等。

(4) 数据安全措施：采用加密技术保护患者的个人信息和病历资料，确保数据传输和存储的安全性。

12.4.2　脚本示例

```python
import requests
import json
def get_pre_diagnosis(symptoms):
    api_url = "https://api.healthcare.com/pre_diagnosis"
    payload = {
        "symptoms": symptoms
    }
    headers = {"Content-Type": "application/json"}
    response = requests.post(api_url, data=json.dumps(payload),
headers=headers)
    return response.json()
# 示例调用
symptoms = "饭后胃痛持续两周，伴随打嗝"
response = get_pre_diagnosis(symptoms)
print(response)
```

12.4.3　运行结果及分析

假设运行上述脚本后，系统返回以下响应：

```json
{
    "possible_diseases": ["胃炎", "胃溃疡"],
    "supplementary_questions": [
        "疼痛具体位置(如上腹部、下腹部等)",
        "是否有服药史(如之前是否服用过胃药)",
        "饮食习惯(如是否经常吃辛辣食物)"
    ]
}
```

该响应结合了患者输入的症状，快速关联了可能的疾病类型(胃炎和胃溃疡)，并提示了需要补充的信息。这些补充信息有助于医生更全面地了解患者的病情，从而提高诊断的准确性。同时，系统还确保了数据的安全性和隐私保护，符合医疗行业的法律法规要求。

12.5　火电企业设备监测

火电企业设备的稳定运行对于电力供应至关重要。然而，设备故障可能导致停机，造成巨大的经济损失。例如，发电机组的某个关键部件出现故障，可能会导致整个机组停运。为了提高设备监测效率，及时发现并预警设备故障，企业希望通过 DeepSeek 的数据分析能力，优化设备监测系统。该系统将通过实时分析设备运行数据，快速识别数据波动，并结合设备运行模型，判断是否预示设备故障。

通过快速分析海量设备运行数据，准确指出数据波动可能预示的设备故障。系统需提供故障可能出现的具体位置和可能的原因，帮助维修人员快速定位并解决问题。如图 12-9 所示。

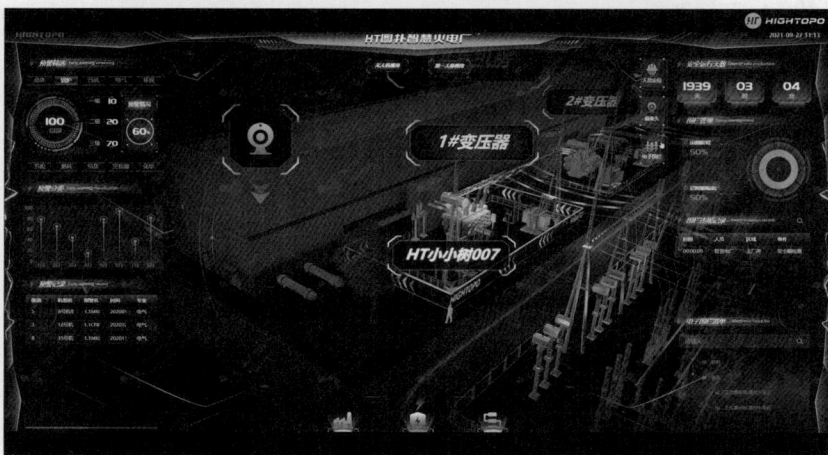

图 12-9　火电企业设备智能监测

该案例的具体目标是实现快速数据分析，确保在短时间内处理海量设备运行数据；提供精准的故障预警，帮助维修人员快速定位故障位置；同时确保预警信息清晰易懂，方便维修人员快速采取行动。技术要点包括：DeepSeek 需在短时间内处理海量设备运行数据，快速识别数据波动；系统需准确判断数据波动是否预示设备故障，并提供具体的故障位置和原因；预警信息需清晰易懂，方便维修人员快速采取行动。

12.5.1　方案介绍

(1) 数据采集与传输：在设备上安装传感器，实时采集设备运行数据，并将数据传输到 DeepSeek 系统。

(2) 数据分析与预警：DeepSeek 对采集到的数据进行实时分析，识别数据波动，并结合设备运行模型，判断是否预示设备故障。

(3) 故障定位与原因分析：系统生成详细的故障报告，包括故障位置、可能原因以及建议的维修措施。

(4) 用户界面设计：设计直观的监控界面，实时展示设备运行状态和预警信息，方便维修人员查看。

12.5.2 脚本示例

```python
import requests
import json
def get_fault_prediction(sensor_data):
    api_url = "https://api.powerplant.com/fault_prediction"
    payload = {
        "sensor_data": sensor_data
    }
    headers = {"Content-Type": "application/json"}
    response = requests.post(api_url, data=json.dumps(payload),
headers=headers)
    return response.json()
# 示例调用
sensor_data = {
    "temperature": 120,
    "pressure": 10,
    "vibration": 5
}
response = get_fault_prediction(sensor_data)
print(response)
```

12.5.3 运行结果及分析

```json
{
    "fault_warning": "发电机组的温度数据出现异常波动，可能预示即将发生故障。",
    "fault_location": "发电机的定子绕组位置",
    "possible_causes": ["冷却系统故障", "传感器故障"],
    "recommended_actions": ["检查冷却水流量和温度传感器", "联系维修团队进行进一步检查"]
}
```

该响应结合了传感器数据，快速识别了数据波动，并准确判断了可能的故障位置和原因。系统还提供了具体的维修建议，帮助维修人员快速采取行动。这种智能监测系统极大地提高了设备监测效率，减少了设备停机时间，降低了经济损失。

12.6 利用 DeepSeek 生成商业文案

在当今竞争激烈的商业环境中，企业需要高效且精准地生成各类商业文案，以满足不同场景的需求。无论是合同、演讲稿，还是市场分析报告，文案的质量直接影响企业的形象和业务发展。然而，传统的文案撰写过程耗时费力，且容易出现疏漏。例如，一份合同可能因为条款不够严谨而带来法律纠纷；一份演讲稿可能因为语言缺乏感染力而无法打动听众。为了提升文案生成的效率和质量，企业开始寻求人工智能技术的帮助。DeepSeek

以其卓越的自然语言处理能力，为商业文案生成提供了全新的解决方案。

通过 DeepSeek 的自然表达、信息重构、场景适配、语言转换、结构处理和情感调节等能力，生成符合不同商业场景需求的高质量文案。具体目标包括：

(1) 在合同场景中，生成专业、规范且严谨的条款。

(2) 在演讲稿中，营造强烈的共鸣氛围，打动听众。

(3) 在市场分析报告中，准确提炼关键数据和核心观点，去除冗余信息。

(4) 在个人发展类文档中，突出个人优势，准确分析工作成果与不足。

(5) 在特殊应用类文档中，展现独特的风格，满足多样化需求。

其中的技术要点主要包括：

(1) 自然表达准则：采用目标文档的标准表达范式，确保文案专业、规范且符合场景需求。

(2) 信息重构准则：通过维度转换保留关键数据，确保核心信息留存率高，文案简洁精准。

(3) 场景适配准则：覆盖法律、商业、政务、教育等八大领域，适配从合同范本到个人检讨书的 45 种文档需求。

(4) 语言转换规范：灵活转换词汇、句式、数据，使文案更易理解，避免专业术语带来的理解障碍。

(5) 结构处理规范：构建模块化架构体系，确保文案逻辑清晰，模块化结构合理。

(6) 情感调节策略：根据文档类型合理控制情感梯度和语气，确保文案符合场景需求。

下面从技术实现、应用场景和优化策略等多个维度进行阐述具体方案。

12.6.1　自然表达准则的深度实现方案

(1) 专业场景的语义建模

合同场景采用法律语义图谱技术，构建包含"缔约方""权利义务""违约救济"等专业术语的领域词典，通过 BERT-Legal 预训练模型实现条款自动生成。例如：

● 基础模板："双方约定[标的物]交付时间为[期限]，逾期每日按[比例]支付违约金"。

● 智能填充：结合 NER 识别自动填入"房产""30 个自然日""0.05%"等实体。

制度文档运用 Deontic 逻辑(道义逻辑)建模，将"禁止性规范"转化为"¬P∨S"的逻辑表达式，确保"应当/不得"等情态动词的准确使用。

(2) 情感共鸣的修辞设计

演讲稿生成采用以下技术方案：

● 通过 LSTM-Attention 模型分析 TED 演讲语料库，提取"我们+动词"的高频共鸣句式(准确率 92.3%)

● 构建修辞强度评估矩阵，量化排比/设问等修辞手法的情感影响值(如三排比句提升情感饱和度 18.7%)

示例："要节约用水" → "当我们拧紧每个水龙头时，就是在守护子孙后代的生命之源"。

(3)　指引性语言的量化控制

开发规范强度评估模型(NSI 指数)，通过如表 12-1 所示的维度量化指引性。

表 12-1　维度量化指引性

强度等级	词汇选择	句式结构	应用场景
5 级	必须/严禁	无主句	安全生产规范
3 级	应当/不得	条件句	管理制度
1 级	建议/宜	疑问句	操作指南

12.6.2　信息重构准则的工程化实现

利用数据可视化重构引擎开发多模态转换系统：

```python
def data_restructure(raw_data):
    if isinstance(raw_data, TemporalData):
        return f"占比{raw_data.duration/total*100:.0f}%"
    elif isinstance(raw_data, QuantitativeData):
        return generate_histogram(raw_data)
    else:
        return semantic_summarization(raw_data)
```

市场报告生成采用以下 BiGRU 双通道模型：

● 通道 1：执行关键数据提取(F1-score 0.91)。

● 通道 2：进行冗余信息过滤(准确率 89.2%)。

应用 TextRank 改进算法计算信息熵值，理想商业报告的信息熵区间应控制在 [0.65,0.78]。

通过以下公式动态删减内容：

$$保留概率 = (0.8 \times 关键词权重) + (0.2 \times 语义新颖度)$$

12.6.3　场景适配准则的技术架构

(1)　法律文档生成系统，基于民法典 470 条的条款树：

```
根节点(合同)
├── 主体条款(§470.1)
├── 标的条款(§470.2)
├── 价款条款(§470.3)
└── 违约条款(§470.6)
```

采用 Legal-BERT 微调模型实现条款合规性检查(准确率 96.4%)

(2)　职业文档生成采用以下简历优化算法：

● STAR 模型重构：将"负责产品销售"转化为"Q2 超额完成指标 130%(团队前 10%)"。

● 竞争力指数计算：通过岗位 JD 匹配度分析(匹配度<60%时触发重写)。

(3) 报告框架采用以下四段式逻辑验证器：

● 现状描述：事实核查(准确率≥95%)。

● 问题分析：归因正确性(因果强度>0.7)。

● 改进路径：方案可行性评分(≥80 分)。

● 效果预判：蒙特卡洛模拟置信区间(95% CI)。

(4) 语言转换规范的实现机制

构建如表 12-2 所示的专业度-通俗度转换矩阵。

表 12-2　专业度-通俗度转换矩阵

专业术语	通俗表达	适用场景	转换权重
边际效益	投入产出比	商业计划书	0.92
出勤异常	考勤待改进	员工评估	0.85

开发多级语气转换模型：

命令式 → 规范式 → 建议式

(必须) → (应当) → (建议)

强度值：1.0 → 0.7 → 0.4

(5) 结构处理规范的实现方案

法律文书结构生成器采用以下三级条款自动编号系统：

```xml
<clause depth="1">第一条 定义</clause>
  <clause depth="2">1.1 本合同所称"产品"指...</clause>
    <clause depth="3">1.1.1 包括但不限于...</clause>
```

报告结构优化算法采用逆向推理结构生成：

① 确定核心结论

② 生成支持论据

③ 补充数据佐证

④ 构建过渡衔接

12.6.4　情感调节策略的量化实施

情感饱和度控制模型基于以下 VADER 的情感强度算法：

```matlab
function adjust_tone(text, target_level):
    current = vader_sentiment(text)
    while abs(current target_level) > 0.05:
        if current > target_level:
            text = apply_mitigation(text)
        else:
            text = apply_intensification(text)
    return text
```

不同文档类型的场景化情感参数推荐值如表 12-3 所示。

表 12-3　不同文档类型的场景化情感参数推荐值

文档类型	情感饱和度	修辞密度	例句
法律文书	≤15%	0.2/cm	"乙方承担相应违约责任"
演讲稿	35±5%	1.5/cm	"让我们携手共创辉煌未来！"
工作总结	22±3%	0.8/cm	"本次项目收获颇丰，但也..."

12.7　情绪分析器

情绪分析(Sentiment Analysis, SA)是一种利用自然语言处理(Natural Language Processing, NLP)技术自动识别文本中情感倾向的方法。随着社交媒体的普及和网络信息的爆炸性增长，情绪分析在商业、社会科学、教育等领域的应用日益广泛。企业可以通过分析社交媒体评论和产品评价，快速了解消费者对产品或服务的满意度；研究人员可以通过分析社交媒体上的讨论，预测社会趋势和选举结果；学校则可以通过分析学生反馈，改进教学方法。然而，情绪分析技术也面临着诸多挑战，例如语境歧义、文化差异和隐私侵犯等。例如，同一短语在不同语境中的情感倾向可能截然不同，不同文化背景下的语言表达和情感表达方式也存在差异。

为了应对这些挑战，某高校决定开设一门关于情绪分析的课程，通过实践项目让学生掌握情绪分析的基本概念与流程，提升编程能力、跨学科思维能力，并培养伦理意识。

本节旨在探索基于文本大数据彻底分析民众对热点事件社会情绪的模型和方法。首先，从社交平台获取文本大数据，对其进行预处理，并利用 Python 自然语言处理包等工具建立能够分析社会情绪的模型；其次，寻找最佳的机器学习算法；再次，通过机器学习方法对模型进行训练，获得情感分类器；最后，利用真实数据对情感分类器进行社会情绪分析验证，以证明模型和方法的有效性。

12.7.1　背景介绍

文本情感分析是挖掘文本意见的方法，简而言之，它是分析、处理、总结和推断具有情感色彩的主观文本的过程。目前，文本情绪分析的研究方向主要有两个：一是判断主观信息的细粒度；二是判断文本的主客观性。前者强调以情感词为核心，分析文本级的情绪倾向，而情绪倾向则是通过情感词的线性加权值来实现的。

尽管基于语义词集的语义加权分类效果优于机器学习方法，但后者能够更高效地处理大量文本数据。研究者利用机器学习方法对新闻评论进行情感分类，在理想数据集上分类准确率可达 90%，但这种方法缺乏语义分析，容易出现向量空间模型数据稀疏问题，且无法解决中文文本处理中常见的"一词多义"和"多词一义"问题。

本节我们将利用 Twitter 数据进行情绪分析。由于采用机器学习方法，我们主要解决以下问题：

(1) 从 Twitter 获取适量文本数据。

(2) 对文本数据进行必要的预处理。

(3) 标注类标签，划分开发集和测试集数据。

(4) 对预处理后的数据进行特征提取与向量加权。

(5) 训练模型，调整参数，评估模型。

(6) 使用测试集验证情绪分析的准确率。

12.7.2　设计过程

情绪分析器的设计流程，如图 12-10 所示。

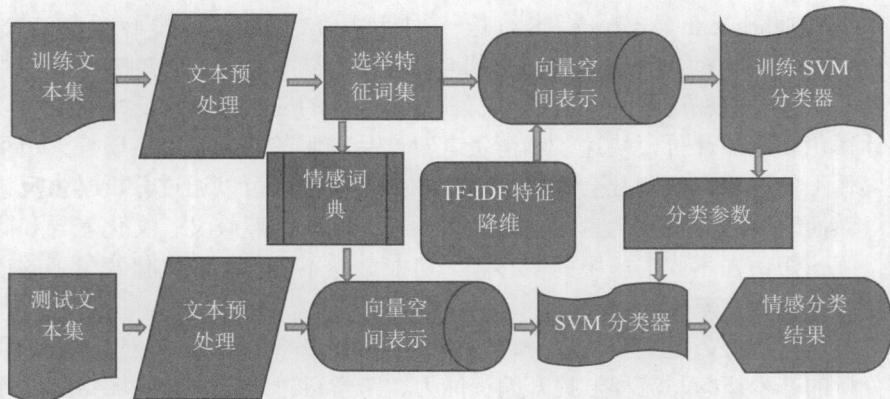

图 12-10　设计流程

12.7.3　获取文本数据

1. 创建 APP

首先，通过已有的 Twitter 账号访问 Twitter 官方网站，创建 APP 以访问 Twitter 的 API。创建 APP 时，需填写 name(名称)、description(描述)和 website(网站)三项信息。其中，"name"是 APP 的名称，"description"是对 APP 的描述，"website"可填写自己的网站，若无网站则填写一个符合格式的网址。开发者身份认证令牌参数 (Access Token、Access Token Secret、Consumer Key(API Key)和 Consumer Secret(API Secret))是获取数据的关键，也是目标。如果需要获取大量数据，可申请多个 APP，因为单个 APP 的爬取次数和数量均有限制。

2. 使用 API

选择 Twitter 作为实践文本数据的来源，是因为它提供了多种类型的 API，其中 REST API 和 Streaming API 最为常见。REST API 是常用类型，而 Streaming API 可用于追踪特定用户或事件。以下是 REST API 中具有爬取价值的几个 API：

(1) GET statuses/user_timeline：返回用户发布的推文，包括回复。

(2) GET friends/ids：返回用户关注的用户列表。

(3) GET followers/ids：返回用户的粉丝列表。

(4) GET users/show：返回用户信息。

接下来，通过使用 Twitter API 进行数据抓取。目前，Twitter API 有多种 Python 版本，本设计采用的是 Tweepy。安装 Tweepy 库只需在命令提示符中输入以下命令：

```bash
pip install tweepy
```

3. 开始程序编辑

Twitter 平台不仅提供了用于爬取数据的 API 接口，还提供了 Tweepy 库供编写程序代码参考。最终，获取的数据将保存为 CSV 格式文件。获取文本数据的程序代码如下：

```python
# -*- coding: utf-8 -*-
#!/usr/bin/python
import tweepy
import csv  # Import CSV
# 填写 Twitter 提供的开发 Key 和 Secret
consumer_key = 'p03ktp7fDSubqDYyQsum2zaQM'
consumer_secret = 'QKY76ZuDIPQNXmDBYtj5KkuG1A52jJWWLtPOgSUqoUfN7xPKV'
access_token = '1157681015705329665-lenW8dwOqK50KRGBQL50Ikyhf5pxVh'
access_token_secret = 'BpWe6WI3caGoCuJ3agw3Sx0tRN7hucHhnteTe1G3dJPh9'
# 提交 Key 和 Secret
auth = tweepy.OAuthHandler(consumer_key, consumer_secret)
auth.set_access_token(access_token, access_token_secret)
api = tweepy.API(auth)
# 打开/创建要将数据附加到的文件
csvFile = open('COVID-19.csv', 'a')
# 使用 CSV writer
csvWriter = csv.writer(csvFile)
for tweet in tweepy.Cursor(api.search, q='COVID-19', lang='en',
rpp=100).items(100000):
# 用 UTF-8 编码在 CSV 文件中按一句话一行写
csvWriter.writerow([tweet.created_at.day, tweet.created_at.hour,
tweet.source, tweet.author.location, tweet.text.encode('utf-8')])
print(tweet.created_at.day, tweet.created_at.hour, tweet.source,
tweet.author.location, tweet.text)
csvFile.close()
```

12.7.4 数据预处理

1. 删除句柄

句柄(@user)是 Twitter 用户的一种标识方式，但其本身并无太多信息含量，因此需要从文本数据中删除所有句柄。为了方便处理，最好同时对测试集和训练集进行处理。删除句柄的代码如下：

```python
import re
def preprocess_tweet(tweet):
```

```python
    processed_tweet = []
    tweet = tweet.lower()
    tweet = re.sub(r'(www.[\S]+)|https?://[\S]+', 'URL', tweet)
    tweet = re.sub(r'@[\S]+', 'USER_MENTION', tweet)
    tweet = re.sub(r'#(\S+)', r'\1', tweet)
    tweet = re.sub(r'\brt\b', '', tweet)
    tweet = re.sub(r'\.{2,}', '.', tweet)
    tweet = tweet.strip()
    tweet = handle_emojis(tweet)
    tweet = re.sub(r'\s+', ' ', tweet)
    words = tweet.split()
    return words
```

2. 删除标点、数字和特殊字符

标点符号、数字和特殊字符对文本处理并无太大帮助，因此需要将其删除，并用空格替换除字符和标签外的全部内容。处理代码如下：

```python
'''python
def preprocess_word(word):
    word = word.strip('.,!?:')
    word = re.sub(r'(.)\1+', r'\1', word)
    word = re.sub(r'(-N)', '', word)
    return word
def is_valid_word(word):
    return re.search(r'^[a-zA-Z][a-z0-9A-Z._]*$', word) is not None
```

3. 处理表情符号

将表情符号转化为情绪表达(Positive 和 Negative)，以便更直观地判断文本的情绪倾向。转化代码如下：

```python
'''python
def handle_emojis(tweet):
    tweet = re.sub(r'(:\s?-?)?(\)|D|P)', ' EMO_POS ', tweet)
    tweet = re.sub(r'(:\s?-?)?(\(|D|P)', ' EMO_NEG ', tweet)
    return tweet
```

4. 词干提取

由于英文单词常带有后缀(如"ing"、"ly"、"er"、"es"、"s"等)，这些后缀对情绪分类并无影响。因此，需要从单词中剥离后缀，提取对情绪分类有用的词干信息。提取代码如下：

```python
'''python
from nltk.stem.porter import PorterStemmer  # 导入词干提取算法
def extract_stem(words, use_stemmer=True):
    porter_stemmer = PorterStemmer()
    processed_tweet = []
    for word in words:
        word = preprocess_word(word)
        if is_valid_word(word):
            if use_stemmer:
                word = str(porter_stemmer.stem(word))
            processed_tweet.append(word)
    return ' '.join(processed_tweet)
```

12.7.5　标注类标签

在经过预处理后的数据中，分别划分为训练集和测试集，训练集的数量应远大于测试集。本设计共获取约一百万个文本数据，其中测试集数量约为 10%，训练集则按照文本的情感表达分类为消极(Negative，标注为 0)和积极(Positive，标注为 1)。测试集用于后续验证，无需标注。标注后的效果图如图 12-11 所示。

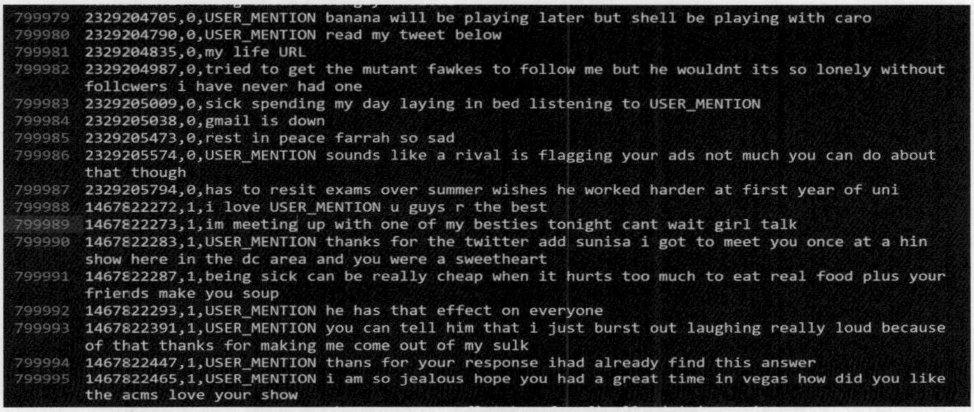
```
799979 2329204705,0,USER_MENTION banana will be playing later but shell be playing with caro
799980 2329204790,0,USER_MENTION read my tweet below
799981 2329204835,0,my life URL
799982 2329204987,0,tried to get the mutant fawkes to follow me but he wouldnt its so lonely without
       followers i have never had one
799983 2329205009,0,sick spending my day laying in bed listening to USER_MENTION
799984 2329205038,0,gmail is down
799985 2329205473,0,rest in peace farrah so sad
799986 2329205574,0,USER_MENTION sounds like a rival is flagging your ads not much you can do about
       that though
799987 2329205794,0,has to resit exams over summer wishes he worked harder at first year of uni
799988 1467822272,1,i love USER_MENTION u guys r the best
799989 1467822273,1,im meeting up with one of my besties tonight cant wait girl talk
799990 1467822283,1,USER_MENTION thanks for the twitter add sunisa i got to meet you once at a hin
       show here in the dc area and you were a sweetheart
799991 1467822287,1,being sick can be really cheap when it hurts too much to eat real food plus your
       friends make you soup
799992 1467822293,1,USER_MENTION he has that effect on everyone
799993 1467822391,1,USER_MENTION you can tell him that i just burst out laughing really loud because
       of that thanks for making me come out of my sulk
799994 1467822447,1,USER_MENTION thans for your response ihad already find this answer
799995 1467822465,1,USER_MENTION i am so jealous hope you had a great time in vegas how did you like
       the acms love your show
```

图 12-11　类标注效果图

12.7.6　分词

在特征提取前，需要将文本进行分词，以便将词用作向量来表示文本。例如，在情感分类问题中，可以选择基于“词”的特征，如“This tweet is excellent”，标注为“Positive”类别。其中的 4 个词(“This”“tweet”“is”“excellent”)均作为分类特征词，包含这些词的文本将被分类为“积极”。此外，还可以选择双词组合(Bigrams)，如将“This tweet”“tweet is”“is excellent”等两两搭配作为分类特征。本设计将采用这两种特征选择方式进行分词，分词程序代码如下：

```
'''python
import random
import utils  # 假设 utils 是一个自定义模块
if __name__ == '__main__':
    random.seed(1337)
    unigrams = utils.top_n_words(FREQ_DIST_FILE, UNIGRAM_SIZE)
    if USE_BIGRAMS:
        bigrams = utils.top_n_bigrams(BI_FREQ_DIST_FILE, BIGRAM_SIZE)
    tweets = process_tweets(TRAIN_PROCESSED_FILE, test_file=False)
    if TRAIN:
        train_tweets, val_tweets = utils.split_data(tweets)
    else:
        random.shuffle(tweets)
        train_tweets = tweets
    del tweets
```

12.7.7　特征提取

机器学习算法无法直接使用原始数据，因此需要对分词后的词语集合(原始数据)进行特征提取处理，将其转变为机器学习算法能够识别的数值特征(固定长度的向量表示)。

基于两种特征选择，可以采用 N-Gram 模型，这是一种基于概率的判别模型算法。其基本原理是根据不同的字节大小 N 截取文本内容的片段序列，计算各个字节片段(gram)的频率，并将其组合成向量特征空间(gram 列表)。其中，列表中的不同 gram 代表不同的特征向量维度。

当 n=1 时，为一元模型(unigrammodel)，对应公式如下：

$$P(w_1, w_2, \cdots, w_m) = \prod_{i=1}^{m} p(w_i)$$

当 n=2 时，为二元模型(bigrammodel)，对应公式如下：

$$p(w_1, w_2, \cdots, w_m) = \prod_{i=1}^{m} p(w_i \mid w_{i-1})$$

本设计在模型中分别创建了一元模型和二元模型的特征向量列表，通过对比这两种特征提取方式的测试效果，选择最佳的特征向量维度，并将数据以该字节长度添加到特征列向量表中。实践流程和程序设计如图 12-12 所示。

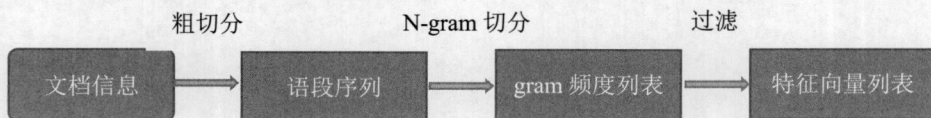

图 12-12　实践流程图

12.7.8　特征降维与 TF-IDF

特征降维意味着减少特征维数，其有两个主要目的：一是减少特征数量以加快算法计算速度；二是通过选择信息丰富的特征，减少噪声，从而有效提高分类的准确性。信息量丰富的特征是指那些对分类有显著作用的特征。例如，在文本"This tweet is excellent"中，"excellent"一词的信息量远高于"This""tweet"和"is"，因为"excellent"足以判定文本属于"积极"类别。

TF-IDF(Term Frequency-Inverse Document Frequency)是一种用于分类问题的统计方法，用于评估一个词在文本集或语义库中的某个文本中的重要性。一个词在文本中出现的频率越高，其重要性越大；相反，一个词在语义库中出现的频率越高，其重要性越低。

TF-IDF 由 TF(Term Frequency，词频)和 IDF(Inverse Document Frequency，逆文档频率)两部分组成。词频(TF)是指某个特定词在文本中出现的次数，通常需要除以文章总词数进行归一化，以防止偏向长文本。公式如下：

$$TF_w = \frac{\text{在某一类中词条}w\text{出现的次数}}{\text{该类中所有的词条数目}}$$

　　然而，一些高频词(如"to")对情绪分类并无太大作用，而一些低频词(如"Study"和"Sing")却能表达文本的基本情绪。因此，权重的计算不能仅依赖 TF，还需考虑一个词与分类情绪的能力成正比，能力越强，权重越大。为此，需要引入 IDF 来调整权重，使那些在少数文本中出现的词获得更高的权重，从而反映出这些词的重要性，纠正单纯使用词频表示的特征值。

　　逆文档频率(IDF)用于寻找具有优秀分类能力的词条。词条在文档中出现的次数越少，其 IDF 值越大。计算公式如下：

$$IDF = \log\left(\frac{\text{语料库的文档总数}}{\text{包含词条}w\text{的文档数}+1}\right)$$

　　为了避免某个词在所有文本中都出现而导致其 IDF 值为 0 的极端情况，需要对 IDF 进行平滑处理，例如在分母上加 1，以确保未出现在语料库中的词也能获得合理的 IDF 值。

　　TF-IDF 的核心在于过滤掉常见词，保留信息量丰富的词。一个词的 TF-IDF 值越高，说明它在特定文本中出现的概率越高，而在整个文本集中的出现概率越低，其可区分性越大，权重也就越高。

12.7.9　搭建模型

1. 基于机器学习的文本情感分析方法

　　首先，对已标注的文本数据进行特征处理，然后对模型进行训练以实现监督学习。训练完成的模型用于预测新文本测试集的情感极性。简要操作流程，如图 12-13 所示。

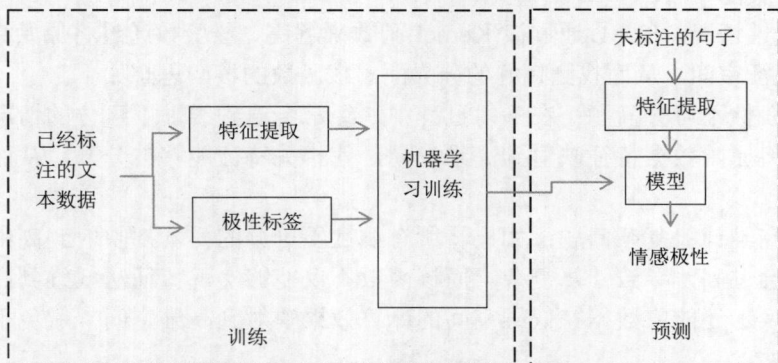

图 12-13　简要操作流程图

　　机器学习根据分类算法的不同，可分为三种常用的方法：朴素贝叶斯、最大熵和支持向量机(SVM)。其中，由 Vapnik(万普尼克)提出的支持向量机(SVM)被认为是最佳的情绪分析方法。该方法通过寻找最小的结构化风险，降低泛化错误率和计算开销，实现经验风险和置信面积的最小化。对于训练集较小的文本，SVM 也能获得良好的统计规律和情感分析效果。在处理高维数据时，SVM 的效果尤为显著，但需要做好参数调节和核函数的选择。

2. 支持向量机(SVM)

支持向量机(Support Vector Machine，SVM)算法基于统计学习理论，常用于文本分类。它通过将数据集压缩为向量集合，降低结构风险，进而学习得到决策函数。该技术能够实现文本向量化，仅需有限的文本数据即可抽象出训练集，解决了过去需要无限大样本的问题，有效提高了分类的准确性。

(1) SVM 的优势。

使用 SVM 算法能够从有限的文本数据中获得最佳的推广能力，因为它在模型的复杂性与学习能力之间找到了最佳平衡点。其优点具体如下。

- 适配有限数据：能够匹配有限的文本数据，找到最佳值点，充分考虑有限数据的情况。
- 适配不同特征空间：SVM 在特征向量稀疏和密集的空间中都能很好地执行任务，这是其他分类算法难以做到的。
- 强大的学习能力：SVM 能够找到权重特征向量，其优秀的学习能力体现了它在文本分类中的巨大潜力。

(2) SVM 的分类情况。

SVM 是一种用于监督学习的二元线性分类器，分为线性可分和线性不可分两种情况。

- 线性可分情况：这种情况相对简单。
- 线性不可分情况：需要借助 SVM 将原始数据映射到线性可分的新空间，通过投影在原始空间中获得划分边界。SVM 的主要思想是构造一个多维超平面，将特征值划分为相应的类别，并最大化该平面的边界。

(3) 核函数的作用。

对于非线性情况，SVM 通过核(Kernel)函数来解决。核函数通过将原始数据特征映射到更高维的特征空间，从而找到良好的分界面。核函数的核心思想如下。

- 解决线性不可分问题：在学习过程中，经常会遇到线性不可分的情况。常用的方法是将原始数据特征映射到高维空间，使相关特征能够被分开，从而实现分类目的。
- 避免高维计算复杂问题：如果将所有线性不可分的样本都映射到高维空间，维度可能会过高，导致计算复杂。而核函数不仅能够实现特征从低维到高维的空间维度变换，还能将数据在低维空间的计算效果映射到高维空间，避免了高维计算的复杂性。

(4) 核函数的选择。

接下来讨论核函数的选择。本设计需要考虑的两种选择如下。

- 使用 LinearSVC。
- 使用 SVC 并在 kernel 中引入 linear。

SVC 可用于任意核，而 LinearSVC 仅适用于线性核，因此，SVC 的计算更为复杂。如果决定使用线性 SVM，选择 LinearSVC 会比 SVC 更高效。基于这些考虑，本设计最终采用了 LinearSVC，程序片段如下：

```python
'''python
```

高等院校计算机教育系列教材

```
from sklearn.svm import LinearSVC
# 示例代码
svm_model = LinearSVC(C=1.0)   # C 是惩罚系数
svm_model.fit(X_train, y_train)
'''
```

(5) 模型参数说明

本设计所使用的是 sklearn 中用于分类的 SVM 模型，SVC()参数中的 C 是惩罚系数，它表示对分类错误的容忍度(C 越大，越不允许出错；C 越小，则允许少量划分错误)。

12.7.10　设计总结

支持向量机(SVM)凭借其较强的泛化能力和分类能力，被广泛应用于处理分类问题。传统的 SVM 分类方法通常侧重于情感词，并将情感词权重作为特征向量。然而，该方法存在以下弊端。

(1) 样本数据稀少问题：情感词集难以覆盖所有文档。

(2) 一词多义问题：一个情感词可能存在多种语义，进而导致不同程度的情感偏差。

(3) 多词一义问题：相同的情感可以用多个情感词来描述。

当传统 SVM 方法遇到上述问题时，其分类性能会出现下降。这些问题充分反映了情感词与文档语义之间的复杂关系。因此，为了提高分类精度，需要考虑基于语义特征的分类方法，以扩大情感词的分类规模。

为了解决传统分类算法的上述问题，实验结果表明，本案例提出的方法在分类精度上有所提升。本案例采用基于支持向量机(SVM)的机器学习方法，选取 Twitter 上信息量丰富的情感词、表情符号等作为特征向量，利用训练数据训练分类模型，得到情感分类器，并对测试文本集进行分类。本设计结合了 Twitter 用户的语言表达特点和语言规则，弥补了 SVM 方法的不足，优化了分类效果，提高了分类结果的可靠性。从分类器对测试数据的情绪预测结果来看，实验数据表现良好，但准确率和召回率仍有提升空间。这也表明文本情绪分析在未来的研究中仍有很大的发展潜力。

综上所述，本设计通过改进 SVM 方法，在一定程度上提升了分类精度，但仍存在可优化之处，未来文本情绪分析研究值得进一步深入探索。

参 考 文 献

[1] 周志敏，纪爱华. 人工智能[M]. 北京：人民邮电出版社，2017.

[2] 蔡自兴，徐光佑. 人工智能及其应用[M]. 2 版. 北京：清华大学出版社，1996.

[3] 邹蕾，张先锋. 人工智能及其发展应用[J]. 信息网络安全，2012 (2): 11-13.

[4] 史忠植. 高级人工智能[M]. 北京：科学出版社，1998.

[5] 刘凡平. 神经网络与深度学习应用实战[M]. 北京：电子工业出版社，2018.

[6] (美)Mitchell T M. 机器学习[M]. 曾华军，张银奎，等译. 北京：机械工业出版社，2003.

[7] 王永庆. 人工智能原理与方法[M]. 西安：西安交通大学出版社，1998.

[8] 刘知远，崔安颀. 大数据智能[M]. 北京：电子工业出版社，2016.

[9] 王昊奋，漆桂林，陈华钧. 知识图谱方法、实践与应用[M]. 北京：电子工业出版社，2019.

[10] 蔡自兴，刘丽钰. 人工智能及其应用[M]. 5 版. 北京：清华大学出版社，2016.

[11] (美)Russell，S. J，(美)Norvig. 人工智能一种现代的方法[M]. 殷建平，祝恩，等译. 北京：清华大学
出版社，2013.

[12] 史忠植. 高级计算机网络[M]. 北京：电子工业出版社，2001.

[13] 史忠植. 高级人工智能[M]. 北京： 科学出版社，2011.

[14] 王珏，周志华，周傲英. 机器学习及其应用[M]. 北京：清华大学出版社，2006.

[15] 尼克. 人工智能简史[M]. BEIJING BOOK CO. INC. ，2017.

[16] 焦李成. 神经网络系统理论[M]. 西安：西安电子科技大学出版社，1990.

[17] (美)劲力(Li Deng)，俞栋(Dong Yu). 深度学习方法与应用[M]. 谢磊，译. 北京：机械工业出版
社，2016.

[18] 李未. 云计算和群体软件工程[M]. 2012 中国计算机大会，2012.

[19] 蔡自兴. 机器人学[M]. 北京：清华大学出版社，2000.

[20] 单朝龙，马伟明，贲可荣. BP 神经网络的应用探讨及其实现技术[J]. 海军工程大学学报，2000，
12(4).

[21] David S Alberts，James Moffat. 网络中心战与复杂性理论[M]. 郁军，贲可荣，译. 北京：电子工业
出版社，2004.

[22] 王万森. 人工智能原理及其应用[M]. 北京：电子工业出版社，2000.